花王說岳

王德才 著

上海文化出版社

图书在版编目（CIP）数据

老王说鱼 / 王德才著 . —— 上海：上海文化出版社，
2019.8

ISBN 978-7-5535-1706-3

Ⅰ . ①老… Ⅱ . ①王… Ⅲ . ①水产品 – 文集②水产品
市场 – 中国 – 文集③散文集 – 中国 – 当代④访问记 – 作品
集 – 中国 – 当代 Ⅳ . ① S9–53 ② F326.4–53 ③ I217.2

中国版本图书馆 CIP 数据核字（2019）第 154712 号

出 版 人：姜逸青

责任编辑：郑　梅

特约编辑：刘　翔

书　　名：老王说鱼

作　　者：王德才 著

出　　版：上海世纪出版集团 上海文化出版社

地　　址：上海市绍兴路 7 号　邮编：200020

发　　行：上海文艺出版社发行中心

　　　　　上海市绍兴路 50 号　邮编：200020

印　　刷：上海商务联西印刷有限公司

开　　本：700×1000　1/16

印　　张：23.5

字　　数：23 万

印　　次：2019 年 8 月第一版　2019 年 8 月第一次印刷

书　　号：ISBN 978-7-5535-1706-3

定　　价：68.00 元

告 读 者：如发现本书有质量问题请与印刷厂质量科联系 T：021-56422878

序 ORDER

跨界与境界

马增俊

（全国城市农贸中心联合会会长、世界批发市场联合会理事会主席）

初识王德才，是在 2007 年。那时，他刚从 IT 行业转入水产行业，是上海东方国际水产中心的办公室主任，也是我们全国城市农贸中心联合会的联络员。由于他多次参加联络员会议，也多次获得优秀联络员荣誉，我们也就熟悉了起来。

由于水产品安全问题频出，王德才敏锐意识到它和水产市场过度竞争有关，于是，他写了《水产市场过度竞争与水产品安全》一文，投到我们的会刊《中国批发市场》，此文在 2008 年 9-10 月刊上发表了。这是他转行之后关于水产行业的第一篇文章。

我知道，他在之前的 IT 企业——上海交大慧谷软件有限公司画的一个句号，很漂亮——策划并作为主要撰稿人，编写了全国第一部《电子党务》专著，该书由时任上海市委副书记王安顺作序、时任上海交通大学党委书记马德秀任主编，由中共党史出版社出版。从此，我就更加关注到起王德才了。

王德才从事水产行业至今 12 年，写了不少有关水产品的文章。当知道他 2020 年上半年就要退休了，我就希望他在 IT 行业一样，将在这期间写的文章整理一下，搞一本书，也画上一个漂亮的句号。王德才当时也没说什么，几个月以后，想不到他还真的将以前发表的各种类型的文章整理成一本书稿，并请我作序。

我看了之后，欣然同意了。

这本名为《老王说鱼》的书，分为四个板块：各领风骚的"鱼"、鱼市场流通探寻、"鱼"的遐想、媒体说老王。

"各领风骚的'鱼'"，共有二十三篇文章，是各种各样水产品的知识性、趣味性、实用性的普及读物：有鱼的美丽传说，有无良商人在鱼销售中的各种不法作为，有吃鱼的有趣故事，也有鱼的烹饪知识，等等。这里的文章，主要源于作者在《中国批发市场》和《上海水产》上开设的"老王说鱼"专栏，也有发表于上海《新民晚报》夜光杯和《东方城乡报》等媒体上的文章。这方面的文章，作者有兴趣一直写下去，我也愿意看到有更多的"鱼"展现出更具魅力的"风骚"。

"鱼市场流通探寻"，计二十四篇，是作者 2008 年来发表的关于水产批发市场的经营、服务、管理以及水产品流通方面部分文章的汇编。这部分，占了本书一半的篇幅，可见作者对这部分内容的偏爱。

由于传统的惯性思维，水产市场普遍存在一些问题，如环境脏乱差臭、交易方式传统落后，经营是简单的收取租金和停车费，管理是"脚踢踢毛估估"，服务除了简单的物业服务外什么都谈不上。水产市场人员对入驻市场的批发商货从哪里来到哪里去和他们的甘苦，不知道；对水产市场的发展趋势，不知道；对水产品流通趋势，不知道。

作者通过多年的观察，写出了很有见地又很接地气的文章，如《大型水产市场招商方法研究》《国内水产市场应对经济危机的若干措施》《餐饮业务对水产市场作用的探讨》《冰鲜业务对水产市场作用的探讨》《水产市场发展与物流配送》《水产市场源头防火》《水产批发商路在何方？》《中国水产批发市场走向何方？》《开拓创新：谈水产市场"四化建设"》等。这类文章，是不在一线工作的人所写不出来的。

水产市场属于农产品批发市场的范畴，因此，作者在文中虽然针对的是水产市场，但对农产品批发市场具有同样的意义。

"鱼"的遐想，实际上是作者"这条鱼"的遐想，除《鲶鱼效应的是与非》写于2005年，其余的十七篇文章都成文于2010年到现在。由于这段时间作者心无旁骛，基本上将有限的精力都用在水产品上，没有更多时间写其他内容的文章。实际上，从这些文章可以看出，作者的兴趣爱好比较广泛，涉及面也是比较广的：有关于监狱方面的，有晨练方面的，有古文化方面的，也有杂文和政论性的文章。

"媒体说老王"，共十篇，是《人民日报》《人民网》《中国计算机报》《上海商报》《上海科技报》《计算机世界》《IT时报》等媒体对他的专访。虽不是他本人写的文章，但也可以看到他的思想和研究水平。

王德才在不长的时间里，在水产行业有一番成就，和他的"跨界"经历和钻研是分不开的。他学得"杂"——财务、中文、MBA，经历"杂"——国营企业、校办企业、"三资"企业打过工，自己开过店，学校当过老师，做得也"杂"——财务、老师、财务经理、超市经理、企划部经理、办公室主任、总经理助理、副总经理、总经理等，很多岗位都干过。有这样经历，才会有"跨界"的视野和境界。应该说，这样的人，在农产品批发市场不是很多，为此，我们愿意将此书列入"全国城市农贸中心联合会农产品批发市场理论丛书"，向全国的农产品批发市场（含水产品批发市场）及其批发商推荐此书。

王德才将在2020年退休。我们希望他退休后依然关心水产行业，继续笔耕不辍，为行业和百姓造福，也祝愿他退休后身体健康、心情愉快。

2019年5月28日于北京

各领风骚的"鱼"

鱼市场流通探寻

"鱼"的遐想

媒体说老王

各领风骚的"鱼"

各领风骚的"鱼",是各种各样水产品的知识性、趣味性、实用性的普及性文章:有鱼的美丽传说,有无良商人在鱼销售中的各种不法作为,有吃鱼的有趣故事,也有鱼的烹饪知识等等,读来趣味横生。

水产礼包那些事

　　春节将至，市民们开始准备年货，我不禁想起水产礼包那些事。

　　做水产生意的，除了专做大批发的，无论是做餐饮的，还是做伙食团生意的，乃至于做零售小生意的，水产礼包是必做的生意，而且，有的水产商家只做水产礼包生意，别的一概不做。为什么？利厚啊！

　　水产礼包，肇始于20世纪80年代末90年代初，90年代中期开始流行。水产礼包，受保鲜和保活的局限，里面的东西以冻品为主，因此，很自然的，在当年上海唯一的冻品市场——江浦路水产市场，水产礼包开始了它的不平常的旅程。

　　2006年末，因城市发展需要，江浦路水产市场拆除，几百家冻品批发商搬到了现在的军工路2866号上的上海东方国际水产中心，于是，水产大礼包，自然也跟着过来了。

　　上海赏菊国际贸易有限公司老总陈惠强从十六铺市场，到八仙桥市场，再到江浦路市场，最后到现在的东方国际水产中心，几十年一路走来，对水产礼包的前世今生最清楚。据他回忆，水产礼包刚起步时，包装也没有现在那样漂亮，讲究些的在马夹袋上简单印上公司名称，简单些的便宜地买些人家统一印制的"水产礼包"字样的马夹袋。里面的货以东海的海鳗、带鱼、鲳鱼为主，价格一般在300元左右。当然，老板门还会根据客户的要求，放些猪腿、南北干货等东西，价格就看所加东西的多少和价值了。这样，有鱼、有肉、有南北货，这个年，再到农贸市场买点蔬菜，就对付着过去了。当年，水产礼包的销售对象大都是单位，是团购，个人很少，而这样的单位领导，也够为员工着想的。按现在的流行语，实实在在应该为他或他们点个赞！

到后来，水产礼包的生意如芝麻开花节节高。对水产老板来说，做的人越来越多，做的量越来越大。有些礼包单价，动辄数千元：野生大黄鱼二条，帝皇蟹一只，大龙虾一只，再配上若干东海大鲳鱼、东海油带鱼、东海墨鱼和虾仁；更有甚者，放上几千到上万元的海参一盒。当然，这样的水产礼包，普通老百姓绝对是没有口福的。谁能吃到？你懂的！就是一般400—800元的水产礼包，也是普通单位的员工很难吃到的，这要效益比较好的单位，如金融、电力、通信、机关等单位的员工能够享用。那时，水产礼包做得好的水产老板，每天有十几万现金进账，真是数钱数到手软。现在，有了支付宝、微信等手机移动支付，不用数钱，店里也没有多少现金，即使小偷光顾，也没有多少损失。小偷也有失业的担心啦！

2012年，对水产礼包生意来说，是一个标志性的年份。水产大礼包，一般就做两个时间，国庆节一次，春节一次。元旦因为挨着春节，基本上量很少，"五一"劳动节不是传统节日，加上气候转暖，人们的饮食开始转为清淡，因此，也跑不出量。

2012年的国庆节，水产礼包生意还是好好的，有些关系多的老板，礼包生意做得风生水起，比如上海赏菊国际贸易有限公司的陈老板，节前，每天总有发不完的货，一天下来，累得腰酸背痛。到了2012年11月初，党的十八大召开后，中央的"八项规定"出台，之后，关于"三公"经费、反"四风"问题，一个文件接一个文件发下来，水产大礼包的量变少了，水产大礼包的档次降了，水产大礼包的利变薄了，2013年春节的水产大礼包就一下不行了，原先订好的不要了，原先想要采购的不采购了。2015年开始，水产礼包的生意稍微回上来一点，有些国企的工会会采购一些，但礼包单价一般只在400元左右。2016年，个人消费有些上来了，部分弥补了单位消费的减少。总体上，水产大礼包是稳中有升，加上有些如陈老板那样的水产界老手，总能在风口及时调整，开展网上销售，面向终端销售，让利销售，因此，任凭风浪起，稳坐钓鱼船。

由于好的水产品，特别是上海人心仪的东海水产品产量有限，因此，行家往往在节前两个月左右提前下单，以确保到手的礼包中的水产品质量。

我国居民的水产消费，呈趋势性增加，而水产礼包，更是作为居民间送礼的一种普通选择，因此，水产礼包的销售虽然有起伏，但前景肯定会越来越好。

三文鱼的"道道"

　　三文鱼，学名鲑鱼，由于它肉质细嫩鲜美、颜色鲜艳，同时，含脂量高，口感爽滑，特别适合亚洲人的胃口，老吃客们每每赞不绝口：可以生吃，刺生三文鱼；可以煎着吃，各种方法煎三文鱼；可以烤着吃，各种方法烤三文鱼；可以红烧吃，可以酱汁吃，可以烧三文鱼粥，可以清蒸吃，可以烧汤吃，更有各种深加工的三文鱼制品，如炭烧三文鱼、三文鱼肉松等。总之，各人可以根据自己的喜好，用三文鱼做出各种各样的美味佳肴，以满足自己的口腹之欲。

　　美味之外，三文鱼还具有很高的营养价值和保健作用。它除了是高蛋白、低热量的健康食品外，还含有多种维生素以及钙、铁、锌、镁、磷等矿物质，并且还含有丰富的不饱和脂肪酸，有效降低血脂和胆固醇，防治心血管疾病，所含的 $\Omega-3$ 脂肪酸更是脑部、视网膜及神经系统所必不可少的物质，有增强脑功能、防治老年痴呆和预防视力减退的功效，能有效地预防诸如糖尿病等慢性疾病的发生、发展，具有很高的营养和保健价值，享有"水中珍品"的美誉。

　　美味，加上营养价值和保健作用，使得三文鱼的消费量节节攀升。1985年，挪威三文鱼捷足先登进入中国市场，到今天在中国三文鱼市场形成了"战国六雄"——挪威、智利、苏格兰、加拿大、法罗群岛、澳大利亚。2002年，我国进口三文鱼只有45497吨，而到了2016年，进口量达到了208932吨，后者是前者的4.6倍，最重要的是前些年我们进口三文鱼，更多的是为了加工出口，而现在，更多的是为了自己消费。2016年，我们加工出口的三文鱼是96513吨，自己消费达到了112419吨。

三文鱼虽好，但我们对三文鱼销售中的"道道"可能知之不多。这里，让我和大家来聊一聊，使大家吃得安全，吃得不亏、不怨。

三文鱼中有几种"李鬼"。多年在上海东方国际水产中心经营三文鱼的上海海之韵食品有限公司老板陈志飞，对三文鱼中的猫腻了解很透。他说，一种"李鬼"是以国产虹鳟鱼冒充进口三文鱼。虹鳟鱼也有人"捣糨糊"称为"淡水三文鱼"的。外形上两者有五点区别：从体表看，虹鳟鱼体背部苍绿或黄绿色，腹鳍灰白色，两侧银色白，头、背、体侧及各鳍散布数量不等的小黑斑点，身上沿侧线有一条宽的虹彩带纹，而三文鱼身上没有虹彩带纹；从体量上看，三文鱼比虹鳟鱼体量大，前者条重在六~七公斤，而后者则小了许多，最大的也只有四公斤左右；三文鱼的肉身有点橙黄色，表面的白色花纹更多、更粗、更白，而虹鳟鱼肉色鲜红，表面的白色花纹更少、更细；三文鱼的肉身比较厚，而虹鳟要薄。另外，三文鱼表面比虹鳟鱼更有光泽。

口感上，三文鱼脂肪含量更高，所以口感好，生吃，有点滑滑糯糯的感觉，而虹鳟鱼吃口有点"硬"。

由于虹鳟鱼的价格比三文鱼便宜好多，一些无良商家将虹鳟鱼冒充三文鱼，发不义之财。一般情况下，消费者可以根据上述几点，判断你面前的到底是三文鱼还是虹鳟鱼。有人认为虹鳟鱼也是三文鱼，这也无妨，只要清楚标明产地，让消费者在知情的情况下自己选择，但绝对不能"蒙"消费者。

卖了多年三文鱼的陈志飞老板，对某专业协会2018年出台的"生食三文鱼"团体标准,也颇有微词:我们卖鱼的,文化不高,说不出高深的道道,但是,虹鳟鱼就是虹鳟鱼,三文鱼就是三文鱼,偏要将虹鳟鱼说成三文鱼,明显就是要"捣糨糊",想让虹鳟鱼卖得好一点,想让虹鳟卖个三文鱼的价格。但是生吃的话,虹鳟绝对不能和三文鱼比,因为人们要的就是三文鱼的油脂含量高,这样才好吃。现在的虹鳟鱼,其实更多的用于加工,如烟熏三文鱼,绝大多数是用虹鳟鱼加工的,因为虹鳟鱼比三文鱼便宜多了,同时,加工过的虹鳟鱼,油脂量本身就很低,一般人吃不出,用三文鱼其实是浪费。

上海海之韵食品有限公司陈老板说,卖三文鱼中,另一种"李鬼"是以冻品三文鱼冒充冰鲜三文鱼。前者用船用冷冻集装箱运输,到上海需要半个月以上时间,而后者以飞机运输,仅需 1~4 天。物流工具不一样,物流成本不一样,物流时间不一样,鱼的新鲜度自然不一样,鱼的价格当然也不一样。一些老板又在这上面做文章,将冻品三文鱼化冻,当作冰鲜的卖,以获取不当利益,这种情况比上一种"李鬼"要多,也要"鬼"得多,更难以发现。区别冻品化冻的还是冰鲜的,一是按,用手指按三文鱼,肉体弹性好的,是冰鲜的,弹性差的,一般是冻品化冻的;二是看,如果三文鱼的色泽亮、眼睛亮、肉色艳、有很明晰的脂肪大理石条纹的,是冰鲜,反之,是冻品化冻的。

不同的三文鱼产地,品质有差异。三文鱼没有国产货,都是"舶来品",但是,"舶来品"中差异较大。冻品三文鱼,主要来自俄罗斯、美国、智利的,冰鲜三文鱼,主要有智利的,有丹麦法罗群岛的,有加拿大的,有英国苏格兰的,也有澳大利亚的,还有挪威的,等等。同样是冰鲜的三文鱼,品质好坏,主要看两点,一是新鲜度,新鲜与否,看运输的时间。挪威三文鱼其实品质和丹麦三文鱼差不多,但有时因为运输原因,要 4~5 天才能到中国,鲜度就比丹麦的要差些。二是看生长的水温,越冷的水温下生长的三文鱼,体表光泽度好,脂肪的含量更高,更适合亚洲人的口味,肉的弹性也更好,结实饱满,口感更好。相比之下,澳大利亚三文鱼的品质要差一些。

三文鱼价格有差异。由于丹麦法罗群岛的冰鲜三文鱼的品质好,它的价格自然就高,年均价在每公斤 90 多元,而其他国家的冰鲜三文鱼价格，年均在每公斤 75 元，差价很大。冰鲜三文鱼的价格，随行就市，今天来货多，价格就往下掉，来货少，价格就往上涨，往往变动很大。相比之下，冻品三文鱼由于都是船运集装箱，一次来货数量较多，它的价格比较稳定，一般在每公斤 55–60 元之间。

冻品三文鱼尽量少买。市场上有很多冻品三文鱼，由于冻品三文鱼是通过船运，物流所耗费时间长，加上储存的时间、销售的时间，从三文鱼捕捞到消费，冻品三文鱼所用时间较冰鲜三文鱼明显要长好多。三文鱼的含脂量较高，而含脂量高的鱼，一般难以较长时间保存，这样，冻品三文鱼自然不及冰鲜三文鱼的品质。

另外，野生三文鱼，很肥美，较少，但也有，同时，它往往较多地带有重金属的污染，而且较多地带有异尖线虫。这种寄生虫属于线虫的一种，通体白色，一端略显暗沉，其生命的循环透过鱼类和海洋中的哺乳动物来完成，虽然不能利用人类发育成熟而完成生命周期，但是误食含有幼虫、未经煮熟的鱼肉，可使用餐者受到感染，患者则会出现剧烈的腹痛或过敏等反应。另外，据瑞典和挪威科学家研究表明，人工养殖的三文鱼，往往招来海虱。海虱寄生在三文鱼体内，引起三文鱼皮肤的病变，甚至可能导致三文鱼死亡，或者导致三文鱼肉无法食用。为此，国外一些三文鱼养殖场习惯性给三文鱼喂食一些毒性较强的杀虫剂，如诶玛菌素，如果狗或老鼠吃了诶玛菌素就会造成震颤、脊椎恶化和肌肉萎缩。由于三文鱼经常用来生吃，养殖的三文鱼还会喂食抗生素。因此，我们千万不要图一时的快意贪吃而留下遗憾。

三文鱼好吃，你可别忘了这中间还有很多"道道"，买三文鱼时可要睁大你的双眼，可不要着了无良商家的"道"，也不要为了吃三文鱼而伤了身体！

网购大闸蟹，诚信为上

最近，不断爆出大闸蟹网络销售的问题，不但在小的网购平台，即使超大的网购平台，如天猫、京东、一号店等，也照样出问题，可谓是面广量大"全覆盖"。

出现的问题，大致集中在乱标产地、短斤缺两、虚标价格、配送误时等方面。

乱标产地，明明是某地的塘蟹，却标是某某大湖的大闸蟹，有的甚至标注是根本不可能在普通市场上更不要说网上出现的阳澄湖大闸蟹；

短斤缺两，有高到42%的地步，良心真是"大大的坏"；

虚标价格，公蟹4.5两、母蟹3.5两，居然有标到2388元的，比正常的标高了三倍以上，再来个大的折扣价，让人云里雾里；

配送不按时，也是老毛病，因为有些小公司，货源不保证，而大闸蟹一般越到后面就越少，价格就越高，要保证按照约定的规格发货，就会亏本，这些小公司就干脆赖着不发货。

这都是网络销售大闸蟹的通病，也是自从大闸蟹进入网络销售以来挥之不去"常见病"。

本来，秋风起，蟹脚痒。每年国庆后元旦前，最是大闸蟹肥美时，忙里偷得半日闲，或三二知己，或家人小聚，或商务餐叙，持螯把酒赏菊，也是都市人沟通交流、释放压力的好办法，但是，网购大闸蟹遇上上述问题，心里要有多窝心就有多窝心。

对于上述问题，我以为应"三管齐下"：

"一管"是行业协会要负起责任

网上销售大闸蟹或蟹券，是大闸蟹营销的现代商业模式之一，也是大闸蟹营销发展的必然趋势。但是，目前确实存在一些问题，参与商家鱼目混珠良莠不齐。如果相关行业协会能同时从以下两个方面予以规范，目前所存在的问题可以基本得到解决。一是对大闸蟹销售商进行信用评级。相关行业协会应每年根据销售规模、消费者投诉等情况，对大闸蟹经销商进行信用评级，在平台上予以公告和宣传，为消费者给予购买指导。二是对大闸蟹销售商实行备案及公告制度。大闸蟹销售商应当预先向相关行业协会备案，行业协会将相关备案信息在网上予以公告，如销售商名称、营业执照号、注册资本金额、经营地点、银行账号、信用等级等信息，让消费者自己监督大闸蟹经销商。

"二管"是电商销售平台要加强监管

电商平台应当和相关行业协会联手，将行业协会的大闸蟹销售商的信用评级和备案内容等相关信息，在网上大闸蟹销售专区予以公告；利用大数据的优势，计算出网上各种产地、各种规格的大闸蟹的平均价格，供购买者参考；同时，将消费者投诉属实的商家下架，并予以公告，以此切实负起监管的责任。

"三管"是消费者要擦亮眼睛

消费者在网上购买大闸蟹或蟹券前，应当关注以下几点：一是关心相关行业协会的公告信息，对名单中没有的商家，小心购买或不购买其商品，避免上当受骗；二是对没有经营场所的纯粹网商，消费者要有所警惕，因为有店铺销售的商家，"跑了和尚跑不了庙"，你总可以找到商家索赔，这种"庙"一般比较注重诚信，不会一次将自己的牌子砸了。而没有实体店的纯粹电商，索赔可能找不到人，"打落牙齿只能往肚子里咽"；三是对折扣过高的商家，消费者应当保持高度警惕，因为价格标得很高，往往里面注水也是最多的；四是对经营场所虽有，但小而简陋、明显缺乏实力且纯粹季节性销售的商家，也应保持适当的警惕，因为这种商家也有"捞一把走人"的嫌疑。

相信通过电商平台和相关行业协会的共同努力，可以形成良好的社会导向和监督机制，同时，加上消费者自身小心谨慎、不尚虚荣、不贪便宜等良好的购物习惯，三管齐下，促使大闸蟹及其蟹券的网络销售商诚实守信、合法自律，以性价比好的商品和优质的服务，合理赚钱，促使电商平台、大闸蟹及其蟹券销售商、蟹农和消费者实现多赢。

要关注水产品中的重金属

据《羊城晚报》报道，有人上广州某水产市场随机购买了三份生蚝样本，经检测，两份生蚝重金属镉含量超标。生蚝是南方人比较喜欢的贝类海鲜，一般用于烧烤店和日韩料理店。《经济日报》报道，浙江某公司销售的黄金贝，也是镉超标。镉并不是人体必需元素，世界卫生组织将镉列为重点研究的食品污染物，长期食用将对人体骨骼和肾脏造成伤害，而且还是致癌物。镉超标事件，引出了我们今天要谈的等水产品中的重金属问题。

水产品好，好在味道鲜美；好在营养丰富使人健康，鱼类的脂肪含量比猪牛羊肉少很多，所以热量较低，其中的 $\omega-3$ 系列不饱和脂肪酸有助于缓解现代人常见的"三高"毛病，鱼类的蛋白质含量丰富而且绝大部分很容易被人体吸收；好在使人变聪明，因为鱼体内含有 $\omega-3$ 系列不饱和脂肪酸，其中的 DHA，主要存在人体脑部、视网膜和神经中，是促进脑力发展的关键元素。

水产品好，所以鱼在我们餐饮中的地位越来越高，俗话说得好：四条腿的不如两条腿的，两条腿的不如一条腿的，一条腿的不如没有腿的。鱼就是没有腿的，最好的，因此，招待客人，没有鱼，似乎是很没有面子的，"无鱼不成宴"。

水产品虽好，但千万不能忘了重金属。

水产品中的重金属，主要有铅、镉、砷、汞、锌、铬这几种，不同类型的水产品，重金属的含量差别很大。一般情况下，重金属的含量，主要看水产品生长环境、生长时间的长短、水产品的食物，还有水产品生理机制。

　　水产品有海水鱼和淡水鱼之分，从安全性考虑，海水鱼比淡水鱼安全。野生的海水鱼，由于水域广阔，流动性大，自净化能力超强，自然比较安全。即使是海水网箱养殖，除非海域受到赤潮或别的污染，一般不容易感染毒素。近年来，由于工业废料排放入海，不少近海水域受到污染，使得在其中生活的鱼类也容易受到汞污染。但是，江河水质相对更容易受到污染，因为城镇化、工业化过程，对水质、空气、土壤的污染很大，如果养殖的水质和土壤被重金属污染了，所养的鱼自然也会受重金属污染，当然，大江、大河、大湖，由于水体流动性大，自净化能力较强，重金属超标的概率会低一些。

　　水产品的生长期长短和重金属有关。一般说来，生长期长的，重金属污染的可能性和污染程度要比生长期短的要大一些。

　　水产品的食物更是和重金属有关。在海洋中处于食物链顶端的生长期又长的体型较大的掠食鱼类，如鲨鱼、鲸鱼、箭鱼和部分种类金枪鱼等，以及鳕鱼、鮟鱇鱼等肉食性深海鱼类，还有如石斑鱼、鲈鱼、桂鱼等肉食性鱼类，重金属的含量一般偏高，而食物链低端的有的靠吃水草生存的、生长期短的、体型小的小鱼小虾、草鱼、武昌鱼、鲢鱼、鳙鱼、鲫鱼、鲤鱼等，重金属污染的风险要小得多。所以，吃"小鱼"比吃"大鱼"安全。这里的"小"，指年龄小，个头小。钟南山院士谈到他不吃长得又肥又大的鱼，当然，他是担心养殖鱼的水体中有抗生素，这和我们今天说的重金属无关，但也属于水产品安全的范畴。

　　有些人爱吃贝类水产品，一是味道鲜，二是便宜，因为除象鼻蚌和少数高端进口的鲍鱼、生蚝外，绝大多数的价格比较便宜，但是，贝类对重金属积累的能力高于鱼类，它们更容易在体内积聚重金属，这与它们的生长环境有关，也和它们生理机制有有关。它们吸收重金属之后，较难排泄，所以，贝类水产品的重金属含量比鱼类、甲壳类、藻类、头足类等其他水产品要高，难得吃吃问题不大，多吃，对身体肯定有负面影响。贝类的重金属污染和有机污染，"老王说鱼"系列中有专文写到，请读者留意。

　　水产品虽有重金属，但不必谈鱼色变。客观上，水产品的消费，大多数重金属含量在安全范围内，而重金属含量较高的深海鱼、大型肉食鱼，如鲨鱼、箭鱼、旗鱼、枪鱼、罗非鱼、方头鱼以及鲶鱼等大型鱼类。这些鱼除了体型相对较大以外，它们还是生命周期更长的食肉鱼，其体内汞含量比其他鱼偏高，婴幼儿应严格禁止食用，一般市民一年也难得吃上几次。主观上，吃鱼，我们也要适可而止。美国环保局的一个报告建议：一个体重为60公斤的人，每天吃鱼不宜超过170克。另外，我们吃海鲜，可以选择重金属含量相对较低的替代品种，这样的替代产品一样富含对健康有利的 ω－型不饱和脂肪酸，比如凤尾鱼、鲱鱼、鲱鱼、鲭鱼、鲑鱼、沙丁鱼、鳟鱼、湖鳟鱼等"小"鱼，因为鱼的体量越大，含毒量也会较高。还有，我们可以通过吃一些有助于排泄重金属的食物，如南瓜、胡萝卜、黑木耳、大蒜等，也可以通过运动出汗排泄掉一些累积在体内的重金属。但是，即便如此，这里我还是要劝喜欢吃贝类水产品的市民，要适当控制，不要太任性。这里，我用一首打油诗对本文做个归纳：水产诚美味，健康更重要，不忘重金属，恐慌没必要。

鲥鱼的记忆

　　说起鲥鱼，许多人会脱口而出：长江三鲜。较之刀鱼、河鲀，鲥鱼更鲜美，数量也更少，故有"鱼中之王"的美誉。鲥鱼，"鱼"和"时"的结合，体现了鲥鱼守时的特点：鲥鱼是一种洄游类鱼种，平时生活在海中，春夏之交，也就是四五月时，青壮鲥鱼由海里奋力逆水向长江上游洄游、产卵，九十月份，鲥鱼扶老携幼再顺水游回大海，年年如此，从无例外。鲥鱼的美味，源于洄游的习性。鲥鱼兼有淡水鱼和海水鱼的优点而少了各自的不足：有淡水鱼的肉质细嫩而没有淡水鱼的土腥味，有海水鱼的鲜美高营养而没有海水鱼的不够细腻。

　　鲥鱼，因为鲜美，从两晋开始，就不是普通百姓能吃的食物，而是达官贵人的专利，在明、清二代，更是作为贡品进贡皇上的。由于捕捞鲥鱼的季节也就是四五月到九十月间，这是一年中天气最热的季节，而鲜美的鱼蛋白质含量越高就越容易腐败变质也越难以保鲜，从长江捕捞上来后，用有消毒杀菌作用的宣麻织成的布包裹，镇以冰块，飞马直送京城，常常为了让皇上能吃到最鲜美的鲥鱼而累死驿马。

　　关于鲥鱼的文学作品或趣闻轶事，看过的人不少，有些人说起来可能头头是道：苏东坡描写鲥鱼的诗"芽姜紫醋炙鲥鱼，雪碗擎来二尺余。南有桃花春气在，此中风味胜莼鲈"。让人产生无限想象，以至口水涟涟；张爱玲说过，人生有三恨：一恨鲥鱼多刺，二恨海棠无香，三恨《红楼梦》没写完。其实，张爱玲这里说的恨，更多的是爱，是一种大都市小资女人的"发嗲"，因为人人都知道，世上没有十全十美的东西。当然，关于长江鲥鱼，民间还有个流传得更广泛更久远的故事，就是婆婆用如何做鲥鱼考三个媳妇的故事：大媳，去鳞做鱼；二媳，连鳞同蒸；三媳最聪明，去鳞将其用纱布包好，挂在锅盖下，蒸鱼时，布包里鳞油滴滴入鱼，味美且吃来方便。

现在的80后、90后、00后，吃过鲥鱼的不在少数，但吃过长江鲥鱼的，恐怕基本没有了，因为长江鲥鱼早就绝迹了。据统计资料，1974年，长江鲥鱼年产量曾达157.5万公斤。80年代后逐年下降，1986年降至1.2万公斤。1996年，有关部门在鲥鱼栖息的峡江试捕一个月，毫无所获，在鄱阳湖口进行幼鲥鱼监测，也难觅芳踪。1996年开始在鄱阳湖历时三年的捕捞仍然是一无所获。江苏、安徽江段也已多年未发现鲥鱼。2014年7月16日的《扬州晚报》更直接以《瓜洲渔民50年见证鲥鱼灭绝》为题，探索了鲥鱼绝迹的原因。

最近，因工作原因，认识了上海滩上有"鲥鱼大王"之称的上海福林鲥鱼批发行老板徐福林。徐老板是上海浙江水产商会副会长，上海滩上40%以上鲥鱼是通过他的福林鲥鱼批发行流向上海市场的。对于怎么做起鲥鱼，他有一段故事。对于鲥鱼，他如数家珍，侃侃而谈。

徐老板对长江鲥鱼的了解，可以追溯到20世纪70年代末80年代初。那时，徐老板在长江的货轮上工作。长江上的渔民缺少船用柴油，常常会用捕到的长江鲥鱼换柴油，于是，徐老板他们免费饱餐美味长江鲥鱼，而渔民则免费获得了有钱也难以买到的柴油。类似这种损害国家、集体利益而个人得利的"双赢"行为，在"计划经济"以及"计划经济"和"市场经济"并行时期很流行。

要知道，吃长江鲥鱼，就是在当时也是件非常奢侈的事情。据中国共产党新闻网所载《专职厨师程汝明谈江青》一文中说，1954年开始在毛泽东专列上做厨师、1956年调任毛泽东专职厨师的程汝明，1961~1976年10月任江青专职厨师，连头搭尾，程汝明为江青做了16年的专职厨师。在为毛泽东做专职厨师时，毛泽东在《水调歌头・游泳》诗词中说："才饮长沙水，又食武昌鱼。"毛泽东喜欢吃武昌鱼。做武昌鱼，就是程汝明的拿手菜。程汝明做江青专职厨师期间，江青的最爱就是烤鲥鱼，因此，烤鲥鱼也就成了程汝明的绝活。当年人民大会堂的厨师长是程汝明的同乡，也做不好，厨师长问他如何做的，程汝明就是不说，因为他作为手艺人，深深记着"教会徒弟，饿死师傅"的俗语。程汝明回忆说，那时的鲥鱼就要一千多元一斤。程汝明生于1926年，2012年因病去世，口述回忆时已年老多病，这个价格，估计是程汝明记忆有误，当年的鲥鱼绝对没有那么贵。根据江苏扬中市档案馆的资料，20世纪70年代扬中市鲥鱼的价格在近一元钱一斤，对现在的人来说，一元钱微不足道，不小心掉地上也懒得弯腰去捡，然而，在很多日用品以分、角计价的年代，一元钱可不是一个小数，加上鲥鱼保鲜不易，销售大都以就近为主，而当地的消费水平比较低，买鲥鱼，绝对是件很奢侈的事情。

柴油换鲥鱼的经历、鲥鱼的美味、鲥鱼的稀缺，给徐老板留下了很深的影响，以至于他下海经商做水产生意后，就想到了鲥鱼。然而，"此情可待成追忆"，长江鲥鱼的美味只留在深深的记忆中不可再得，同为鲥鱼的缅甸产品，在他从事水产贸易时，进入了他的视线。

现在国内市场上的鲥鱼，绝大多数是进口的，国内还没有形成商业化的规模养殖，即使少量养殖成功了，品质也不如人意。进口的鲥鱼中，主要来自缅甸的，也有孟加拉的、巴基斯坦的、印度的，少数有美国的。就品质而言，从产地区分，缅甸的最好，孟加拉的次之，巴基斯坦、印度的更次，这是因为缅甸水利资源丰富，水利资源占东盟国家水利资源总量的40%，伊洛瓦底江、钦敦江、萨尔温江、锡唐江四大水系纵贯南北，进入海湾，水利生态系统类似长江和东海；从大小分，以大为好，最好一斤以上，如果一斤以下的鲥鱼，肉质不肥，也缺乏鲜味，总之，越大的鲥鱼品质越好，味道也越肥美，价格也越高；从海水鲥鱼和洄游鲥鱼分，洄游鲥鱼的品质、口感明显好于海水鲥鱼，价格后者也高于前者 25% 左右。

由于国内的经销商联合国外的捕捞公司和加工商，开发出方便烹饪的满足国人各种口味的半成品，以使"旧时王谢'盘中鱼'，进入寻常百姓家"。于是，长江鲥鱼的鲜美，不再是年长者遥远的记忆。"长江鲥鱼"，我回来了！鲥鱼，承载着厚重的历史；鲥鱼，记录了自然生态的退化；鲥鱼，透视出人类的贪婪。随着长江生态的改善，随着鲥鱼养殖技术的进步，随着政府长江放养鲥鱼苗力度的加大，加上政府规定在 2019 年底以前，完成水生生物保护区渔民退捕，实行全面禁止生产性捕捞，真正的长江鲥鱼终有一天会成群结队游上我们的餐桌。

小心，便宜而美味的贝类

　　每年五月一日，我国进入全面的禁捕休渔期。这时，水产市场上供应的只有海鲜冻品和养殖类海鲜冰鲜以及养殖类活的河鲜，而贝类水产品，因为它的便宜和鲜美，自然成了主角之一。

　　贝是个好东西，古代，贝是作为钱来使用的。公元前 21 世纪——前 2 世纪，贝类货币主要使用于我国中原地区，后逐步被金属货币取代。我国先秦时期贝同时具有货币和装饰物的双重作用，我国有些少数民族地区直到明末清初还使用贝作为货币。

　　现代人也喜欢贝，那是用来吃的，沿海人更喜欢吃贝类水产品。梁实秋先生写的《雅舍小品》中说，第一次吃到鲜美的"西施舌"（威海人称之为"沙蛤蜊"的贝）。在他看来，蛤蜊"实在是色香味形俱佳的神品"，"含在口中有滑嫩柔软的感觉，尝试之下果然名不虚传"。老舍先生更在他的《蛤藻集》中倾注了对蛤蜊的情愫感怀。

　　广州黄沙水产市场一家，贝类的批发量每天有 30 多吨，而休渔期后的旺季，这个市场的每天的批发量更多，有 40 多吨。大连地方更是了不得，大连海域贝类每年地产量在 100 多万吨。光大连盛兴一家水产批发市场，一年的贝类批发量高达 13-15 万吨；仅杂色蛤一个品种，在休渔期贝类交易高峰时，每天的销量就高达 100 吨。

　　贝类中，就数鲍鱼和生蚝珍贵。中国古时叫鲍鱼为鳆鱼，很早就把鲍鱼列为海味八珍之一。俗语讲：一口鳆鱼一口金，足见此菜珍贵。

其中，干鲍更是因其在鲍鱼中的顶级品质，在汉朝的时候就是美味了，在近代鲍鱼更位居于首位。早在公元 6 世纪之前，中国的食鲍鱼文化就已经传播到了日本和韩国，后来东亚人又把食鲍鱼习俗传播给了整个世界，这也是中国给全世界饮食文化的一大贡献啊！

好的鲍鱼产自澳洲、新西兰、南非，而日本则以"鲍鱼王国"享誉世界，不仅所产鲍鱼品质好，而且日式鲍鱼吃法花样繁多：鲍鱼刺身、活烤鲍鱼料理、鲍鱼寿司、黄油烤鲍鱼、酒蒸鲍鱼等，味道都非常鲜美。

而生蚝，则有过"穷人最喜爱的美食"——上流社会的珍品——普通百姓家菜肴的过山车似的经历。在 19 世纪的纽约，生蚝摊上，一分钱一个，6 分钱任意吃到饱。纽约的大街小巷布满了生蚝摊。当时外地人谈起纽约，首先想到的就是生蚝。到 19 世纪后期，由于人类无限制地捕捞，生蚝开始少了起来，开始变得"高大尚"起来。由于如拿破仑、大文豪巴尔扎克等名人毫不掩饰地表达自己对生蚝的热爱之情，很多人爱慕虚荣，于是，生蚝更是随之变得"高大尚"起来。随着养殖技术的提高和养殖规模的扩大，除顶级生蚝如法国的贝隆生蚝和澳洲的悉尼岩蚝之外，一般的生蚝变得"平民化"。

由于规模养殖，贝类中的鲍鱼和生蚝，早已是寻常百姓家中的寻常菜肴，也早已卖出"白菜价"，一般市场零售价只有几块钱一只。当然，与"白菜价"的鲍鱼和生蚝，进口的顶级品，在品质和价格上还是有云泥之分。

普通百姓所吃的贝类，多为蛤蜊、文蛤、白蛤、花蛤、青口贝、蛏子、贻贝、田螺、扇贝、白瓜子、海螺、泥螺等品种。这些贝类，最常见的做法就是普通生食、烧烤、煮汤、蒜蓉豆豉粉丝蒸、炒之类。大部分消费者爱吃贝类水产品，主要因为这些贝类之类的小海鲜，一是味道鲜，二是便宜，三就是容易烹饪。然而，贝类中的大部分生活在浅滩浅海水域，而这正是容易受污染和重金属浓度较高的地方，加上鱼虾类本身有极强的排泄系统，而贝类，特别是双壳贝类没有，更容易造成重金属大量沉积于体内。另外，贝类中的无色无味的贝类毒素，对人体的危害比重金属还要大。贝类本身不产生毒，但如果贝类摄食了有毒藻类或与有毒藻类共生，则可能会在体内蓄积毒素。贝类毒素主要有四类：

腹泻性的、麻痹性的、神经性的、记忆缺损性的，目前我国的贝类毒素中主要以前二类为主。腹泻性贝类毒素中毒的主要症状是：恶心、呕吐、腹痛、腹泻等；麻痹性贝类毒素中毒的主要症状是：口唇刺痛和麻痹并扩散至面部、脖子、肢端伴有头痛、晕眩、呕吐、腹痛、腹泻等，严重者会停止呼吸，窒息死亡。目前所有贝类毒素引发的中毒没有特效治疗药。

据 2013 年 6 月 28 日的《深圳特区报》报道，深圳 21 类受监测的贝类中，有 7 成重金属超标严重，包括带子、扇贝、元贝、毛蚶、生蚝、花甲、沙白、圣子、鲍鱼、文蛤等贝类水产品均有镉超标样品。事实上，重金属超标不单限于珠三角。贝类中的重金属，主要是汞、无机砷、铅、铜、镉、铬，重金属污染很大程度来自化工企业的偷排污水汇入近海，这种污染普遍存在于我国绵延 1.8 万公里的海岸线，从北至南，重金属污染无处不在。另外，与重金属超标的累积作用相比，日益上升的腹泻性、麻痹性贝类毒素，可通过容易富集的贝类，对人体造成具有更严重、直接的威胁。同时，有机物污染大多有致癌作用，有机锡甚至能导致性别畸变。

虽然贝类有重金属和有机污染的危害，消费者也无须过分恐慌。我们买贝壳时挑外壳平滑的，买来后用盐水浸泡，不吃贝类内脏，充分加热。少吃贝类烧烤，因为烧烤的方法易造成受热不均、外熟里生。食用时，也要去除贝类的消化腺等内脏。只要适当控制，不要太任性消费，不贪图贝类的便宜和美味，也不会对身体产生多少不良影响。吃得太多，可能会对身体产生负面影响，如果食用后，出现头痛、晕眩、恶心、呕吐、腹痛、腹泻、四肢肌肉麻痹等症状，应立刻就医。

上海人吃得最多的海鲜—带鱼

上海人吃得最多的海鲜是什么？一般人会脱口而出：带鱼。是的，确实是带鱼。至于为什么是带鱼，原因很多。

选择少。上海人吃海鲜，不像沿海的人，如广州、大连、青岛等沿海地区，有很多选择，这个螺那个贝、这个虾那个蟹的，这些小品种的海鲜，产量低，也就就地消化的。上海人可没有那个口福，有那么多的小海鲜吃。

便宜，是最重要的原因。现在，随着上海消费水平的提升，进口水产品越来越多，各种高端大龙虾和虾类，各种高端大型蟹类，各种高端鱼类和贝类，应有尽有，然而，价格贵。对一般消费者来说，难得尝鲜，可以，经常吃，心有余力不足，所以，进口的西太平洋和印度洋带鱼，肉质粗，脂肪少。吃口差一点，但便宜啊，条重一斤左右的，只卖十多元到二十元一斤。海鲜中，很少有如此便宜的啦！

量多，应该也是原因之一。东海是带鱼的主要产地，"文革"期间的 1972—1975 年间，每年东海的带鱼产量都在 40 万吨左右，占了全国四大海洋带鱼产量的大头，再加上全国近年带鱼进口增速加大，2012 年的冰鲜带鱼进口量只有 46 吨，到 2015 年，暴增到了冰鲜带鱼 10354 吨，冻带鱼 41013 吨，加上许多通过边贸进来无法统计的，这也影响了带鱼的价格，反过来刺激了带鱼的消费。

营养保健。带鱼肉厚刺少，有补脾、益气、暖胃、养肝的作用，对降低血脂、预防高血压和心肌梗死有益。吃带鱼，有很多人喜欢将鱼鳞刮了，误以为它有腥味。其实，鱼鳞可是好东西，所谓的银鳞并不是鳞，而是一层由特殊脂肪形成的表皮，称为"银脂"，是营养价值较高且无腥无味的优质脂肪。银鳞中含有不饱和脂肪酸，具有降低胆固醇的功效，而卵磷脂则可减少细胞的死亡率。上海人喜欢清蒸带鱼，是比较科学的吃法。清洗带鱼要注意的是，一定要把鱼腹内的黑膜撕去，这才是带鱼产生腥味的根源。

上海人带鱼吃得多，还有一个"历史"的原因。20世纪60年代到70年代，知识青年上山下乡，知青都吃得很苦，没有油水，更不要说有"荤"菜可吃，而那时出去的知青，正处于身体的发育阶段，于是，很多知青在给家中的信中一直诉苦，寄给家里的照片也是瘦骨嶙峋。在上海的父母自然很不忍心，于是，想方设法给知青子女搞点"荤"的寄过去。由于当年交通很不发达，一个邮件到达新疆、云南、贵州、东北等子女所在地，需要半个月左右甚至更多的时间，而从牙缝里挤出的一点点鱼肉，极有可能在路上就变质。于是，上海人的小聪明在这时派上了大用场。他们将带鱼洗净后上蒸笼蒸，便于除去骨头，锅里放点油和葱花、姜末、糖、盐，讲究些的再放上点胡椒粉以及已剔除骨头的带鱼肉，不停地翻炒，最后，带鱼肉出现微黄，再加上点米醋，使带鱼肉中残留的小骨头软化，这才大功告成。父母的爱将带鱼变成了鱼松，路上不要说半个月，就是再长些时间，也不会变质。

但上海人吃得最多的带鱼，在中东阿拉伯民族眼里，是绝对不能捕食的。中东地区的穆斯林，不吃无鳞鱼，各种无鳞鱼，如带鱼、墨鱼、鳗鱼等，是禁止捕食的，因此，在海湾地区，各种无鳞鱼由于获得真主的"庇护"而"繁衍昌盛"。无鳞鱼原先在阿拉伯国家也是可以捕食的，但古代阿拉伯人因吃无鳞的河鲀而中毒，好多人因此而丧命，鉴于当时人们对各种无鳞鱼有毒无毒和毒性程度无法认识，从保障生命安全的角度考虑，在阿拉伯卫生法规中规定了从食谱中"取消一切无鳞鱼"，于是，禁食无鳞鱼成了阿拉伯民族的约定，沿袭至今。

现在的上海市面上，细小的带鱼，十有八九是东海的，而8两以上的带鱼，大多不是东海的，或是南海的，或是进口的。我国进口的带鱼主要来自非洲、伊朗、印度、印尼、巴基斯坦等国，进口带鱼的品质与东海带鱼差异很大，因此，价格也天差地别。条重8两以上的东海带鱼，平时的价格就在每斤60元左右，春节前可涨到每斤120多元，利润太诱惑啦！因此，有奸商将进口带鱼冒充东海带鱼销售。

区别东海带鱼还是进口带鱼，主要靠看。看眼睛。国产带鱼和进口带鱼最大的区别在眼睛，国产带鱼眼睛是白的，而进口带鱼眼睛是黄的，东海带鱼眼睛小，进口带鱼眼睛大；看体型。东海带鱼体型较小瘦长，而进口带鱼体型较大较厚；看鱼鳞。鳞的完整与否不能说明带鱼的优劣，因为东海带鱼的鱼鳞是白色的，不发亮，用手一擦会擦掉，进口带鱼鳞白中带黑，颜色发亮，不容易擦掉；看柔韧度，东海带鱼比进口带鱼更柔软。

带鱼，其实分清东海和进口的还是比较容易的，难得是要分清带鱼的新鲜程度。中医看病，讲求"望闻问切"，分清带鱼是否新鲜，这里，也有类似几招可以帮助大家。

一是看。看鱼眼：新鲜的带鱼，眼球饱满，角膜透明，不新鲜的带鱼，眼球稍陷缩，角膜稍混浊；看鱼腮：腮是否鲜红，越鲜红就说明越新鲜；看体表颜色，不新鲜的，表面泛黄，那是冷冻过久的带鱼。二是闻。新鲜的带鱼，有腥味，但比较清新，接近于海水、海风的腥味，如果有臭味，表面已经或开始腐败变质了。三是捏。新鲜的带鱼，用手指捏压，应该是有弹性的，不新鲜的带鱼肉质发软，一按就陷下去，没有弹性。

有一种带鱼，大家千万要注意，它看上去新鲜，表面按下去比一般的带鱼更有弹性，折弯一下，更是一下就弹回挺直，就是闻上去可能有点刺鼻或刺眼味，油煎时，带鱼的肉从中间开裂，那就是甲醛浸泡过的带鱼。这种带鱼千万不能吃，因为甲醛是致癌的化工产品。

上海人喜欢吃带鱼，但吃客更知道冬季的带鱼最肥、最鲜、最嫩。油带鱼，有人认为是带鱼的一种，也有人以为是一道以带鱼为主要食材，主要经油煎而成的菜肴，其实这是误解。油带主要产自嵊泗渔场，是在天气较冷时间长得肥美的带鱼，最好的时间为每年的12月到次年的1月捕捞的带鱼。新鲜的油带鱼，体表有油腻的感觉，蒸煮后会上面飘起一层清清的油层。这清蒸的油带，味道鲜美，肉质细嫩爽滑，口感特别好。不知你尝过东海的油带鱼没有？没有吃过的，还真的应该去尝尝。这油带鱼，如果是用别的办法烹饪，如干煎、加辣烧，那真有点浪费最好的食材啦。

这些年走进普通家庭的海鲜

　　将近春节了，每家每户一定会上超市，到网上，到批发市场和农贸市场采购，准备过上一个快快乐乐的新年。现在，可以选择的食材明显比以前多了，别的不说，我们这里就说说这些年走进普通家庭的海鲜。

　　原先，一般家庭消费的，大多是近海的海鲜，特别是上海，更多的就是鲳鱼、小黄鱼、带鱼、梭子蟹、条虾、贝类等可以吃。

　　当年，买海鲜要凭票，后来放开后，有些海鲜，价格贵，百姓没有消费能力；有些海鲜，加工烹饪较为复杂，普通家庭也难以做到。

　　现在，情况发生了变化，许多利好因素，加快了一些海鲜走进普通家庭的步伐：一是这几年百姓收入有较大提高；二是许多海鲜的养殖能力和养殖面积提升很多，市场供应增加，许多海鲜价格有所下降；三是政府反腐倡廉压缩公费开支，消费回归理性，许多水产老板将销售目光转向普通消费者；四是媒体近年来加大海鲜养生及烹饪知识的普及；五是进入老龄化社会，退休老人有更多闲暇时间研究海鲜菜谱；六是现在使用家政服务的家庭多了，而政府加大了对家政服务人员的培训力度，也出台了一些家政服务人员培训激励措施，家政服务人员的海鲜烹饪能力也有所提高。

　　那么，这些年哪些海鲜开始走进普通家庭了呢？

　　上海哈仕福贸易公司，是一家专供酒店的水产批发商，老板杨晓仙深知"搬砖头"式的水产品批发，在生鲜电商、线上线下结合的"新零售"等生鲜销售新模式的冲击下难以为继，于是，他凭借着自己一手烹饪好手艺和对海鲜食材的良好理解，在上海人流如织的靠近南京东路的宁波路216号上经营起"亨濠捞"特色海鲜捞饭饭店，做

起水产批发和开饭店的"两栖老板"，一不小心，将"亨濠捞"做成南京东路小吃快餐评价榜的第一名。他的愿望将"亨濠捞"办成特色连锁饭店，为水产品批发做不下去后找好退路。由于杨晓仙一直从事酒店配送业务，所以他对海鲜从酒店到家庭餐桌的演变，如数家珍。

刺生，不需要烹饪，只要食材新鲜，买回家不用加工就可食用。这些年，特别80后、90后，是刺生消费的主力。三文鱼、金枪鱼、牡丹虾、新西兰螯虾、俄罗斯甜虾、象鼻蚌等，都成了饕餮者口中的美味。

进口的大龙虾，向来以身价高贵著称，除了顶级的鲜活澳洲龙虾外，还有价格比较平民化的龙虾，如加拿大波斯登龙虾、澳洲青龙虾、巴西龙虾、古巴龙虾等，也在进入普通家庭。这些龙虾，有鲜活的，因为物流成本因素，价格贵些，要是作为黄油焗、酱油水煮、粉丝蒜蓉蒸、熬粥烹饪的话，完全可以用冻的龙虾，那样就比活的要便宜50%左右啦，而且，船冻的水产品，从食品安全的角度说，更值得信赖。以前我们说"无鱼不成宴"，现在是"无龙虾不成宴"，一般的婚宴或请客，大都上龙虾，区别在于龙虾的档次不同而已。

现在，吃蟹也很流行，但这个蟹可不是大闸蟹喔，也不是青蟹，而是进口的黄金蟹、雪蟹、帝王蟹、红花蟹、珍宝蟹等。这些蟹价格有点贵，没吃过的可以尝尝，但是，黑蟹、面包蟹还是比较实惠些哦；而且，面包蟹的做法也很多，有咖喱的、清蒸的、椒盐的、香辣的、葱姜

爆炒的、黑胡椒的，等等，家里做也很简单。

斑类鱼，包括东星斑、老鼠斑、龙胆石斑、青斑、红斑、宝石斑、老虎斑、海参斑等，大多是人工养殖，除了东星斑、老鼠斑价格贵之外，其他的价格也不是太贵。它们的口感大都比较细腻，吃口较好，市场比较受欢迎。如果斑类鱼是冻品的话，价格会打很大折扣，也许是对折你就可以买到，当然，口味也会有点折扣噢！斑类鱼，一般以清蒸居多，但龙胆石斑，如果熬粥的话，相信你一定会喜欢，如果用来打边炉、余汤，味道更鲜美。

银鳕鱼是必须要说的海鲜，因为它特别适合婴幼儿吃，最适合熬粥给他们吃，对他们的智力发育特别有利，同时，肉质肥美，干煎清蒸两相宜。合适的时候，我会专门介绍一下银鳕鱼的。

再有就是海参，常吃对增强免疫力等好处多多。百姓托了中央"八项规定"的福，也托了大面积养殖的福，海参价格锐降，现在上等的日本关东淡干参也只有不到8000元一斤，好一点的淡干辽参更是降到2000元左右一斤。现在有些结婚宴席，蛮多的上起了海参，有海参羹的，也有大方一点每位一只的。家庭中，葱烧海参、海参浓汤、猪脚烧海参等，都是方便而美味的选择哦。

鲍鱼，中国古时叫鳆鱼，很早就把它列为海味八珍之一，俗语讲：一口鳆鱼一口金，足见此菜珍贵。生蚝，除了进口的法国、澳洲、南非、日本等国上等生蚝，我国的生蚝和鲍鱼一样，因大面积的商业化养殖，早就跌到"白菜价"，因而也早已是普通消费者的口中菜肴。以后，请各位留意我关于生蚝的专文介绍。

海鲜，成为家庭消费的主力，是一种趋势，因此，海鲜销售老板也要适应这种转变，放下架子，调整营销方式，调整营销重点，使自己在这种趋势成为潮流时变为弄潮儿，不为潮流所淘汰。

鲳鱼的味道

吃东海的鱼，吃东海的鲳鱼，建议去沈家门尝尝鲜。

沈家门的鲳鱼，一是正宗。

沈家门是一个著名的渔港，因其"尝海鲜、观海景、采海货"，热闹非凡，故有"小上海"之称。沈家门渔港，位于舟山本岛，而东海的舟山渔场，居我国四大渔场之首。由于过度捕捞和有机污染等问题，我国近海包括东海的鱼类资源一直在下降。2005年，鲳鱼的全国捕捞量为412,149吨，到2016年，下降到345,728吨，减少了16.12%，去除渤海、黄海、南海的鲳鱼捕捞量，去除东海鲳鱼的出口量，可供国内消费的东海鲳鱼，屈指可数。所以，在上海，说是东海鲳鱼，半斤以上规格的，十有八九是假的，外地则更少。你在上海能买到印尼的鲳鱼，已是运气不错的的啦，因为虽然印尼鲳鱼的吃口比东海鲳鱼差，但是，比起伊朗、巴基斯坦、印度、斯里兰卡、孟加拉等国的鲳鱼要好得多。批发商对鲳鱼的产地很清楚，而到了小贩手中，他们常将进口的鲳鱼冒充成东海的，将冻品鲳鱼当作冰鲜的来吆喝，以图卖个好价，或卖得快些。而在沈家门，较少有这种情况，你吃到的，一定是地道的"热气"东海鲳鱼，即使在每年5月1日到9月15日东海禁渔期，沈家门也有可能吃到可能是偷捕来的"热气"的东海鲳鱼。

沈家门的鲳鱼，二是鲜美。

鱼，没盐不鲜，但盐太多也不鲜；鱼，水流太急则肉质结实，不嫩；鱼，饵料不丰富长不好，而东海，恰恰满足了鱼的这些生长条件。比较南海或大洋中的生长环境，东海实在是太理想了，因为东海大陆架广阔，水流不湍急，光照丰富，水温不太冷，利于鱼及其饵料生长。东海有长江等多条江河注入东海，这些江河水系的流入，带来了大量养分，降低了东海的盐分。东海有台湾暖流和沿岸寒流在此交汇，水流搅动，养分上浮。东海周围岛屿众多，为鱼的生活和繁殖提供有利条件。所以，东海的海鲜、东海的鲳鱼想要不鲜，都难！

沈家门的鲳鱼，由于本身食材新鲜，它的做法往往是最本色的，清蒸、糟卤、鲳鱼面等，而这些烧法，也最能吃出鲳鱼本身的鲜味，如果鲳鱼不新鲜，商家绝对不敢这样做。

其实，鲳鱼的做法有很多，干烧、红烧、茄汁焗、萝卜烧、五香烤、豆瓣辣酱烧、辣味蒜子烧、土豆烤、蒜味水煮、椒盐、辣卤、香煎、啤酒闷，还有奥尔良烤鲳鱼，造型精致，脆脆的，如有蘸酱更好些。总之，鲳鱼的做法很多，味道各有千秋，无所谓好坏，只看个人的喜好，但像人工养殖的金鲳和南美雪花鲳，零售价也就在 20 元左右，都可以做成重口味的菜肴，而新鲜的银鲳，还是是清蒸为宜，否则，倒是有点糟蹋了好的食材了，浪费了钱财。但是，大热天，如果来一道番茄蘑菇炖鲳鱼，酸酸甜甜，很开胃，也是一个不错的选择哦。

沈家门的鲳鱼，正宗归正宗，鲜美归鲜美，但价格可不菲，也许让一般工薪族咋舌。

一般人们总以为鲳鱼的产地价格便宜，而销地特别是上海这种超大城市，由于它的消费能力超强、集散能力超强，因此，鲳鱼的价格自然便宜。错！鲳鱼的价格，沈家门的价格一点不比上海低，条重在 7-8 两的，一般饭店都要卖到 160 元左右。这是一个很让人无法理解的事实。沈家门的人，由于习惯，他们对鱼的鲜度要求特别高，他们愿意出高价，而普通上海人对鲜度的要求相对比沈家门要低，很多人不愿意为了鱼的鲜度而多掏几张人民币出来，所以，鱼老板往往将量少的鲜鱼留在沈家门卖，而将大量鲜度次一些的鱼运到上海。

物以稀为贵，真正东海银鲳的价格，春节时，规格在每条重量 7-8 两的，上海市场的零售价往往每斤要卖到 140 元左右。

鲳鱼，其实品种很多，有银鲳、金鲳、红鲳（淡水白鲳）、刀鲳、乌鲳、灰鲳、刺鲳、斑点鸡笼鲳、雪花鲳（南美鲳）等多种，其中，金鲳和红鲳已经人工养殖成功，特别是金鲳，产量很高，由于肉质过于紧实不够鲜嫩，价格和银鲳、灰鲳天差地别。红鲳由于在淡水中养殖，鲜度和银鲳、灰鲳等相差很大，因此，价格同样天差地别。银鲳，科研上已在浙江宁波养殖成功，但是，离产业化距离还远，最主要的是养殖的银鲳，个体太小，一般在 2-3 两，况且人工养殖的和野生的，一般在鲜度上有一定的差异，因此，真正的东海野生银鲳、灰鲳等优质鲳鱼，对普通消费者来说，只能是难得尝尝的"奢侈品"，特别是春节期间，每斤 140 元左右的价格，更是可望而不可及。

虽然鲳鱼的身价现在很高，但是，我国很多地方人们却闻鲳皱眉，把鲳鱼称为"娼鱼"，贬之为鱼类中的娼妓。鲳鱼背上"娼鱼"这一恶名的主要原因有三个：一是"鲳"与"娼"同音，人们有一种同音避讳的习惯；二是明朝医药大师李时珍有关，李时珍在其名著《本草纲目》的"鳞部"鲳鱼条目下，记述了一则鲳鱼的传说："有人说，游在海中的鲳鱼，成群的鱼在后面追，吞食它吐出的唾沫儿，这种鱼就像娼妓一样。"一代名医信口"听人说"了一下，冤案就这样定下了。其实，"鲳鱼吐唾沫儿"是排卵。由于它们的籽晶莹剔透，产出体外后像珍珠一样一串串的，引来了一些不知底细的鱼类跟踪与吞食。最后一种原因更荒唐，认为鲳鱼的籽（卵）是下流淫秽的产物，说是吃了它，就会染上下流的习气，孕妇吃了它，会生"鲳仔"，因此，大家避之唯恐不及。当然，这些说法从科学角度看，没有一丝一毫的道理，是不白之冤，必须给予彻底"平反昭雪"。

食药同源。鲳鱼含有丰富的不饱和脂肪酸，有降低胆固醇的功效，对高血脂、高胆固醇的人来说是一种不错的食品。鲳鱼含有丰富的微量元素硒和镁，能预防冠状动脉硬化等心血管疾病和癌症，能延缓机体衰老，有银鲳参归汤、鲳鱼粥等，有补血、健胃、益气的作用。所以，多吃鲳鱼，有益身体；但痛风者，多吃无益，而鲳鱼腹中鱼籽有毒，吃了能导致腹泻，更是不能吃啊！

长江第一鲜

　　刀鱼，因形似一把尖刀而得名，与河鲀、鲥鱼和鮰鱼一起被誉为"长江四鲜"。其实，现在真正称得上长江之鲜的，只有刀鱼一种。鮰鱼，和前三种鱼不在一个档次上。长江鲥鱼，已早已基本绝迹，现在市场上，好一点的鲥鱼，就是缅甸的"泊来品"。关于鲥鱼，我有一篇《鲥鱼的记忆》一文，这里不再啰唆。河鲀，政府严格禁止加工野生河鲀，2016年只是有条件开放养殖红鳍东方鲀的暗纹东方鲀二种，而养殖的和野生的，其鲜度不可同日而语。

　　刀鱼、河鲀、鲥鱼之鲜，全在于洄游。洄游鱼，有四类：海洋洄游鱼类、溯河性洄游鱼类、半溯河性洄游鱼类、淡水洄游鱼类，其中，溯河性洄游鱼类和半溯河性洄游鱼类因为经过了淡水和海水的交互，而刀鱼、河鲀、鲥鱼这三种野生的鱼，恰恰经过了两种水的"共同沐浴"，所以它鲜，所以它嫩。现在，长江中，只有刀鱼是"土著"野生的，河鲀是人工养殖的。国家有条件开发加工食用的人工养殖河鲀，与纯野生的刀鱼，也是不能同日而语的。鲥鱼，是进口的，其鲜美，与以前长江的鲥鱼不能比。现在有科研机构在研究人工养殖刀鱼，一旦批量养殖成功，绝不能比肩野生刀鱼。

　　长江刀鱼，分布在长江及近海半咸淡水区，每年二月中准备产卵时，从近海进入淡水，沿干流上溯至长江中游洄游，最远可达洞庭湖。有的在江河干流产卵，也有进入支流及通江湖泊产卵，产卵成鱼后顺流返回近海。

目前市场上卖的刀鱼，在业内有三种名称：江刀、海刀和湖刀。江刀即是正宗的长江刀鱼，以长江靖江段所产最好，因为刀鱼洄游到这段水域时，身上的盐分基本淡化，同时在淡水中身体长肥，肉质变嫩，口味变得鲜美。江刀通体银白，头部也是白色，鱼鳃血红。海刀是指洄游至长江口海水、淡水结合部被捕获的刀鱼，鱼种纯正，但由于身上盐分没有淡化，肉质稍硬，口味略逊。湖刀是长江刀鱼的"近亲"，因生活在大湖里，口味与江刀相差甚远。正宗的长江刀鱼，以肉味鲜美、脂肪多但肥而不腻、细嫩丰腴兼有微香而获得"长江第一鲜"美誉。

海刀、湖刀在市场上常被冒充江刀高价出售，但还是可以区别的。江刀和海刀的区别，主要在体表，江刀体表银白，头部也是白色，而海刀背上有点淡青色；湖刀的区别更明显，其头部为红色，鱼鳃泛白。

上海市场上的刀鱼，基本上以处于出海口的崇明岛捕捞到的刀鱼为主，还有就是浙江的刀鱼，也就是我们所说的海刀。现在，由长江入海口溯河而上，清明前，有无数张一张比一张更密的网等待着刀鱼，因此，"刀鱼"想成为真正的长江刀鱼，难度可想而知。历史上，刀鱼资源极其丰富，20世纪70年代，年捕捞量曾高达近万吨。近年来，由于重大水利工程的建设、水体污染及过度捕捞等因素影响，刀鱼资源急剧衰退，产量呈逐年下降趋势，且个体小型化严重。江阴在2011年时长江刀鱼的捕捞量已不足0.5吨。现在，政府通过少量发放刀鱼特许捕捞证的方法，限制渔船进入长江捕捞刀鱼。

物以稀为贵。2012年，在江苏举办的长江刀鱼王公益拍卖会上，一条重325克的长江刀鱼王竟拍出了59000元的天价。现在公务消费锐减，刀鱼的价格大不如前，1000元一斤可以买到较大规格的刀鱼啦。

流传很久的刀鱼（一般指江刀）禁捕之事终于得到证实。来自农业农村部官网的消息，农业农村部已经在去年年末下发"关于调整长江流域专项捕捞管理制度的通告"。通告明确：自2019年2月1日起，停止发放刀鲚（长江刀鱼）、凤鲚（凤尾鱼）、中华绒螯蟹（河蟹）专项捕捞许可证，禁止上述三种天然资源的生产性捕捞，政府更规定在2019年底以前，完成水生生物保护区渔民退捕，实行全面禁止生产性捕捞。

也就是说，从 2019 年开始，在今后可能相当长的一段时间内，消费者不可能吃到江刀了。但是，现在，冒充江刀的海刀开始上市了，这些海刀来自上海崇明和浙江。浙江的刀鱼属于纯粹的海刀，而崇明的刀鱼属于半海刀，就是海洋的刀鱼开始从崇明洄游进长江，将要成为江刀。

由于江刀退市，不在禁捕范围内的原本位居"二线"的浙江海刀、崇明海刀开始走俏，有些商家就将这些刀鱼说成是江刀，虚标价格出售。即使不"捣糨糊"的商家，他们估计这些刀鱼的身价 2019 年至少普涨两到三成，大规格的海刀在市场上格外吃香，2019 年一条重量三两半、比筷子略长的海刀，一斤也卖到了 1300 元，这个价格比 2018 年同期要贵出两三百元。

江刀没有了，对于一些靠江刀做名特菜肴的餐馆来说，就有困难了。如老半斋"刀鱼汁面"，这碗"沪上最美光面"汤汁是用正宗"江刀"炒制后加鸡汤熬制而成，价廉物美，每年春季都大排长龙。但现在他们一方面不想让百年老店的刀鱼汁面的传统技艺丢失，另一方面只能尽可能想办法用海刀去还原以前江刀鱼汁面的味道。原来的江刀鱼汁面怎么继续，老字号确实很伤脑筋。

刀鱼的营养价值很高，富含的不饱和脂肪酸明显高于一般鱼类，具有降低胆固醇、补益五脏的功效，即使在科学不发达、人类不知"不饱和脂肪酸"为何物的古代，刀鱼已因其美味而得到人们的青睐。刀鱼在古代称为"紫鱼"，相传曹操在尝了江刀后，便立即下令赐名其为"望鱼"。最流行吃江刀的还是宋朝，文豪兼"吃货"的苏轼的那句

"恣看收网出银刀"，将渔家捕捞江刀的场景描绘得很有动感和现场感。陆游赋诗："鮆鱼莼菜随宜具，也是花前一醉来。"梅尧臣说："已见杨花扑扑飞，鮆鱼江上正鲜肥。"文人雅士对江刀的喜欢可见一斑。

吃刀鱼，有红烧的，有油炸的，有五香的，有啤酒烧，有萝卜炖，其实，最好的还是清蒸刀鱼，只用葱姜蒜简单调味，保证原汁原味和鲜嫩。吃的时候，用筷子夹住鱼头轻轻提起，将一根主刺慢慢剥离，鱼肉软嫩，剥离主刺之后还是完整的鱼身。鱼肉入口，轻轻吮吸，肉和刺便能脱离，所以刀鱼其实是吸食的。剔除的主刺并不扔掉，再用油炸一下，吃完鱼肉后还能再来一小盘"椒盐鱼刺"，脆脆的，相当可口。当然，也有做成刀鱼面、刀鱼馄饨的，别有风味。可惜的是我们不知曹操、陆游等人是如何吃刀鱼的！

"清明前鱼骨软如绵，清明后鱼骨硬如铁"。以清明为界，清明前刀鱼鱼骨较软，肉细鲜嫩，一过清明，便鱼骨变硬，肉质变老，俗称老刀，口味上有较大差异，同时，天气转热后，刀鱼鳞片脱落得非常厉害，从卖相上来看也难以讨人喜欢，价格直线下跌，真是"人老珠黄不值钱"。

江刀目前一段时间内是吃不到了，现在只能将就吃吃海刀、湖刀，所以，此文只是回味以前吃江刀的美味。一段时间后，长江的渔业资源得到恢复，加上国家对捕捞船只数量、捕捞网具的管理力度加强，相信江刀还会回到我们的餐桌的。

饱受委屈的梭子蟹

海鲜中，最受委屈的，要数梭子蟹了。

有一个美丽动人的传说：王母娘娘有一个女儿，名叫梭子，多次下到人间，看到人间很美好，很是向往，于是，王母娘娘一怒之下，将女儿丢掉，正好丢在东海，于是，化成梭子蟹，在各地繁衍出无数的子子孙孙。

梭子蟹的产地很广，在印度－西太平洋地区都有。梭子蟹约有18种，其中，甲壳上有三处隆起的三疣梭子蟹是个体最大、产量最高、经济价值最大的一种蟹类。我国三疣梭子蟹产地主要有丹东的鸭绿江口、黄渤海交界的大连湾、黄海的青岛。而最大的梭子蟹产地是在长江口，包括江苏吕四渔场和浙江舟山群岛。浙江舟山水产城，是我国重要的产地水产批发市场，2017年的交易量达到75.2万吨，其中的梭子蟹交易，独步全国，交易量高达到35万吨，交易额达到45亿元，2015年被中国水产流通与加工协会授予"中国梭子蟹交易中心"称号。

梭子蟹，脂肥膏满，膏似凝脂，肉质细嫩，味道鲜美，尤其是两钳状螯足之肉，呈丝状而带甜味，蟹黄色艳味香，食之别有风味，因而久负盛名，居海鲜之首。

说到梭子蟹的吃法，清蒸应该是首推的，它最大程度保留梭子蟹的原汁原味。只要蟹新鲜饱满，只要火候得当，只要姜、醋、糖等调料用得好，一只大蟹吃下来，别的菜基本上不想吃，也吃不下了。唐代大诗人白居易的"陆珍熊掌烂，海味蟹螯成"，将梭子蟹螯足与熊掌相提并论，而明末清初文学家、戏剧家李渔的"蟹鲜而肥，甘而腻，白似玉  而贵似金，已造色香味三者之极，更无一物可以上之"，更是将梭子蟹推崇备至。俗语有"一蟹上桌百味淡"，因此，国人，特别是沿海的吃客对梭子蟹青睐有加。

清蒸螃蟹，有一点特别要注意，不管是蒸梭子蟹还是蒸大闸蟹，都需要肚子朝上，这样蟹黄正好被蟹盖接住不会溢出。梭子蟹还有一种吃法就是葱姜炒，更能体现梭子蟹的鲜和嫩，或一切两半炖豆瓣酱，或炒年糕、炒咸菜、炖豆腐等，这些是沿海一带居民餐桌上的家常菜，但味道鲜美。还有一种渔民的做法，挑选膏满活蟹，将蟹黄剔入碗中，风吹日晒令其凝固，即成"蟹黄饼"，风味特佳，但产量少，一般人难尝此味。除鲜食外，还可加工炝蟹、蟹酱、卤蟹、制成罐头等。蟹卵经漂洗晒干即成为"蟹籽"，可作上等调味品。蟹壳可作药材用，又可提取甲壳质，经济效益非常可观。

虽然梭子蟹有着美丽动人的传说，虽然梭子蟹有着鲜美的味道，虽然梭子蟹有着非常可观的经济效益，但是，梭子蟹饱受的委屈，在海鲜中，当数第一。

我国梭子蟹海洋捕捞产量自 1987 年以来有单列统计的年 104535 吨以来，基本呈逐年递增态势，2015 野生梭子蟹捕捞产量达到了井喷，年产量达到 577994 吨。这主要是政府加大籽蟹保护力度，再加上增殖放流大规模放养蟹苗，使梭子蟹的海洋资源得到了恢复。

我国梭子蟹人工养殖自 2003 年单列统计的年 56222 吨以来，也呈逐年递增态势。这些年，各地通过增加养殖面积、改进养殖方法、提高养殖技术，梭子蟹已成为沿海地区重要养殖品种，养殖产量迅速增长。我国梭子蟹养殖产量在 2016 年达到 117772 吨，比 2003 年单列统计年产量翻了一番还多。

由于野生梭子蟹比养殖蟹的肉质要鲜美，加上产量年年创新高，养殖蟹的销售价格自然就跌了，这对梭子蟹养殖户的压力很大，个小一点的蟹，大热天时有的年份上海市场批发价，一斤鸡毛菜的价格可以买三斤梭子蟹，这让梭子蟹情何以堪？毕竟，我是海鲜啊！

会游泳不会打洞的梭子蟹和差不多时候上市的会打洞不会游泳的大闸蟹相比，它的壳要软一些，吃起来更方便容易些。梭子蟹的营养价值一点不比大闸蟹差，而且出肉率比大闸蟹要高，前者有40%，而后者只有20%多，差别很大，但是，梭子蟹的价格比大闸蟹要便宜多啦，梭子蟹不觉得委屈吗？

更委屈的还在后头呢，富含蛋白质、脂肪及多种矿物质的梭子蟹，它的营养超过深受中国食客青睐的澳洲大龙虾，但价格更是天上地下啊，难不成一个个吃客们也那么"崇洋媚外"？难不成"洋货"一定胜过"土著"？

梭子蟹，每年的8月1日开捕，先上市的多公蟹，雌蟹一般在10月下旬上市，西风起，11月中下旬，是梭子蟹最肥的时候。梭子蟹的好坏，对吃口影响很大，所以，我们一定要挑选好的梭子蟹，不要因为买到不好的梭子蟹而倒了胃口。好的梭子蟹，一是掂。同样大小的蟹，越重说明肉越饱满，否则就有点空，烧好后大都是一泡水吃不到肉。二是看。背部要呈青色且坚硬，上盖跟下盖之间的距离要大，小腿坚硬很难捏动，腹脐浅红色越多且肚脐越结实，这样的蟹最肥，另外，梭子蟹两边尖尖的地方透过光线看到里面的黄色越多它的膏黄就越多。

但愿我们在理解梭子蟹委屈的同时，能挑好蟹，充分享受上天给予我们的恩惠。

拼死吃河鲀？

吃"长江四鲜"之一的河鲀，要不要有点拼死的精神？答案显然是否定的！

河鲀身上有一种河鲀毒素，是自然界中所发现的毒性最大的神经毒素之一，曾一度被认为是自然界中毒性最强的非蛋白类毒素。在河鲀体内发现含河鲀毒素的器官或组织有肝脏、卵巢、皮肤、肠、精巢、血液、胆囊和肾等。河鲀肉虽无毒，但加工不好，会吃出人命来，因此，政府一直严禁加工食用。国家卫生部 1999 年颁布的《水产品卫生管理办法》明确规定："河鲀鱼有剧毒，不得流入市场。捕获的有毒鱼类，如河鲀鱼应拣出装箱，专门固定存放。"

河鲀是一种溯河洄游鱼类，它经过海水和淡水的交互，具有一种特别的鲜味，国人有"不吃河鲀不知鱼味"、"吃了河鲀百无味"的说法，话有夸张的成分，但确实令人向往。

在古代，明知河鲀有毒而要吃的，除平头百姓外，达官贵人也大有人在。宋代著名诗人梅尧臣在范仲淹席上，即兴作诗："春州生荻芽，春岸飞杨花。河鲀当是时，贵不数鱼虾。"宋代诗人范成大，在他的《叹河鲀》里写道："一物不登俎，未负将军腹，为口忘计身，餐死何足哭。"晋代文学家左思在《吴都赋》中，不但描述了河鲀的体型特征，还详细记录了民间烹制河鲀的方法。到了唐代，河鲀堂而皇之地进入了宫廷。元代和明代，江南地区把河鲀奉为食界至尊。明代的宫廷中，甚至有河鲀宴。

最难以让人忘记的是北宋大文豪兼"吃货"苏东坡，他有一首家喻户晓的短诗《惠崇春江朝景》说到了河鲀:"竹外桃花两三枝，春江水暖鸭先知。蒌蒿满地芦芽短，正是河鲀欲上时。"很形象，很美。他在赴任江苏常州团练副使时，当地有一位善烹河鲀的厨妇请苏东坡去吃河鲀，想借苏东坡的名气来抬高自己。苏东坡应邀赴宴，只顾埋头大吃河鲀，未发一语，厨妇大失所望，然吃完后，苏东坡大叫一声:"也值一死!"据说这故事和范成大的"餐死何足哭"诗句便是民间"拼死吃河鲀"一语的由来。

事实上明知是河鲀拼死还要吃的，大都死不了，死掉的多是不认识河鲀而误吃了的人。河鲀的食俗，可以追溯到4000多年前的大禹治水时代，长江下游沿岸的人们就品尝过河鲀，知道它有剧毒了。2000多年前的长江下游地区是春秋战国时期的吴越属地，盛产河鲀。吴王成就霸业后，河鲀被推崇为极品美食，吴王更将河鲀与美女西施相比，河鲀肝被称之为"西施肝"，河鲀精巢被称之为"西施乳"。

长期以来，河鲀是被禁止食用的，但在江苏一些长江沿岸地区，"拼死吃河鲀"却一直是民间的习俗。河鲀有毒，但毒是可以除掉的。古代民间就有用粪水催吐解河鲀毒的办法，进步些的用苨菜、蒌蒿、荻芽三物煮水解毒，现在，更有许多科学的解毒方法，只要祛毒得法，完全不必冒着"拼死吃河鲀"的悲壮，用生命的代价体验那种心理和生理的双重刺激。另外，一般餐馆吃河鲀有一个规矩，就是厨师本人先吃第一筷，十分钟后主人才吃第二筷，最后客人才吃，大快朵颐，这也是为了保证客人的心理安全和生理安全。有人据此说厨师和店家干的是刀口舔血的买卖，其实，这是很夸张的说法。

到了2016年，国家对河鲀业调整了政策。我国沿海常见的河鲀有

40 多种，由于红鳍东方豚和暗纹东方豚人工养殖时间最长、控毒养殖技术和出口内销市场最为成熟，因此，就放开了这两个品种，让有条件的企业去加工。《北京青年报》记者在 2016 年河鲀有条件"解禁"后走访了一家营业 4 年的河鲀餐厅，"合法"后该餐厅的客流量成两三倍增长。

我国现在吃河鲀最有代表性的地方，首推镇江的扬中市。扬中有着"中国河鲀文化之乡"的美名，是河鲀文化的发源地、集聚地和重要的传承地。扬中河鲀食俗成功入选江苏省第四批非物质文化遗产代表性项目名录。扬中有个中国河鲀网，这是我国唯一以一种鱼命名的网站。扬中还有一个河鲀节，从 2004 年开始至 2017 年，连续举办 14 届扬中河鲀文化节。声势浩大的河鲀节期间，每天可以吃掉七八千条河鲀。扬中的烹饪协会还专门规范了河鲀的从业规范，要想在扬中的菜馆里烧河鲀，厨师必须先通过烹饪协会的相关考核。每年协会还会组织专门的烧河鲀比赛，并请来扬州大学烹饪系的教授们做评委。据当地人说，扬中已经 20 多年没发生过一例河鲀中毒的事件了。

国人烹饪河鲀方法有四十多种，但最基本的方法还是红烧、白煨。白煨河鲀，汤汁似乳，清香无比；红烧河鲀，当掀开锅的那一刻，独特、浓郁的香气便立刻溢满每一处角落，在空气中弥散开来，有着无法言语的奇香。

由于法律法规的限制，国人吃河鲀，远没有日本流行，同时，中国人一般不吃生河鲀，一是没有这习惯，二是担心中毒，因为河鲀刺身的祛毒处理，有一定难度，因此，我们现在很少在中国餐馆里看见起源于我国的刺身的。而在日本，日本人对河鲀最为痴迷、吃得最凶。河鲀的生鱼片和寿司，是作为高级料理的。日本还有专门的"河鲀宴"。此宴一般有八道佳肴：第一道是主打酒品，为烤焦的河鲀鳍泡清酒；第二道为"前菜"，即冷盆"凉拌河鲀皮"；第三道是压席的"刺身"主菜，即生食河鲀鱼片；第四道为"烧物"，即烤豚白——精巢；第五道是"扬扬"，日文名"天妇罗"，中文名"炸豚盏"，采用取肉后的河鲀散碎骨架拖粉蛋糊软炸而成；第六道为"后碗"，即座汤——河鲀鱼头火锅；第七道是主食，乃河鲀鱼片煲饭；第八道为餐后饮品，冰镇野桔汁和九洲绿茶。这河鲀宴是专门用来招待贵客的，价格超贵哦！鲁迅先生就受到日本友人坪井先生在日本饭馆招待吃河鲀，这在鲁迅先生1932年12月28日的日记里有记载，至于是不是吃的是"河鲀宴"，日记中没有细说，我们就不得而知啦。

说了半天，说了河鲀有毒，但河鲀的毒素，具有很高的药用价值，有镇静、局麻、解痉等功效，能降血压、抗心律失常、缓解痉挛。作为镇痛药可取代吗啡、阿托品等；作为麻醉药品，其麻醉强度为普鲁卡因的3000多倍，其效果比常用麻醉药可卡因强16万倍。它对皮肤痒、痒疹、疥疮、皮肤炎、气喘、百日咳、胃痉挛、破伤风痉挛、遗尿、阳痿等疾病，也有显著疗效。在国际市场上1克河鲀毒素价值17万美元，是黄金价格的1万倍。

河鲀有剧毒，但河鲀有大鲜，河鲀毒素更是大宝。在医疗技术发达的今天，只要小心点，只要到正规的河鲀餐馆就餐，我们完全不必带着"拼死吃河鲀"的心态，而只需要存有享受美味佳肴的心理去品尝就是。

复活被"敲"灭了的野生大黄鱼

　　卖大黄鱼的，对着面前一大筐的黄鱼，有的总会吆喝说是正宗的东海野生大黄鱼。这话，99.99%你别信他，因为真正野生的大黄鱼，早在20世纪90年代以后，就成为稀罕物了。80年代后期，高龄野生大黄鱼就基本绝迹了。

　　据《杭州日报》2011年12月15日报道，一条4斤重的野生大黄鱼，竟然要卖到1.6万元的天价。更据《中国青年报》报道，2017年9月23日，奉化渔民捕获的一条长50多厘米、重9.8斤的大黄鱼，在宁波的绿顺水产有限公司大水产交易区，以14.8万元的价格成交，也就是说吃一条鱼就相当于吃掉了一辆普通家庭轿车。

　　物以稀为贵。目前，野生大黄鱼的价格随重量的上涨而跳跃式递增。条重1斤左右的大黄鱼价格在每斤780元左右，而1.5斤以上的价格更是涨到了每斤1000元左右，2公斤以上的大黄鱼由于数量太少，已经没有固定价格了，看行情再定价。

　　野生大黄鱼为什么那样稀罕呢？被"敲"灭了呗。

　　这事还得从明嘉靖年间(1522-1566年)说起。当年在广东潮汕地区秘密流传了400多年的利用声学原理的古老而"先进"的捕鱼法——敲罟作业，就是敲击中间两艘大渔船(称罟公罟母)上所绑的竹杠，发出巨大的合音，声波传入海中，引起黄鱼的耳石共振，导致其昏迷死亡。船队渐渐合拢，大鱼小鱼一起脑震荡。昏死的鱼群被赶入大船张开的网中，造成灭绝性捕捞，"一网打尽"。20世纪50年代"大跃进"期间，此法由广东传入福建（包括宁德）再传入浙江，作为"一种近海的先进作业法"推广。中间曾有过禁止敲罟作业的反复，真正有效禁止是在20世纪70年代中期以后，但此时野生大黄鱼已所剩无几了。据《中国渔业统计年鉴》，1979年野生大黄鱼全国捕捞量还有82938吨，到1985年只有17243吨，仅是1979年的五分之一，不但减少幅度大，而且条重小。

虽然敲罟作业对黄鱼的生态产生了很坏的影响，但是，也有人说幸亏有了敲罟作业，三年自然灾害期间很多人就靠敲罟作业大量捕捞上来的黄鱼而活了下来，这也算是野生大黄鱼对当时许多人来说是救命鱼。

野生大黄鱼近乎灭绝，但大黄鱼其实有七兄弟，就是脑子里都有"石头"的鱼，它们中除了大黄鱼和几乎绝迹的毛鲿鱼、黄唇鱼外，其余的四兄弟都活得好好的。毛鲿鱼的营养价值很高，鱼胶更是高级滋补品，是一种海洋性的洄游鱼类，也是七兄弟中个子最大的，可长到1米以上，而黄唇鱼更是中国特有的鱼种，属于国家二级保护动物，在海洋资源日渐枯竭的今天，大部分渔民可能一生都难捕到一条。其他四个兄弟分别是小黄鱼、梅童鱼、黄姑鱼、鮸鱼。鮸鱼、小黄鱼、黄姑鱼的产量较高，其中的黄姑鱼，其实包含了白姑鱼和黑姑鱼，体型较小，是大黄鱼七兄弟中肉质较粗口感最不好的，因此，价格也比较便宜。比黄姑鱼稍好一点的就是鮸鱼，外形与大黄鱼相似，如今和大黄鱼一样，鮸鱼也靠大量的人工养殖。梅童鱼在七兄弟中体型最小，因头部较大又名"大头梅"，鱼如其名，童稚可爱，最大的也不过10厘米左右，通体金黄，娇嫩鲜美。梅童鱼的产量不高，清蒸和烤食都相当不错。

"敲"灭大黄鱼，宁德有过，同样，"复活"大黄鱼，宁德有功。1991年，大黄鱼人工养殖在宁德三都澳的官井洋首获成功。在三都澳的茫茫海域上，可见海上渔排网箱养殖区渔户相连，海风吹过或船只驶过，渔排随波荡漾，绵延数十平方公里，形成了中国最大的大黄鱼网箱养殖基地，被"敲"灭了的大黄鱼开始"复活"。

关于"复活"被"敲"灭了的大黄鱼，这里，不得不提到一个人，这就是福建腾宏水产有限公司董事长林宏稻。他专注大黄鱼产业链建设，集养殖、加工、销售于一体。他的大黄鱼养殖基地有海洋面积 50000 多平方米，加工场地有 6000 多平方米，冷库规模为 500 多吨。

腾宏水产公司位于福建宁德市下属的福鼎市，与三都澳属同一个海域，宁德是中国大黄鱼人工养殖最早、规模最大的地方，因此，林宏稻从小耳濡目染。作为渔民儿子的林宏稻，他 14 岁时，也就是官井洋大黄鱼人工养殖的第二年起，就开始跟着父亲学习养殖大黄鱼。

在养殖过程中，他也遇到了别人都遇到过的养殖大黄鱼的问题，如发病率高、死亡率高的"白点病（刺激隐核虫病）"。他通过减少养殖密度、给大黄鱼喂食黄鱼颗粒饲料等方法，解决了问题。

他说，养殖密度降低，表面看产量是下降了，其实是增加了，这里有辩证法。如果因为养殖密度增加而造成大黄鱼得"白点病"，死鱼必然增加，得不偿失。另外，用冰鲜鱼喂鱼，也就是以鱼养鱼，这实际上是一种资源浪费和污染海洋环境的做法，是一种落后的养殖方式。我们全程采用投喂颗粒饲料，是养殖模式升级的表现，更是养殖生产力的进步。它降低养殖病害风险，也是环保意识的一大进步，更是保护了幼鱼，有利于渔业再生产，是利国利己的举措。

林董养殖大黄鱼，全部采用深水网箱养殖，自主研发原生态大黄鱼，每条黄鱼的鱼龄达 5 年以上，口感、颜色、条形都接近于野生大黄鱼。他们公司的条冻真空大黄鱼、有机深水大黄鱼深受消费者欢迎，常常供不应求。同时，针对社会上喜欢深加工产品的趋势，林董组织技术人员开发了剁椒黄鱼、清蒸黄鱼、糟香黄鱼、醇香黄鱼鲞、盐渍大黄鱼、切片咸香黄鱼、三去黄鱼、脱脂黄鱼等各种黄鱼加工产品，以满足各类消费者的需求。

在营销方式上，林宏稻团队与时俱进，B2B、B2C 和传统的渠道营销、关系营销一起上，公司年销售量达到 8000 多万元，取得了骄人的成绩。由于林宏稻在复活被"敲"灭的大黄鱼方面的贡献，他的腾宏水产公司被评为宁德市重合同守信用单位以及 2016 年上海渔博会银奖。

大黄鱼全身是宝，经济价值高，在香港、澳门、台湾被誉为"黄花小姐"。在四十年代的上海，人们将重十两（旧秤）的大金条称为"大黄鱼"，重一两的小金条称为"小黄鱼"。解放前，三根"小黄鱼"约合一百块大洋，可以在北京买个小型四合院呢，由此也看出国人对野生大黄鱼的喜欢程度。

凭着多年养殖大黄鱼的经验，林董对大黄鱼有一种天然的喜欢。每餐食黄鱼，他认为这是人生的一大享受，所以，他对黄鱼的营养价值能如数家珍。他说，黄鱼是一种含有丰富蛋白质的珍贵鱼类，鱼肉鲜嫩香甜，尤其是呈米脂色而不油腻的清淡黄鱼汤，对贫血、失眠、头晕、食欲不振、体质虚弱的人和老年人来说，可谓比任何营养品都好入口，具有非常好的食疗效果。黄鱼还含有比较丰富的微量元素硒和维生素 A。微量元素硒能清除人体内代谢产生的自由基，可能达到延缓衰老和预防各种癌症的功效。黄鱼头中的石头洗净晒干还能作为药材使用。

林董对野生大黄鱼和养殖大黄鱼的区别很清楚。他很厌恶那些为了赚取二者的巨大差价而将养殖大黄鱼冒充野生大黄鱼销售的无良商家。为此，他详细介绍了二者的区别：野生大黄鱼为了生存觅食，长时间在大海中游动，因此，鱼体修长苗条、肚小，鱼肚一带没有多余脂肪，鱼尾特别长，而鱼头比较小。养殖黄鱼身材不够修长，且鱼头较大，嘴巴和眼圈也显得比较大；野生大黄鱼的鳍一般干净而完整，鳍形较长。

野生大黄鱼全身金黄，养殖黄鱼的颜色体色稍微偏白。当然，同为养殖大黄鱼，颜色的差异，与黄鱼的新鲜度有关，还和捕捞的时间有关，一般来说，新鲜的黄鱼偏黄些，晚上捕捞的也比白天捕捞的偏黄些。市场上也有的零售商为了让黄鱼看上去新鲜些，采用涂黄粉的办法，但消费者用手指或白色餐巾纸擦拭，还是容易区别的。

野生大黄鱼从海里捕捞上来时，由于气压减低引起鱼鳔爆破而毙命，没有痛苦挣扎过程，因此，身上的鱼鳞、鱼鳍不会留下充血的红色痕迹；野生大黄鱼鳞片比较硬而厚，养殖黄鱼鳞片比较软而薄；用手摸鱼，养殖黄鱼粘液很稠，很粘手，野生黄鱼的粘液稀少；野生黄鱼鱼肉呈白玉般蒜片状，极其鲜嫩美味，肉质细腻，不肥腻，没有腥味，养殖黄鱼鱼肉没有蒜片状，腥味大，吃鱼肉时有泥口感。

野生大黄鱼特别是高龄野生大黄鱼基本绝迹，不过，"复活"了的生态养殖大黄鱼，一定程度上和野生大黄鱼差距不是很大。林董的生态大黄鱼养殖的环境，模仿了野生大黄鱼的生长环境，选择在外海，选择在水流湍急的地方，网箱面积和网箱深度都要大于养殖普通大黄鱼的网箱面积和深度，养殖的密度也要小得多，使生态大黄鱼天天、时时作逆流大范围的游动，让大黄鱼消耗掉多余的脂肪，同时，将大黄鱼的饲养期延长到五年，而最后一年不投料喂食，使生态大黄鱼有了接近野生大黄鱼的品质。林董及其团队的终极目标，也就是做到真正"复活"野生大黄鱼，使普通百姓能不再花一辆家用轿车的价格，吃上够"野生"质量格的大黄鱼。

林董最后语重心长地说，复活被"敲"灭了的野生大黄鱼，从一定意义上说，我们是在还债，是在替上辈人还灭绝野生大黄鱼的债。为此，他有进一步扩大再生产的具体规划：增加黄鱼的养殖规模；增加黄鱼深加工的规模，在现有基础上扩大三倍；增加黄鱼深加工品种，满足消费者多样化的需求；建设超低温冷库，确保以更优的品质供应市场。

最"平民"的河鲜

最平民的河鲜，说的是小龙虾。因为20多年前，上海郊区的农民，在小的沟渠和农田里，随便可以抓到，带到家中洗干净后，简单煮煮就能吃，或清水煮，吃时蘸点醋，或者放点酱油红烧。慢慢地，小龙虾开始爬上城里人的餐桌，再慢慢地，价格一年高过一年，开始不再"平民"了。在上海，人们都知道"小龙虾一条街"，那是黄浦区西藏南路与人民路中间的寿宁路，短短200米不到的马路，最辉煌时楼上楼下挤满了近50家餐饮店，其中，九成是卖小龙虾的，它们卖小龙虾的历史，大多可以追溯到2000年，近20年。

一年中，吃小龙虾不像吃别的水产品，由于养殖生长期的限制，因此，有"休假期"4个月，也就是11月到来年3月，小龙虾还在塘里"发育"着呢！三月中，气温还在冬天和春天缠绵着依依不舍之时，上海已有几家小龙虾店开张。那时，你吃到的龙虾不够饱满肉不够结实，或者是上年冷冻的龙虾，想吃新鲜美味饱满结实的龙虾，最好再等两个月左右。

近年来，由于小龙虾深加工熟制技术的快速发展，国人现在可以一年四季吃上小龙虾。这些熟制小龙虾，对物流要求不高，又压缩了流通环节，具有价格优势，更便于网上销售，深受爱吃小龙虾但怕麻烦的80后、90后的喜欢。

到了吃小龙虾的旺季，上海的气候已是夏天，自有高雅处吃小龙虾，但更多的是排档，是街边夜宵摊。可以看到小龙虾个个挥舞着两只大螯，张牙舞爪向你钳来，煞是可爱。一会儿，它们变成一盆盆装得满满的鲜红欲滴、活色生香的熟虾，看得人口水直流。众人围着，光着手，甚至光着膀子，直接对着啤酒瓶，一大口啤酒，一个小龙虾，吃得满头大汗，但个个开开心心，似过节一般。小龙虾成了普通百姓的最爱。这是夏日美食不可或缺的一道风景。

各地对小龙虾，喜欢程度不一，但上海人对小龙虾情有独钟，那是有数据支撑的。据中国市场调查网2017年7月13日发布的《我国小龙虾市场消费规模深度调查分析报告》称，截至2016年二季度，我国专营小龙虾店17670家，是肯德基中国门店的3倍，其中，长三角地区居民最爱吃小龙虾，占据了全国消费市场份额的47%，而上海更是独占鳌头。截至2016年8月，大众点评网上上海的小龙虾专营店为2601家，高居榜首，将第二名的北京甩了近100家，所以，上海出现类似寿宁路"小龙虾一条街"，于情于理，都可以理解。

由于保健意识的加强，人们注重清淡，但在吃小龙虾这点上，大部分人喜欢重口味。除传统的又辣又香的十三香、香辣、麻辣外，店家也在不断"推陈出新"，有蒜香味、咖喱味、椒盐味、酒糟味、卤味、芝士味，等等，以满足消费者口味多样性和新鲜性的需求。

小龙虾产业利益巨大。据全国水产技术推广总站和中国水产学会联合编写并于2017年6月9日在小龙虾产量最高的有"千湖之省"美誉的湖北省发布的《中国小龙虾产业发展报告（2017）》称：2016年中国小龙虾产业产量达到89.91万吨，养殖面积超过900万亩，经济总产

值1466.10亿元，全产业链从业人员近500万人，由此，也引发小龙虾的"头衔"之争：论时间，2008年江苏的"盱眙龙虾"最早；论授衔官员职级，数2010

年由时任全国政协副主席阿不来提．阿不都热西提向湖北潜江授予"中国小龙虾之乡"匾牌，并由时任农业部副部长陈晓华向潜江授予"中国小龙虾加工出口第一市"的匾牌最高；论面积，数湖北监利最大，2017年由中国水产流通与加工协会授予监利"中国小龙虾第一县"的称号。

2016 年，湖北省小龙虾产量高达 48.9 万吨，占全国总产量的 57.4%，也就是说全国消费者每吃到的 10 只小龙虾中，就有近 6 只来自湖北，而且连续十年高居全国第一。从这个意义上说，小龙虾的夺冠之战，毫无意义，而是成功与不成功的商业性炒作。如"中国龙虾之乡"盱眙，从 2001 年起，盱眙已连续 17 次成功举办"国际龙虾节"。在 2017 年举办的万人龙虾宴上，由来自全国各地的 3 万名宾客一次吃掉了 45 吨龙虾，又一次刷新小龙虾消费量的新纪录。

人怕出名猪怕壮。小龙虾这样一个对人类美食"居功至伟"的功臣，也有着惊人的被黑历史：在小龙虾火了后，关于它的各种黑历史那是刷爆朋友圈啊！最出名也是最吓人的就是日军侵华时生化部队因为要处理大量的尸体，将克氏螯虾经过一系列的基因改造，变成小龙虾，为日军担任起水体清洁的工作。实际上，20 世纪 70 年代人类才开始基因技术的应用研究，当时的日军根本没有这个能力的。

国外研究开发淡水小龙虾的历史，可以追溯到 100 多年前。美国是小龙虾养殖最早的国家，1918 年日本从美国引进淡水小龙虾作为养牛蛙的饲料，产量很高。20 世纪 30 年代，日本一些生物爱好者将小龙虾带到了中国沿海地区，先在南京自然繁殖扩展，因为有日军的"南京大屠杀"，于是，有了上述谣言。

另一个谣言是说小龙虾因其杂食性、生长速度快、适应能力和抗污染性超强，在当地生态环境中形成绝对的竞争优势。小龙虾摄食范围包括水草、藻类、水生昆虫、粪便、动物尸体等，因此，小龙虾确实在头部含有细菌和寄生虫，但是绝没有大到社会风传的这种耸人听闻的地步，也并非像传闻所说在外国没人吃。

一面是小龙虾被抹黑的种种传闻，一面是小龙虾的高营养和保健功能的科学依据：蛋白质含量很高，肉质松软，容易消化，对身体虚弱以及病后需要调养的人是极好的食物；虾肉内还富含镁、锌、碘、硒等，镁对心脏活动具有重要的调节作用，能保护心血管系统，它可减少血液中胆固醇含量，防止动脉硬化，同时还能扩张冠状动脉，有利于预防高血压及心肌梗塞；小龙虾含有很强的抗氧化能力的虾青素；小龙虾还可入药，能化痰止咳，促进手术后的伤口生肌愈合。

由于味道鲜美，由于具有高营养和一定的保健功能，由于价格以前相对比较便宜，因此，再如何如何耸人听闻的说法，也挡不住大家对小龙虾美味的向往，成为少数最受人欢迎、最平民的河鲜之一。

小龙虾好吃，但要注意的地方还真是不少。一是虾头和虾线不能吃。小龙虾的头部吸收并处理毒素最多的地方，也是最易积聚病原菌和寄生虫的部分，好多商家为了省人工，出售的小龙虾基本不除去虾头，所以在食用时千万不要食用虾头；虾线作为龙虾体内仅次于头部第二脏的部位，很多商家也是为了省人工并没有去除虾线，因此建议大家在吃龙虾时一定要把虾线去除。二是死虾不能吃。小龙虾死后蛋白质分解很快，会产生组胺和自由基等有毒物质，滋生有害病菌，所含的不饱和脂肪酸也容易氧化酸败，食用后容易导致腹泻等肠胃道感染性疾病，危害身体健康。在吃小龙虾时，如果尾巴弯曲并蜷缩着身体的，就表示是活虾，可以吃；尾巴是直的，或者肉体松软无弹性，那么这些龙虾就是死虾，不能吃。第三是没有煮熟的不能吃。龙虾中的病菌主要是副溶血性弧菌等，耐热性比较强，80℃以上才能杀灭。第四是吃龙虾时最好少喝或不喝啤酒。小龙虾在人体代谢后会形成尿酸，而尿酸过多会引起痛风、肾结石等病症，如果大量食用龙虾的同时，再大量喝啤酒，就会加速体内尿酸的形成，所以，在大量食用小龙虾的时候，不要图一时痛快，牛饮啤酒，否则会对身体产生不利影响。第五是小龙虾和茶及有些与水果同吃会有问题。小龙虾含有丰富的蛋白质和钙等营养素，如果吃完小龙虾后，马上与差不多同时上市的水果，如葡萄、石榴、山楂、柿子及茶等同食，这样不但影响人体对蛋白质营养价值的吸收，小龙虾中的钙还会与水果和茶中的鞣酸相结合，形成难溶的钙，会对胃肠道产生刺激，甚至引起腹痛、恶心、头晕、呕吐等症状，也容易形成结石，最好间隔2小时以上再吃、再喝。最后，由于小龙虾蛋白质含量高，而蛋白质腐烂后对人体健康会带来很大损害，所以建议小龙虾做好后，一定要一次吃完，同时，吃食小龙虾也不要过量，因为摄入过多的蛋白质也容易引起消化不良。

宝宝吃鱼

宝宝——3 岁内的婴幼儿，吃水产品非常有益。

来自江河湖海的鱼、虾、蟹、螺贝、头足、藻等水产类动物性食物，它们不仅种类多、品种多、鲜美好吃，而且营养特别丰富，它们对处于发育阶段的婴幼儿的好处多多。婴幼儿特别需要摄入合适品种以及适量的水产品。

水产品，对人体的作用非常大：水产品中优质蛋白质的含量高于禽畜肉，人体不能合成但必需的氨基酸丰富，可吸收利用率也高于禽畜肉。水产品中含有大量的不饱和脂肪酸和磷脂，是增强婴幼儿记忆力及学习能力的益智元素。比方说水产品中脂溶性维生素 A 和 D 的含量丰富，是促进婴幼儿骨骼、肺、肠功能的发育以及婴幼儿视力发育的良好来源；水产品中含有丰富的钙、锌、铁、碘、磷等，是婴幼儿生长发育中所需要的矿物质的良好来源，能保证婴幼儿营养全面。水产品的含钙产品广泛而丰富，尤以虾皮为最；富含锌的产品主要有牡蛎、泥鳅、海带、紫菜、贻贝、海肠子等；富含铁的产品主要有海带、紫菜、裙带菜、海青菜、牛毛菜等；富含碘的产品主要有海带、紫菜、牛毛菜、羊角菜、海参、海蜇、干贝、淡菜、海鱼、虾、蟹、海螺等；富含硒的产品主要有海鱼、贝类、海蟹肉、爬虾、海螺、海星籽等。

但是，不是任何水产品都适合婴幼儿食用的。3 岁以前的婴幼儿，处在人的一生中身心健康发育的重要时期，由于体质和抵抗力、免疫力很脆弱，肠胃功能更是没有发育好，因此，给他们食用的水产品，安全是第一位的，第二位才是营养。

我国的食品安全问题很大，以致我们从三鹿奶粉认识了三聚氰胺，从大米里认识了石蜡，从火腿里认识了敌敌畏，从咸鸭蛋、辣椒酱里认识了苏丹红，从火锅里认识了福尔马林，从银耳、蜜枣里认识了硫磺，从木耳中认识了硫酸铜，等等。这些，使中国人人都成了"化学家"。这不是笑话，是现实。我们目前的"互害"模式，说明我国食品安全形势很严峻。

水产品安全问题也不少，如用甲醛泡发银鱼、鱿鱼、墨鱼、虾仁、海参等，养殖活鱼中查出孔雀石绿、氯霉素、呋喃类禁用药物，从贝类和鱼类中查出重金属超标。

所以，前面说了很多吃水产品的好处，但是，关键还是要吃得安全，特别是对婴幼儿来说，他们对不安全水产品的化解能力比成人要差很多，因此，婴幼儿吃水产品，首要的问题是安全。

水产品常见的安全问题主要有养殖环节的鱼药残留、使用禁用药物、使用不安全的鱼饲料等问题，加工环节和零售环节的甲醛泡发和"美容"问题，储存环节的储存期过长或储存温度不够低造成水产品变质问题，运输环节和零售环节使用孔雀石绿之类杀菌药问题等。

那么，什么样的水产品，对婴幼儿来说是安全的呢？

首先是海鲜要比河鲜安全。这是因为海水体量大流动性大，自净化能力强，同时海水含盐，其本身具有杀菌作用。

其次，海鲜，野生一般比养殖的安全。淡水鱼中，野生有野生的不安全因素，如生长环境差，而养殖鱼也有不安全的因素，如饲料、鱼药残留、使用违禁药物等。

婴幼儿由于在身体发育中，机体各种生理功能还不完善，抵抗力和免疫力很脆弱，吃水产品该注意些什么呢？

一是不能多吃。水产品，特别是海鲜，在中医学上均认为属性寒、风发之物，重金属时常会超标，每周以2-3次为宜，应该随年龄增长而增加摄入量；

二是有哮喘等过敏性疾病婴幼儿忌用。海鲜所含的丰富蛋白质对人体而言为一种异性蛋白质，是最常见的食源性致敏源，患有哮喘等过敏性疾病婴幼儿不能食用；

三是婴幼儿吃水产一定要煮透。因为近海产品会受许多病源微生物污染，常含可引起食物中毒的副溶血性弧菌，有的海鲜还携带可引起烈性传染病的病原体霍乱弧菌等；

四是婴幼儿吃的水产品，烹饪时要少油少辣少盐多炖蒸。儿童消化功能相对较差，而水产品，特别是海鲜，是高蛋白食物，容易引起消化不良，出现腹痛、腹泻等不适症状。婴幼儿消化道黏膜娇嫩，过辣的食物对其是一个极大刺激，容易造成伤害。同时，辣椒之类属于热性食物，过多摄入易引起"上火"，出现头痛、咽喉发炎以及便秘等不适。儿童的肾脏功能尚未完善，不能排除滞留在体内多余的钠，因此吃得过咸，会为今后诱发肾病和高血压埋下祸根。

那么，到底什么样的水产品，对婴幼儿最适合呢？这里，作者推荐二类水产品：一种是虾类，一种是深海鱼。

虾，含有丰富的钙、镁、磷、镁，对婴幼儿心脏活动和心血管系统具有重要的调节作用和保护作用；丰富的钙，能促进婴幼儿骨骼生长与脑部发育；同时，虾还含有维生素A、矿物质硒和碘等，蛋白质含量尤为丰富。虾的肉质松软易消化，对婴幼儿的健康很有好处。另外，虾体内很重要的一种物质就是虾青素，就是表面红颜色的成分。虾青素是目前发现的最强的一种抗氧化剂，颜色越深说明虾青素含量越高，有清除自由基、提高婴幼儿免疫力的作用，总之，虾非常有利于促进婴幼儿生长发育。

深海鱼，很少含有污染源，富含 ω–3 不饱和脂肪酸，是脑部和视网膜及神经系统发育生长必不可少的物质。

先说深海鱼中的三文鱼，它含有虾体内同样存在的虾青素物质，对提高婴幼儿十分缺乏的免疫力至关重要。三文鱼成人可以生吃，也可以采用油炸、烤、煎等方法，但给小孩食用，应该采用蒸、煮、炖等方式，或者做成鱼丸，这种吃法比较安全、清淡，而且味道鲜美。

银鳕鱼，属于冷水性底层鱼类，肉质白细鲜嫩，清口不腻，肉味甘美，营养丰富，蛋白质含量比三文鱼还要高，脂肪含量极低，少于0.5%，是三文鱼的1/17，人体所需的A、D等各种维生素也统统都有，葡萄牙人称银鳕鱼为"液体黄金"，北欧人称其为"餐桌上的营养师"，可见它的营养价值之高，加上它肉质厚实，刺少，味道鲜美口感好，用它来熬粥喂养婴幼儿，经常吃能够提高孩子免疫力、保护视力。

鸦片鱼，蛋白质的含量为15%～20%，属优质蛋白质。鱼肉肌纤维较短，蛋白质组织结构松软，水分含量多，肉质鲜嫩，味鲜美而肥腴，容易消化吸收，消化率达87%～98%，这对小孩来说很重要。鸦片鱼所含的牛磺酸对促进婴儿脑部的发育特别好，能提高眼的暗适应能力，因此牛磺酸现已作为婴儿食品中营养物，如加在婴儿配方奶粉里使奶粉营养更接近母乳。同时，鸦片鱼的鱼身除了一根大骨头，剩下的都是肉，吃起来更适合不会剔除鱼刺的小朋友，因此，是最适合小孩可以吃的海鲜类食物之一。

这三种鱼中，鸦片鱼的价格最实惠，其次是三文鱼，银鳕鱼最高，但一分价格一分货哦！

由于上述三种鱼的价格都不菲，特别是银鳕鱼，常有不法商家用别的鱼来蒙骗。

银鳕鱼，让人用其他低质低价的鳕鱼冒充，尤其恶劣的是以龙鳕冒充。龙鳕本名是油鱼，这种鱼油脂含量奇高，而且带有人体无法消化的油蜡，食用后会产生诸多不良反应，只能用作工业提炼；在很多国家被明令禁止售卖，成人吃了都无法消化，会拉肚子，何况小孩！

三文鱼，让人用号称"淡水三文鱼"的虹鳟鱼冒充。

鸦片鱼，让人用多宝鱼冒充。

由于篇幅关系，这里难以介绍如何区别银鳕鱼和其他鳕鱼特别是油鱼、三文鱼和虹鳟鱼、鸦片鱼和多宝鱼，但本人分别会在关于银鳕鱼和三文鱼以及鸦片鱼的专文中给读者做详细的解读。

　　有人还推荐金枪鱼、牡蛎、沙丁鱼、螃蟹等水产品，但我个人建议幼儿不吃或少吃这些海鲜。为什么？这些海鲜的营养是好，但金枪鱼重金属汞的含量较高；我国牡蛎的养殖环境很多不是很好，细菌较多；沙丁鱼类罐头食品很多，但罐头食品有人工合成色素、香精、甜味剂、防腐剂等食品添加剂，对幼儿不好，加上沙丁鱼有刺，体型小，鱼刺清除难度大，一不小心，会刺伤幼儿；螃蟹是性寒的食物，大人吃的时候都应该附着姜汁、芥末这一类驱寒的佐料吃，幼儿脾胃弱，不宜食用。

蟹券，毋须赞美也不必妖魔化

秋风起，蟹脚痒，又到了吃蟹季。每年国庆后元旦前，最是大闸蟹肥美时。忙里偷得半日闲，或三二知己，或家人小聚，或商务餐叙，持螯把酒赏菊，也是都市人沟通交流、释放压力的好办法。

随着经济的高速发展，大闸蟹，特别是号称"阳澄湖"的大规格大闸蟹，也越来越脱离平民的消费，而进入奢侈品的行列。为方便消费者、扩大大闸蟹的流通，2003年左右，蟹券，作为大闸蟹的预支付凭证开始出现。蟹券，由于非实物的特点，非常适合网上销售，约2009年起，销售蟹券的商家和蟹券的数量更是呈加速增加趋势。

蟹券，有人将其与月饼票相提并论，上升到危害金融的高度予以妖魔化，要求政府予以取缔。月饼票，由于几乎所有的月饼生产商参与销售，而生产商、采购单位、大黄牛、小黄牛、终端客户之间的完整利益链，使其形成"良性互动"，共同推高了月饼票这个庞大的"虚拟经济"。由于其豪华包装、规模巨大、不以正常商业场所为销售终端、金融化等特点，对社会经济带来较大负面影响，政府拟采取对应监管措施。

不容讳言，蟹券，确实存在月饼票类似的虚标价格的问题，还有少数小蟹商存在冒用品牌、短斤缺两、以次充好等问题，更有个别人利用蟹券搞商业欺诈，但仅仅为了这些而否定蟹券，我以为大可不必。

蟹券的出现，本质上是蟹商方便消费者的举措：由于死蟹有毒不能食用，而活蟹的保存难度大，有时一下收到亲朋好友送来较多的大闸蟹，很难处理，而蟹券可以转送、可以分期消费。另外，大闸蟹的价格一般具有国庆节前高节后回落、十一月后一路走高的特点，而蟹券对消费者来说，具有"套期保值"的功能，比较合算。再者，销售蟹券的商家，一般都提供送货服务，较受消费者欢迎。更重要的一点是，月饼票大多数商家采取一过中秋就作废的做法，而蟹券，大多数没有截止期，消费者没有被作废和浪费之虞，如在上海东方国际水产中心经营的上海赏菊国际贸易有限（龙宫蟹业），二三年前销售的蟹券至今还能领取大闸蟹或其他商品。

蟹券，便利了消费者，也有利于商家：早日回笼资金，加速资金周转，扩大经营规模；以销定购，消除盲目性，减少经营风险。

由于蟹券对商家、蟹农和消费者各方都有利，且具备了一些"期货"的概念，可以引导价格和引导消费，乃至引导养殖，一定程度上具有大闸蟹价格稳定器的作用，蟹券销售数量逐年攀升。用专家的话来说，蟹券，是大闸蟹营销发展的必然趋势和现代商业模式之一。

但是，目前的蟹券销售确实存在一些问题，参与商家鱼目混珠良莠不齐，如果相关行业协会能从以下二个方面予以规范，目前蟹券销售所存在的问题可以基本得到解决。

一是对大闸蟹经销商进行信用评级。相关行业协会，应每年根据销售规模、消费者投诉等情况，对大闸蟹经销商进行信用评级，并予以公告和宣传，为消费者给予采购指导，让消费者监督大闸蟹经销商。如上文提到的上海赏菊国际贸易有限（龙宫蟹业），自上海水产行业协会 1993 年开展评选大闸蟹诚信单位评选活动以来，至今 15 年，年年参加，年年获奖。

二是对蟹券销售商实行备案及其公告制度。大闸蟹经销商如要销售蟹券，要预先向相关行业协会备案。备案内容需包括如下信息：含有相关经营内容的营业执照、合法有效的经营场所证明、银行开户证书。行业协会将蟹券销售商名称、营业执照号、注册资本金额、经营地点、银行账号、信用等级等信息予以公告。

消费者在购买蟹券前，应当关注相关行业协会的公告信息，同时，注意观察经营场所。对经营场所小而简陋明显缺乏实力的商家，对纯粹季节性销售的商家，对折扣过高的商家，消费者应当保持高度警惕；对相关行业协会公告名单中没有的商家所销售的蟹券，消费者应当拒绝购买，以免上当受骗。

相信通过行业协会和消费者的共同努力，形成良好的社会导向、监督机制、自律机制，促使蟹券销售商诚实守信，合法经商，以性价比好的商品和优质的服务，合理赚钱。蟹券，我们毋须赞美，也不必恐慌，更不必妖魔化。只要加以规范，蟹券，一定会使大闸蟹经销商、蟹农和消费者实现多赢。

第一代上海卖鱼人去哪儿啦?

　　一条自由自在"游动"的鱼,在计划经济时代,也曾被"计划"过,以致人们难以闻到鱼腥味。

　　由于鱼货供应困难,1959年2月19日,当年管水产品生产供应的上海市水产局和管水产品终端销售的上海市第二商业局,联合发出了"上海市鱼货凭票供应的暂行办法",决定实行市区居民凭票买鱼。从此,大都市上海人吃鱼就进入了"计划期"。1978年8月29日,《财贸战线》报记者问国家水产总局负责人:许多城市为什么经常买不到鱼?1986年4月11日,农牧渔业部水产局涂逢俊局长在中央人民广播电台表态,争取三五年解决大中城市吃鱼难问题,也就是说在20世纪50年代末期到80年代末期的30年内,我国的大中城市,吃鱼是一件极其奢侈的事情。

　　1985年中央1号文件指出,水产品要逐步取消派购,自由上市,自由交易,随行就市,按质论价。1985年3月11日,中共中央、国务院自解放30多年以来第一次从国家层面单独为水产业发出《关于放宽政策、加速发展水产业的指示》,把发展水产业作为调整农村产业结构促进粮食转化的一个战略部署,确立了水产业的地位,规定水产品的价格全部放开。

　　作为水产品消费最大的城市,上海是最早放开水产品贸易的城市之一。1982年11月,上海对水产品的购销政策作出重大变化,实行派购和议购相结合,60% 由国家商业部门收购,40% 实行议价收购或代销。同时,上海水产局,作为一个行业局,也是最早在 1992 年改制为上海水产总公司的正局级单位。

在民间,上海更是有一批弄潮儿,以当年合法或不合法手段,投身水产生意中。这第一批在 20 世纪 80 年代"吃螃蟹"的人,也是上海最早的个体户。这些人中,更多的是多少有点"问题"的无业人员,比方说是劳动改造、劳动教养期满人员,刑满释放人员,很多单位对这种人很忌讳,一般不予接纳。他们没活干,政府担心这些人员"破罐子破摔",给社会带来不安定因素,于是给这些人员出路,让他们做体制内的人所不愿意做的脏、累、臭的门槛很低或者说基本没有门槛的水产生意,后期也有一些返城知青加入。也有少数人,是水产体制内出来做的。他们原是在菜市场的水产大组和在水产批发部等和水产相关的单位、部门工作的,对水产业务熟悉,知道里边的"道道",能挣大钱,于是,下海做起水产生意。他们是上海第一代卖鱼人,主要以当时的杨浦、南市、虹口、黄浦、宝山、浦东黄浦江沿岸的人为主。

20 世纪 80 年代初,上海水产局下属的广兴码头最早对个体户开放。上海水产局下属的供销公司根据相关街道开出的"无业人员"证明,发放可以做水产生意的"小卡",这是水产小贩每天可以到广兴码头拿货的凭证。小贩一般晚上八点到广兴码头去打样,十点前码头工作人员收卡放人,十点开秤拍货,就是定价格、核重量。工作人员根据当天的渔货多少,每人基本均等发货,秤重付钱后缴还"小卡"。然后,小贩将渔货运到菜场销售。一般二点左右运到菜场,六点左右菜场开卖,货多时再在菜场门口摆个地摊。大多数上午卖完,有时卖不完,下午要接着卖。做水产生意确实很辛苦,脏、累、臭不说,工作的时间是"美国时间"还带部分的"北京时间"。

小贩很辛苦,但回报按照当时的标准来说,很丰厚:他们一天的收入在 100 元左右,相当于国营水产贸易货栈一般工作人员或菜场水产营业员一个月的工资,也就是说小贩的收入是后者的 30 倍。

但是,有的小贩嫌当时的政策不够开放,他们觉得合法做水产生意,还是小打小闹挣钱不多,发不了大财,因为他们做生意打点关系需要钱，他们自己大吃大喝需要钱，他们经常玩女人需要钱，他们赌博更需要钱，钱来得多去得多，总觉得钱不够花。这些多少有点"问题"的无业人员本身胆子就比较大，于是，有的小贩做起了违法的生意。

"抢地盘"。就是当时一些"山上下来"中的"有头脑""有魄力"的流氓，在当时的水产市场或水产贸易货栈，将公共的路边据为己有。外地冰鲜车子过来，停在这些流氓霸占的地盘，要向其缴纳费用，一般一个车位为300元一夜，这对这些流氓来说，是无本的买卖，是空麻袋背米，是"保护费"，这在当时是很常见的。

"强卖强买"。做这种"生意"的，往往也是"山上下来的"比较大的流氓，他们眼红鱼老板卖鱼卖得好，就跟鱼老板说这鱼全部由他来卖，如鱼老板在卖10元一斤，他也同样卖10元一斤，但最后和鱼老板结账时给鱼老板只是9.50元一斤。这种"渔霸"，也是空麻袋背米的一种。

当年，流氓之间以及流氓与水产老板之间，为了抢货、抢码头、抢地盘，动辄拳打脚踢，甚至刀棍交加。上海外马路那时年年死人，有的是被刀捅死的，有的用卖肉的钩子钩头上钩死的；伤人的事更是天天发生。

"走私"。这个"走私"，不是现在意义上从境外逃避海关监管和关税的走私，而是小贩划着小船，船老大将大的鱼好的鱼留一些偷偷给小贩，将集体利益化为自己或渔船船员的利益。

除了"走私"外，小贩更多的是通过贿赂国营水产批发部门的业务人员获取利益。由于水产生意又脏又臭，而且，水产品当时作为三类商品，处于计划管理和非计划管理的边缘地带，政府似管非管，加上国营水产贸易货栈的

管理人员本身素质比较低，管理漏洞也较多，于是，这些管理人员在小贩们的酒、色、财的迷惑、拉拢、腐蚀下，做出损害渔船方和货栈利益的事情，在定价上或在重量上或在配发数量上偏向小贩方。

还有的小贩，收买集体或国营菜场领导，以这些菜场的名义进水产贸易货栈，这样可以拿到更多的渔货，从而获得更多的利益。

到 20 世纪 90 年代初，上海水产贸易早已全面放开，有些小贩中头子活络并在前几年赚了钱的人，承包黄浦江上一些效益不好的国营企业码头，做起了水产贸易货栈的生意，于是，个体、集体、国营的水产贸易货栈在黄浦江两岸，主要是在黄浦江西岸遍地开花：南到黄浦江上游的日晖港，北到黄浦江下游的吴淞码头，其中以南市区和杨浦区最多，因为当时上海水产局下属的水产贸易货栈多集中在这两个区。1996 年 5 月，高峰时上海的大大小小水产贸易货栈多达 74 个，另外，还有一些游击性的水产货栈，有的小贩还从捕捞产地用货车贩运到上海交易的。

开水产贸易货栈，关键在货源，没有货源，就挣不到钱，因此，货栈老板就想方设法要搞定船老大。当时的渔船都是集体所有而不是现在的个体所有，所以，货栈老板用女人、用美食、或直接用金钱拉拢船老大，争取渔船停靠到自己的货栈码头。

上海第一批做水产的人，他们当时的年龄，一般在 30 岁左右，很少有 20 多岁的。至今，他们中有的人因为操劳过度或不良的生活习惯，已经离世。在这个过程中，一些懂经营、会管理、会钻营的小贩发了财。这些小贩暴富后，由于各人自身素质不同，最后的结局有天壤之别。

少量本来自身素质好的老板，大的投资房地产，有的投资其他商业，如餐饮、服装等行业，有的做水产外贸，在这些行当做的，相对比较光鲜，大都"子承父业"。

更多的人，年纪大了，没有能力做了，子女也不愿意继承父母的脏累臭的职业。

也有少数的老板，至今依然在做水产生意。他们中现在还在做水产的，少数在做冰鲜业务中完成"原始积累"的，做起了冻品生意，没有完成"原始积累"的，继续做以前的冰鲜业务，因为做冻品需要自己压货，资金需求较大，而做冰鲜不需要压货，就是做代理，没有资金的门槛，也有的做起了"两栖生意"，既做冻品也做冰鲜。

现在做冰鲜生意的，基本上是从产地，如舟山直接拉货到上海的批发市场，从上海的小洋山水产卸货码头，用卡车转运到上海的批发市场。唯一例外的，在上海黄浦江上做类似于以前水产贸易货栈冰鲜生意的，只有上海东方国际水产中心市场的江边三个浮码头一个地方，因为现在黄浦江码头成了"稀缺资源"，许多原有码头给政府收储土地后作为黄浦江沿江景观开发，上海徐浦大桥到杨浦大桥45公里的黄浦江景观连成一线，根本容不下做又脏又臭的水产交易码头。同时，即使黄浦江有可以卸鱼的码头，但渔船开到黄浦江码头的时间成本和柴油成本很高，不如卸在洋山用车短驳合算。

但是，有的老板，无法和自身素质好的老板相比，投资其他行业，使自己的事业发扬光大，也没有像另外一些老板那样肯吃苦，继续在水产这个行业兢兢业业做下去，而是由于自身的"先天不足"和素质较差，自以为兜里有了点钱，走上了另外的道路。

有的老板走上偏门，开起了赌场，如百家乐、球盘等，被政府惩处而"二进宫"的；

有的自己迷上赌博，输得很惨，将做水产生意的本钱输得精光，没能力继续做水产；

有的为数不少的老板更是染上吸毒的恶习，将整个家底都吸光，甚至年纪不大，就因过量吸毒而早早命丧黄泉；有的，吸到没钱买毒品，最后走上了以贩养吸的道路，结果更是可想而知；

有的老板好上嫖娼这一口，多次被公安机关劳动教养，无法继续做水产生意。

......

上海第一代的卖鱼人，为上海市民的吃鱼，作出了贡献。但是，他们中很少有人能在本行业或其他行业继续发展，更多的人只是昙花一现，暴富之后，沦落了，堕落了，甚至丧命了，实在令人唏嘘。

吃海蜇还是喝海蜇

海蜇是好东西，口感爽脆，老少皆宜。中国是最早食用海蜇的国家，晋代张华所著《博物志》中就有食用海蜇的记载。

海蜇，一年四季都可以享用。海蜇的做法有很多，煮、清炒、水汆、油汆等均可，切丝凉拌效果更好，清脆爽口。家常的几款以海蜇为主要食材的菜肴，如海蜇炒豆芽、蹄筋海蜇煲、香灼海蜇、芝麻海蜇汤、鸭条海蜇、苦瓜海蜇、酸辣蜇头、海蜇黄瓜、海蜇鸡柳、锦绣海蜇丝、捞汁海蜇皮等，都是佳肴，特别是在夏天，特别爽口。这些，都是吃海蜇。

除了"吃"，海蜇还能"喝"。别以为我用错了动词，中文系出身的我，还没糊涂到"吃""喝"不分的地步。作为上海人，我们在口语中确实"吃""喝"不分，如"吃咖啡"、"吃茶"、"吃老酒"等，其实都是在"喝"，但是，上海人在说普通话和书写时，"吃""喝"还是严格区分的。

"喝"海蜇，有个真实的故事。解放军解放福州后，给养员去集市买菜，见到鲜美的海蜇，白里透红，像肉一样，于是就买了一些回来。部队官兵大多数是山东内地人，没见过海蜇，不知该怎样吃。由于语言不通，也不便问当地群众，琢磨来琢磨去，炊事员就把海蜇洗干净后切成块，像煮肉一样下锅煮了。下锅不久，海蜇就开始溶化，越煮越化，到最后煮成了一锅汤。开饭时，每人分了一碗，大家吃得津津有味，直夸这没有肉的肉汤真好喝，真鲜美。

这是内陆人不懂海蜇人的"喝"法，还有我国最大的海蜇产地辽宁人的"喝"法：将刚捕上来的没有矾过的海蜇，配以香菜、青椒、蒜、盐、白醋等配料调料进行凉拌。大热天，或用开水一冲，或不用开水冲。"喝海蜇"，能对抗炎热的夏天，一个字：爽！这在捕捞海蜇的渔民中也是很普通的"喝法"，在捕捞船上的渔民，忙里偷闲，也会这样"喝"海蜇。

现在还有"高大上"的星级酒店里的"喝"法：新鲜海蜇切好放入盆中，加老醋、盐、味精、蒜泥、麻汁、香菜末、香油，还有的放点熟芝麻，食用用汤匙，口感软滑弹润，酷似凉粉的海蜇羹，味道特别好。

这里，要特别澄清一点，在海里活的海蜇，有毒，能伤人。海蜇毒液蜇伤人体后可造成程度不同的损伤，有的海蜇能分泌眼镜蛇毒之类毒素，对人危害很大，蜇伤后5分钟即可致人死亡。据报道，1987年7月29日，大风将大批海蜇吹进北戴河海滨浴场，许多人用手去抓它、拥抱它。然而，正是在这"亲密的拥抱"中，600多人被蜇伤了，一人中毒极深，经抢救无效而死亡。2014年8月11日，从牡丹江到大连旅游的男子和友人到星海湾浴场游玩，在海边听到呼救，游过去后发现是一名女孩，身旁有个大海蜇，有撑开的帐篷那么大。他推开海蜇，自己却被蜇伤，当晚，男子抢救无效死亡。活着的海蜇有毒，但是，从海里捞上来的已死去的海蜇，没有毒，这和是否矾过无关。因此，新鲜的海蜇，绝对是可以"吃"也可以"喝"。

关于海蜇的"吃"和"喝"，还有介乎二者之间的享用方法：火锅海鲜葵（海蜇），上下一烫，只需两秒，捞筷即吃，无敌脆爽，满足你对美味与养生的双重需求。还有一道海蜇冬瓜汤，也是夏天消暑的佳品。

随着加工技术的进步，海蜇的"吃"法或"喝"法更多，如海蜇丝软罐头，可作为日常生活的方便即食食品，还有海蜇深加工产品，如海蜇纯粉、海蜇膏、海蜇口服液、海蜇胶囊、海蜇保健酒等，可供你任意选择"吃"或"喝"。

人们为什么喜欢海蜇？除了它的美味爽口之外，还有它有丰富的营养。海蜇富含蛋白质、钙以及多种维生素，尤其含有人们饮食中所缺的碘，以及丰富的胶原蛋白与其他活性物质，是一种高蛋白、低脂肪、低热量、营养价值极高的海鲜食品。

同时，海蜇还是一味治病良药，是很多中药处方的重要成分。我国医学认为，海蜇有清热解毒、化痰软坚、降压消肿的功效，因此，阴虚肺燥、热痰咳嗽、哮喘、头风、风湿关节炎、高血压、头昏头胀、溃疡病、大便燥结的病人更适合多吃海蜇，另外，海蜇还具有消除疲劳和养颜美容的功效。

每年暑期是海蜇旺发的季节，也是捕捞的季节。各地对海蜇都有禁捕期，一般由南到北开始捕捞，南边开捕得早，北边开捕得晚，但捕捞期都是一个月。不捕捞，过了捕捞季，海蜇自然死掉沉入海底，也是"资源的最大浪费"。暑期，肥美好吃的新鲜海蜇大量上市，因此，8月上旬的立秋，历来是吃海蜇的好时节。秋季燥气当令，人体内火旺盛，易伤津液，故饮食主张以

"滋阴祛燥、润肺养胃"为宜，而海蜇平和的特点极其符合"秋者阴气始下，故万物收敛"的养肺养胃养生之道。

海蜇，据在上海专业从事海蜇批发贸易近30年的颇具规模的上海兴港食品有限公司老总刘世兴说，它生长的区域很广，我国现在市场上的海蜇，就来源说，有国产的，有进口的。进口海蜇的国家很多，国产的，我国沿海北起鸭绿江口，南至北部湾的广阔海域，都有海蜇分布。

进口海蜇，墨西哥和缅甸的口感及鲜度较好，而国产海蜇，以舟山、大连、吕四为上品，其中，舟山的最好。国产野生海蜇，海域越往南，透明度越高。

野生海蜇，它们的营养价值差不多。我国进口的海蜇大都是野生的，没有人工养殖，差别就在口感上，而国产的海蜇，有野生的，也有

人工养殖的。

野生海蜇的捕捞，其实很辛苦。刘总是辽宁人，亲身经历过捕捞海蜇的艰辛。海蜇，90%都是水，很重，很累，捕捞很费力气。十多年前，刘总的老家营口市，那时很少有渔港码头，海蜇船要等到海水退潮时，几百匹马车一齐下到海滩来到船边，男女老少齐上阵，将一筐筐200多斤的海蜇接力运送上岸。一时间风景这边独好，海滩万马奔腾，气势雄壮，犹如古战场。现在，由于大多建了渔港码头，都是机械化作业，干活是轻松了，但也没有了以前的壮观场面。刘总说，那时苦是苦了点，但现在有时还真有点留恋那时的场景，有一种莫名的惆怅。

我国野生海蜇捕捞量，在2003年到2016年，由298884吨锐减到205453吨，14年间年减少近10万吨，减幅达三分之一。野生海蜇的个头变小，数量变少，以前捕到450斤一只"海蜇王"，已经成为历史。许多渔民不愿去捕捞海蜇，宁愿去捕捞虾皮，后者的收入更高。由于野生海蜇产量减少，人工养殖发展很快。我国海蜇养殖量2003年为26809吨，2016年增加到79848吨，14年内增长197.84%，年均增长14.13%。人工养殖占海蜇总产量2003年仅为8.23%，2016年达到27.98%，野生海蜇明显减少。人工养殖量中，刘总所在的辽宁最厉害，2016年全国为79848吨，其中，辽宁的养殖量为68685吨，占全国养殖产量的86%。

如何选购海蜇，刘总更是熟悉：首先是野生海蜇和养殖海蜇的区别，从外形上看，主要区别就在于野生海蜇在6个月漫长的生长期中"经大风见巨浪"，因此，头是尖尖的薄薄的，而养殖海蜇在仅仅2个月的"无风无浪"生长期中度过，因此，头是平平的厚厚的，但这一点只有业内专业人士才能分辨，一般人很难区分。另外，野生海蜇皮从"卖相"看，要比养殖海蜇难看，前者皱巴巴的，而后者显然要"挺刮"些。从吃口角度论，野生海蜇脆、嫩、鲜、爽口，而养殖海蜇，吃口有点牛皮脆的感觉。从价格看，野生海蜇的批发价一般在每斤50多元，而养殖海蜇的批发价一般在每斤30多元，相差好多。因此，有些无良商家将养殖海蜇冒充野生海蜇高价出售。

总体上看，海蜇在确保三矾和干度的情况下，越陈质量越好，质感又脆又嫩。新海蜇潮湿，柔嫩，无结晶状盐粒或矾质，色泽较为鲜艳发亮；陈海蜇却与此相反。挑选海蜇时，注意不要选太干的，否则，营养价值没了，而且发韧变老，象皮条似的咬不动，嚼不烂；同时，也不要挑选经雨淋的海蜇，因为它容易腐烂。

再看海蜇皮和海蜇头。优质海蜇皮，根据海域不同，应呈白色或红色，有光泽，自然圆形、片大平整、有红衣，肉质厚实均匀且有韧性的最好，无腥臭味，有韧性，口感松脆适口。劣质的海蜇皮，皮泽变深、有异味，手捏韧性差，易碎裂。优质海蜇头，根据海域的不同，应呈白色、黄褐色或红琥珀色等自然色泽，有光泽，只形完整，无蜇须，肉质厚实有韧性，且口感松脆。劣质海蜇头，呈紫黑色，手捏韧性差，手拿起时易碎裂，有异味。

海蜇的"吃""喝"可以不分，但是，海蜇的优劣还是要细心辨别，这样，你才能买到优质的海蜇。

无龙虾不成宴

　　龙虾，由于极美味，由于高营养，由于能药用，因此，作为高端食材受到人们追捧。

　　龙虾肉嫩滑、细致、丰厚又鲜美，征服着全世界的餐桌，无论东西方的料理方式，都能呈现龙虾独特的美味。在欧美，龙虾色拉或是龙虾焗烤；在日本，龙虾可以做成刺生、握寿司、还可以烧烤或以龙虾煮成味噌汤；在台湾，龙虾可以煮汤、烩烧、清蒸，或以虾头熬成粥。在有"美食王国"美誉的中国大陆，龙虾的吃法那就更多啦。有龙虾刺生，有龙虾泡饭，有龙虾熬粥，有芙蓉龙虾，有清蒸龙虾，有奶香炭烤龙虾，有酥皮龙虾，有芝士焗松茸龙虾，有茄汁龙虾，有椒盐大龙虾，有奶香芝士龙虾意面，有龙虾芝士焗，有龙虾虾黄蒸蛋，有龙虾香菇南瓜汤，等等，每一种又有许多变化，美味自不在话下。

　　龙虾所含丰富的营养价值，我们更是不可忽略。龙虾，含有高蛋白质，是蛋白质的重要来源，但低脂肪，而龙虾肉所含的虾红素，更是目前所有天然食物中最厉害的抗氧化剂，能预防老化。龙虾含有丰富的不饱和脂肪酸，对心脏健康非常有帮助，同时，龙虾中还含有多种人体必需的少量矿物质，包括维生素 A、C、D 及钙、钠、钾、镁、磷、铁、硫、铜、锌、碘、硒等微量元素，有助于稳定人体神经系统，维持器官的正常运行。在中药运用上，龙虾能止咳化痰，也能帮助手术病人早日愈合伤口。但是，特别要注意的是龙虾的胆固醇含量很高，不利于心血管患者，因此，这些人群应适量食用。

虽然龙虾是那么的美味那么的营养，但人们曾经羞于吃龙虾，因为它背负"海蟑螂"的恶名，和蛤蜊、蜗牛、螃蟹一样，被当成奴隶、乞丐、穷鬼、下人、囚犯和当兵的主食，在18世纪，它们甚至当做饲料去喂猪和山羊，因为龙虾是大量且廉价的。20世纪二战期间，物资短缺，但龙虾不像其他食物那样被限量配给供应，所以各个阶层的人都开始吃龙虾，越吃越起劲，越吃越惊喜。20世纪50年代，大龙虾已经建立了自己牢不可破的"美食地位"，美国前总统乔治布什和第一夫人芭芭拉就喜欢在缅因州的肯纳邦克波特的大理石餐厅吃最新鲜的龙虾。大龙虾来到中国后，由于公费消费的原因，消费量激增，它的身价更是陡涨。

全球龙虾有400多种，然而，重要的商业捕捞种类仅有十多种，而且，也以北美洲为主。目前在上海市场上销售的，以波士顿龙虾、古巴龙虾、澳洲龙虾为主。

上海沈旺商贸有限公司总经理沈以明是上海第一代卖水产中很少有的外地人。一般来说，上海第一代水产人中，基本上是上海本地人，但沈以明的亲戚是上海人，也是第一代卖水产的，于是，他跟着亲戚到上海"闯世界"，卖起了水产。沈总的公司专门经营各类龙虾及各种冻品、干品和阳澄湖大闸蟹几十年，该公司单个商铺体量在上海东方国际水产中心是最大的。由于"最早"，总经理沈以明对各种龙虾在上海的"历史"和"表现"十分清楚。

澳洲龙虾有青龙和红龙，它们有规模进入上海市场是在上海铜川市场成市的时候，也就是20世纪90年代末期。在2003年时，上海铜川市场的澳洲大龙虾批发价，根据大小规格和来货多少，为每斤120~195元，同样来自澳洲的小青龙，体型比澳洲大龙虾小，价格也低些，后来逐渐上涨。

澳洲龙虾现在在国内市场比以前少见到，原因有几个：一是货源少，澳洲龙虾现基本在当地销售；二是现在澳龙价格太高，活的澳洲大龙虾一般价格在每斤300~400元，一般按小一点的2斤多算，吃一只澳龙，要花上700~1000元；三是现在有些所谓澳洲大龙虾，还有假冒的。

波士顿龙虾有二种，一种是美国的，一种是加拿大的。从捕捞历史来看，美国波龙捕捞早于加拿大波龙，但是加拿大波龙却更早地批量进入到中国。现在，我国市场上，以加拿大波士顿波龙为主。加拿大波龙，2017年对华出口为21亿元，占了其海产品对华出口的"头牌"。

美国波龙销量没有加拿大波士顿龙虾好，主要原因是美国波龙在价格上没有优势。目前，中美贸易战，中国对来自美国的波龙提高了关税，美国波龙更是没有优势，基本上退出了中国市场，后市如何，要看中美贸易谈判的结果。

波士顿龙虾进入上海市场是在2005年左右，刚进入上海市场时，销售情况不好，主要是因为虾钳太大，但现在因为和澳洲龙虾在价格上有明显的优势，所以，波龙的销量在2016年一下超过了澳龙。

澳洲龙虾，进入中国市场，一般以鲜活状态销售，如果是冻品，一般是商家一时销售不了，龙虾死了之后做的冰冻处理，品质和活的差异很大，价格也仅是活的龙虾的一半。

波士顿龙虾，进入中国市场时就有生熟二种：一种是是捕捞后在船上加工熟冻的，价格在每斤60~65元，而鲜活的，价格在每斤85~105元之间。

古巴龙进入上海市场较波士顿龙虾还要早，约有10年左右时间，当时主要是从越南防城港以边贸方式进来，也有通过香港进来，但没有通过正式报关进来的。原因有二：一是我国和古巴没有签署贸易协议，二是我国海关进口商品清单中没有古巴龙虾这品种。虽然古巴龙进入上海市场较早，但当时没有热起来，主要是澳洲龙虾当时的价格没有如现在高，同时，澳洲龙虾是鲜活的，而古巴龙只有船冻的一种。古巴龙现在的价格在每斤 70~80 元之间。

古巴龙在价格上现在比波士顿龙虾有优势，一只 1.6~1.7 斤的龙虾，价格在 130 元左右。百姓的婚礼宴会上，价格可以承受，又上得了台面，因此，从 2009 年开始，古巴龙的销售日益见好，在各种龙虾销售中独占鳌头。现在，中国进口的古巴龙每年有 100 条柜左右，相当于古巴正常捕捞量的 80%，也就是说古巴捕捞的龙虾，100 只中有 80 只给中国人吃掉了。厉害了，我的国！

上海市场除了澳洲龙虾、波斯登龙虾、古巴龙虾，还有新西兰鳌虾、美国青龙等。新西兰鳌虾，虽然吃口比澳洲龙虾还好，但价格太高，大规格的 5~6 两的新西兰鳌虾，每斤批发价要达到 400 元左右，因此，销路难以打开。还有美国青龙也因为价格高，2 斤左右的美国青龙，批发价在每斤 300 多元，销量也不好。

党的十八大以后，"三公消费"式微了，但百姓的消费能力上来了，以前我们说"无鱼不成宴"，现在演变成升级版的"无龙虾不成宴"，一般的婚宴或请客，大都上龙虾，区别在于龙虾的品种、龙虾的数量和龙虾的大小不同而已。

沈以明总经理说，由于消费者需求递增，现在，除了传统贸易渠道拓展外，近年来中国快速发展的电商平台，中国消费者的网购习惯正在养成，另外国际物流的便利、通关便利化以及中国冷链物流的不断发展，使原产地进口龙虾，摆脱了地理位置的限制，加快了进口速度，能在更短的时间到达消费者手中，使大龙虾在中国销售更加便捷，也更加便宜。大龙虾消费早已不再局限于北、上、广、深等一线城市，因此，他目前的规划是如何将自己日益成熟的大龙虾业务向更广泛的二、三线城市推进。沈总目前的龙虾业务发展很快，以波斯龙为例，一个品种，一个月就销售 12~14 吨，小青龙一个月的销量也达到了 9~10 吨。由于受暂养池规模的局限，只能做上海业务，以后，如能拓展暂养池容量，沈总的龙虾业务将有大的发展。

从沈总龙虾业务发展的情况看，他的"无龙虾不成宴"的愿望，在逐步成真。有更多的消费者，在消费观念改变和消费能力提升的情况下，吃上美味、营养而价廉的大龙虾。

毛蚶，上海人至今爱你怕你

有一种水产品，30年来，至今让上海人记着你，至今对你耿耿于怀，至今爱你怕你，这就是毛蚶。

入秋后，天气渐凉，又是一年毛蚶的收获季，也是毛蚶肉质最为鲜美肥嫩、血量最多的季节，此时到来年的3月，最宜食用。这时，已经上市和刚上市的水产品，非常丰富，但毛蚶是最实惠的水产品之一，因此，许多上海人和沿海的大多数市民，饮酒食蚶，对鲜和嫩的毛蚶情有独钟，是最自然不过的事情啦。

但是，30多年前，祸从天降。1987年底，那年，启东毛蚶大丰收，大量进入上海，价格也跌到了每公斤1元。1987年底至1988年3月间，上海市民中突然出现不明原因的发热、呕吐、厌食、乏力和黄疸等症状的病例，后来查明这就是甲肝，而甲肝爆发的元凶就是毛蚶。上海人特别是浙江籍和江苏籍的上海人，历来有吃毛蚶的习惯，绝大多数发病者在发病前都吃过来自启东地区的长期受到粪便污染的毛蚶，而运毛蚶的船运过污物和垃圾后未经彻底消毒，致使毛蚶受到甲肝病毒的污染。市民食用时，又是按惯例在毛蚶"生"与"熟"之间一种美妙的没有杀灭细菌的临界状态食用，于是，一场"甲肝风暴"在上海爆发。这次上海甲肝发病人数34万例，突发性的疫情，导致大量病人涌入医院，从而使上海的医疗系统面临巨大的压力，当时上海市所有的内外科病房，总计5.5万张病床，而甲肝病人数以万计，医院病床严重不足。上海人之间，出现了不敢相互握手、不敢摸楼梯扶手、有甲肝病人的家庭被周围人孤立的情况。由于民众对甲肝预防和治疗相关知识缺乏，认为"板蓝根"可以预防或治疗甲肝，使上海市场板蓝根出现抢购风潮并脱销。总之，"甲肝风暴"在上海社会上造成了较大的恐慌效应。

毛蚶惹祸之后，毛蚶在上海受到了严厉的惩罚：曾经有一时不管你是毛蚶、银蚶等，蚶家遭"满门抄斩"，彻底封杀，禁止交易，禁止食用，由此，毛蚶于1988年至今，从上海市民的餐桌上消失了。但它是不是真正消失了呢？对于上海人来说，吃与不吃毛蚶，那是一件十分纠结的事：不吃，廉价而鲜美的海鲜，在餐桌上与自己失之交臂，非常可惜。吃吧，这对老一辈的上海人来说，"甲肝风暴"记忆犹新。纠结之下，为数不少的市民还是艳羡毛蚶的鲜美，和大胆的小贩偷偷摸摸像贩毒一样进行着"熟人间"的台底交易，小贩因为上海政府禁止销售，在售价上加上"风险费"，因此，上海的毛蚶小贩，赚的钱比其他省市的毛蚶小贩要多，而消费者如同"拼死吃河鲀"一样，"拼死"吃毛蚶，违反上海市政府的禁令，冒着患甲肝的风险，或居家、或三五知己到餐馆偷偷享受着他们的"美食"。

我国食用毛蚶历史，可以追溯到唐朝，《唐书》就有"明州（宁波）岁贡海虫、蛤蚶、淡菜可食之属"的记载，当时，能得到皇上肯定而作为贡品进贡的，一定是好东西或者是有特色的东西。《唐书》没有细说皇宫里如何烹饪或食用毛蚶的，但历史进化过程中，毛蚶的吃法，好像没有太大的变化。

清朝乾嘉年间的大文豪兼美食家袁枚，在《随园食单》中，特别记载了毛蚶的几种吃法："蚶有三吃法：用热水喷之半熟，去盖、加酒、秋油醉之；或用鸡汤滚熟，去盖入汤；或全去其盖作

羹亦可，但宜速起，迟则肉枯。"而在100多年前，当时旅居上海的钱塘才子袁翔浦，更是对吃毛蚶高抬高举："申江好，莫叹食无鱼，赭尾银鳞终岁足，雕蚶镂蛤及时储，鲜美有谁知？""雕蚶镂蛤"，这四个字，后来便成了一个生僻的成语，指精致而好吃的食物——而事实上，毛蚶绝对是一种草根到不能再草根的平民美食。

上海人和江浙人现在食用毛蚶，一般是采用简单的开水白灼的方法，烧一锅开水，将毛蚶用丝网或漏勺网住，放到开水里。虽说毛蚶的烹饪简单到不能再简单，只是将毛蚶在开水中烫熟而已，但烫毛蚶绝对是个经验活儿。水煮沸，将毛蚶倒入，略微一烫，血蚶的壳就会张开，用丝网或漏勺搅拌一下就可以捞出来了。这个搅拌的时间完全凭经验，时间过了就会烫得太熟，毛蚶壳张得太大，毛蚶血流失，鲜嫩润滑的肉也老了，既没营养，其鲜中带甜的口味也消失殆尽，变得老涩难嚼、寡淡少味。如果烫得不够火候，毛蚶壳张开太小，毛蚶肉未熟，吃的时候壳就不容易打开，吃起来也会有腥味，同时，肠胃不好的人吃了也会有问题。剥出肉后，在预先准备好的调料里沾一下，美味到家啦！调料有姜末、蒜末、葱末、鲜酱油、麻油、香醋、绍酒、胡椒粉、辣椒末、辣酱、花生酱等，这些调料，可以根据个人的喜好，随意配制。毛蚶肉，是开胃凉菜，是下酒佳肴，更是闲时的零食。吃毛蚶不仅是吃蚶肉，那一口血水也是关键，没有吃过的人一定会觉得味腥而且野蛮，若是能抛开狭隘的饮食观放胆一尝，就会发现天外还有一片天。烫后的毛蚶汁水鲜中带着矿物味，懂吃的人若是看到有人将血蚶的血水倒掉，一定会心痛不已。先将壳内的血水喝完，再剥开蚶壳吃肉，才是正确的顺序，就像吃汤包先要吃里面的汤汁，而后再吃汤包的皮和肉，不能将鲜美的汤汁浪费了，精华都在这儿呢。

毛蚶的另一种吃法，就是烧烤。烧烤毛蚶和开水烫毛蚶一样，也不能烧烤时间过长，否则肉老了也不好吃。烧烤的吃法，别有风味，但就是有点麻烦，而且，毛蚶壳掀开时，往往有一小块沙泥附在肉柱边，食时应加留意，需轻轻将其抹去，以免将沙泥吞入肚内。

毛蚶也可以单独或和其他海鲜一起，加上耐煮的蔬菜、块根类植物、年糕等煮成海鲜汤，这廉价的美味海鲜汤既可当饭又可当菜，实在不错哦。不过，用毛蚶做海鲜汤，有点浪费，所以，一般多用蛤蜊、蛏子等更便宜的贝类做海鲜汤，效果也差得不多。

在潮汕地区，还有腌毛蚶的吃法。将毛蚶壳用刷子刷干净，沥干备用，将朝天椒、蒜头、芫荽及姜切成小粒，加入糖、鱼露、白醋、玫瑰露拌匀成酱汁备用，将毛蚶倒入烧滚开水中约 30 秒马上捞起，再将毛蚶放进酱汁内，放进密实盒中或保鲜膜包好，在冰箱最少放上 6 个小时方可食用，风味独特，为潮汕地区人喜欢。

毛蚶的吃法很多，还有醉毛蚶、茄子炒毛蚶等做法，但是，最简单的开水烫，往往是最美味鲜嫩和最营养的。

毛蚶这东西，原产印度洋与太平洋海域，在中国，北起鸭绿江，南至广西都有分布，莱州湾、渤海湾、辽东湾、海州湾等浅水区资源尤为丰富，为我国传统的牡蛎、缢蛏、蚶类和蛤仔四大养殖贝类之一，也是我国东南沿海最主要的海水养殖贝类。由于毛蚶生长在滩涂里，因此，毛蚶称为泥蚶；又因为在东南亚和江浙广东福建沿海一带，毛蚶经开水烫拨开壳可以看见血一样的分泌液，所以称之为血蚶。毛蚶还因为壳表放射肋发达，肋上有颗粒状结节，故又名粒蚶。也因为毛蚶表面有散射的粗壮放射肋垄沟，如瓦屋棱形，因此叫瓦垄哈。有些纯粹是因为地方不同，叫法也有很多，如蛳蚶、蚶等名称。

吃毛蚶，不仅可以享受鲜、嫩的口腹之欲，还有极好营养养生作用，如果胃酸过多引起胃痛，吃毛蚶可以制酸止痛。毛蚶中含有特殊的血红蛋白，能够补血。毛蚶还能散结消痰、健脑明目、养颜护肤，蚶肉也含有丰富的人体必需的矿物质及微量元素，十分有益于身体。《本草纲目》记载：毛蚶"味甘性温，功能除了补血外，还可以润五脏、健胃、清热化痰、治酸止痛，主治痰热咳嗽、胸胁疼痛、痰中带血等"。

但是，毛蚶本性寒凉，有湿热体质和脾胃虚寒者不宜食用，食用毛蚶时不能与寒凉食物同时食用，也不能同时饮用啤酒，那样会产生过多的尿酸，从而引发痛风。另外，毛蚶中所含的蛋白质在进入人体后，可作为一种过敏源，对人体产生过敏反应，如发痒起块等，或使原来的皮肤病复发，因此，皮肤病患者最好少吃毛蚶。最重要的一点是虽然毛蚶鲜美，也有一定的营养和养生作用，但它的重金属含量较高，因此也不能多吃。

　　毛蚶好吃，但也要会选购，否则，买到不好的毛蚶，会很不开心。其实，选购毛蚶还是比较容易的，新鲜泥蚶的蚶双壳往往自动开放，用手拨动泥蚶则双壳立即闭合，如泥蚶外壳泥沙已干结，说明捕捞泥蚶的时间较长，不是特别新鲜。另外，选购时，可以闻一闻，如在一盆泥蚶中发现有少量有异味、臭味的毛蚶，说明这盆毛蚶不是新鲜的。

　　最后要强调的是，毛蚶是上海政府禁止销售、禁止食用的，如果你一定要吃，不要在上海，因为这是违反上海政府规定的，你最好到浙江去，一是近，二是那里没有出现过"甲肝风暴"，所以没有禁止销售和食用，最重要的是浙江的毛蚶，安全系数更高、品质更好。

海洋中的 "牛奶"

海洋中的牛奶,你喝过没有?

一头雾水的你,肯定不知怎样回答。

这就对了,如果自作聪明地说喝过或者没喝过,很有可能会贻笑大方。

其实,海洋中的"牛奶",说的是牡蛎。

牡蛎,或者叫生蚝或海蛎子、青蚵、蚵仔,世界上总计约有100多种,我国沿海产的约有20多种。我国现在已人工养殖的主要有近江牡蛎、长牡蛎、褶牡蛎和太平洋牡蛎等。这种表面看上去还是像侏罗纪出土文物的礁状海鲜,居然被称为海洋中的"牛奶",实在难以想象。

原来,牡蛎所含蛋白质远远超过牛奶和人奶,可以供应人体脑部所需的酪氨酸,经过转化,能使人感到情绪快乐,有帮助人体神经传导的功能。同时,牡蛎相较于其他海鲜食材,甚至低脂肪的虾,其脂肪含量更低,营养价值却更高,是现代人补充营养又不怕脂肪负担的优质海鲜食物。另外,牡蛎含有多种维生素、牛磺酸、钙、磷、铁等丰富营养成分,特别是牡蛎的钙含量接近牛奶,铁含量为更是牛奶的21倍,其中所含的亮氨酸、精氨酸、瓜氨酸含量最丰富,是迄今为止人类所发现的含量最高的海洋生物之一。同时,食用牡蛎可防止皮肤干燥,促进皮肤新陈代谢,分解黑色素,它是难得的美容圣品,因此,在民间有了海洋中的"牛奶"的美誉。

除了营养，牡蛎还含有优良的氨基酸，能够降低血液中胆固醇，有助于去除血液中的毒素，有净化血液、预防动脉硬化等心脑血管疾病的功能，在心脑血病死亡率高居我国死亡率榜首的当下，牡蛎的作用实在不可小觑。

牡蛎同时含有丰富的锌元素，这种微量元素在食材中并不多见，非常珍贵，因为锌能增进男性生殖系统健康，促进男性性功能。吃牡蛎是治疗遗精和帮助男性壮阳的性健康营养元素，是使夫妻床第快乐的最有效天然食补，因此，男人比女人更爱牡蛎，日本人则干脆称牡蛎为"根之源"，道理你懂的！

据史料记载，人类食用牡蛎的历史可以追溯到数千年前。对于牡蛎，西方人比东方人更加痴情，称其为"神赐魔食"，古罗马人把它誉为"海上美味——圣鱼"，法国人对食用牡蛎最为痴迷，浓厚的牡蛎情结让法国人对牡蛎有着无休止的垂爱，法国人把牡蛎当做爱情催化剂。古今众多文学和绘画作品中更是不吝赞美，以牡蛎为题的文学作品林林总总，有"天上地下牡蛎独尊"的赞美诗句；有法国诗人莱昂·法格的赞叹："我爱吃生蚝，就像亲吻嘴唇上的大海"；有法国画家让·弗朗索瓦·特鲁瓦的名画《牡蛎宴》等。

资料记载，意大利和维多利亚皇帝餐餐不离牡蛎，拿破仑一世在征战中大啖牡蛎以保持战场上旺盛的战斗力，甚至大放豪言"牡蛎是征服敌人和女人最好的武器"。相传当年凯撒大帝远征英格兰，发动英伦之战，就是为了谋取泰晤士河畔肥美的牡蛎，以博取后宫众多佳丽的容颜常驻。

如果说西方对牡蛎的喜爱，是关注"性"的话，那么，我国古代对牡蛎的认识，以前更多的是关注用牡蛎来治"病"。

相传宋朝年间，中原地区有位郎中，医术高明，平生救人无数，名扬百里。郎中老来得子分外疼爱，但幼子体虚多汗很严重，身体日渐消瘦。郎中用尽平生所学还是没能将儿子治好。郎中便向上天许诺，自愿散尽家财，带上幼子云游四方行医求药，只求上天能保佑幼儿之病痊愈。此后，郎中果真实践诺言，于民间行医十数载，救助了无数的贫苦百姓。也许真是郎中这种舍己为人的精神感动了上天，一次在行医途中遇上一位白发老人，老人赠其一秘方，名曰"牡蛎散"，告之该方便是医治汗症的秘方，之后老者便腾云而去。郎中根据药方所载制成药剂，儿子吃后汗症果真得到根治。大观年间，朝廷召令太医采定天下名方编录《太医局方》，郎中之子将"牡蛎散"贡献，使得这一良方在中华大地流传，无数百姓受益于此，于是，牡蛎肉满足人类的口腹之欲，少量牡蛎壳入药治病，大量的壳烧成石灰，成为建筑材料，最后为人类做贡献。

传说是人们的良好愿望，但还是建筑在一定现实基础上的。中医认为牡蛎甘平无毒，可调中益气、养血活血、醒酒止渴，常食还有润肤养颜养容的功能。我国明代著名医药学家李时珍所著《本草纲目》认为："生蚝，治虚损，壮阳，解毒，补男女气血，令肌肤细嫩，防衰劳"，"多食之，能细洁皮肤，补肾壮阳，并能治虚，解丹毒"，用其他中药与之配合，可以治妇女月经过多、崩漏，治体质虚弱，治眩晕，治高血压、高血脂，治滑精、早泄等。

牡蛎，有国产的，也有进口的，但不管是国产的还是进口的，大都是人工养殖的。生蚝的品质，和苗种、养殖的水域环境、产地、养殖的时间长短、冷链物流等诸多因素有关。牡蛎一般生长在江河与大海交融之处的半咸半淡的内湾浅海最为适宜。现在世界上六大顶级牡蛎是法蚝吉拉多、澳洲珍珠蚝、法蚝贝隆、熊本生蚝、新西兰布拉夫、纳米比亚蚝。国内的牡蛎，由于苗种和养殖环境以及养殖技术等原因，相比上述牡蛎来说，在品质上有一定的差异。

上海浩俞食品有限公司总经理刘均东，经营牡蛎20多年。他们公司在国家认定的无公害的距离海岸线6公里的山东烟台养殖区养殖牡蛎。牡蛎是唯一能够直接生吃的贝类产品，刘总的公司经过反复对比试养，最终确定以珍珠耗为养殖品种。珍珠蚝，顾名思义，就是像珍珠一样，比一般的牡蛎要小，但小有小的好。刘总说，牡蛎一般以小为宜，世界六大顶级生蚝中，100%都是每个在60~70克左右的品种，不大，而那些大家伙——巨型蚝，只是个噱头罢了。在澳洲，牡蛎也是越小价钱越贵，小身材，大诱惑！刘总他们的珍珠蚝，一口一个，味道嫩滑爽甜，而大牡蛎很多都是肉糙膏腥，容易吃腻，而且大牡蛎入口有纤

维渣。同时，刘总他们公司养殖的牡蛎，不像有的公司"偷工减料"，为了一己私利，以二年冒充三年，"不足月"出生的牡蛎，不仅营养价值低，而且味道不是特别好，有腥味，而满 3 年的牡蛎，味道和营养和 2 年的牡蛎，完全不是一个档次，所以，吃牡蛎，一定要满 3 年或 3 年以上的。事实上，普通的消费者也很容易判断牡蛎到底是"足月"还是"不足月"。刘总说：牡蛎像树一样，是有年轮的，每过一年，牡蛎就会长出一圈新的壳，所以我们只需要通过数生蚝的壳上面有几个圈就能知道这只牡蛎几岁了。

　　吃一只牡蛎不到半分钟，但是把牡蛎养到可以吃的大小需要 3~4 年，每年深秋是牡蛎开始收获的季节，而从冬至到次年清明是牡蛎肉最为肥美、最好吃的时候，因此，我国民间有"冬至到清明，蚝肉肥晶晶"的俗谚。以前每年 5~8 月人们认为不宜吃牡蛎，只是因为以前牡蛎养殖技术不够好，多数牡蛎来自于海里野生种，而每到 5~8 月，牡蛎正值繁殖期，肉不够丰润饱满，滋味不好。但是，现在牡蛎的养殖技术已经非常进步，而且沿海地区气候四季气温不明显，不会影响牡蛎的生长，加上刘总的公司采取了立体养殖法，再将牡蛎经过灭菌处理并低温冷冻，可以保证全年都适合享用牡蛎，全年都有牡蛎供应。

　　那么，我们应该如何"吃"或"喝"物美价廉的海洋中的"牛奶"呢？

　　其实牡蛎的吃法很多，这里，我们力推生吃。真正好的新鲜的牡蛎有一种淡淡的鲜甜味道，在淋过新鲜的柠檬汁后，那种鲜甜味道被进一步激发出来，牡蛎滑入口中时，口感更好，同时还回荡着浓浓的海水味，咀嚼间，鲜美和甘甜徐徐涌出，是你不能错过的美好体验。

牡蛎，除了生食之外，吃客们发明了很多新鲜牡蛎的其他吃法，有清蒸、鲜炸、生炒、炒蛋、煎蚝饼、串鲜蚝肉和煮汤等多种。采用秘制的酱汁，烤到表面微焦，集酸甜辣于一身，味道特别之余，口感层次还非常丰富，最适合年轻人的口味了。如果吃软炸鲜牡蛎，可将牡蛎肉加入少许黄酒略腌，然后将牡蛎肉蘸上面糊，在油锅里煎至金黄色，以蘸油、醋佐食。吃火锅时，可用竹签将牡蛎肉串起来，放入沸汤滚一分钟左右取出便可食用。如果配以肉块姜丝煮汤，煮出的汤白似牛奶，鲜美可口。如果用味道厚重的芝士焗牡蛎，与吃牡蛎的本意就南辕北辙了，吃到嘴里的都是芝士味道，没有牡蛎的半点鲜甜，这可能店家是想掩盖牡蛎的变质走味吧。

那么，到底什么样的牡蛎是好的牡蛎呢？现在市场上的牡蛎，有牡蛎肉、有半壳牡蛎、有全壳牡蛎，有牡蛎干四种，挑选方法各不相同。刘总对如何挑选很有一套：牡蛎干自身有咸味，不容易变质，广东和香港地区喜欢将牡蛎做成熟蚝豉或生晒蚝豉，这样不仅容易储藏，而且味道还不会被改变，用来煲汤，如将牡蛎干放进虾汤内轻煮，特别鲜美，所以，你可以看到在广东、香港等地有很多商家卖牡蛎干。挑选牡蛎肉，主要是靠鼻子闻，如果有海水自然味道同时没有异味或臭味，就可以，否则说明牡蛎肉已经变质。全壳牡蛎，一般是活牡蛎，挑选时需要眼睛和鼻子"双管齐下"，鼻子闻，和挑选牡蛎肉一样，有没有异味、臭味。眼睛看，是检查壳有没有张开，如张开的，就说明是死牡蛎，就不行。半壳牡蛎都是冷冻品，挑选主要靠看，检查牡蛎是否泛黄或发白，如泛黄，说明已经冷冻时间过长，如发白，说明泡过水，都不行。

牡蛎虽然美味，也有一定的忌讳：牡蛎性寒凉，收敛性强，吃多了容易伤胃，引起消化不良、便秘等问题，所以相关人员不宜多食；免疫力较差的老人和小孩，不宜生食，建议把牡蛎做熟之后再吃。牡蛎含有极强的抗凝血因子，有出血症状的人不宜食用，否则容易引起出血，并且很难止住；有些地区海洋污染严重，生食牡蛎很不卫生，所以，如果生食牡蛎一定要注意了解牡蛎养殖地的环境，否则，还是熟吃牡蛎比较安全。另外，美国食品药品监督管理局（FDA）认为生牡蛎居高风险食物之首，因其含有两种破坏力极大的病原体：诺罗病毒和霍乱弧菌。诺罗病毒可能引起胃肠炎。霍乱弧菌可引发高烧、感染性休克、皮肤溃烂性水泡，甚至可引起致命性的败血症。

如果我们面对的牡蛎是和上海浩俞食品公司一样，在国家规定的无公害海域养殖，同时，又和他们一样做过很好的灭菌处理，这样的牡蛎，我们可以放心大胆地享用，将海洋中的"牛奶"变为我们的营养，变为我们的美食，变为我们的多功能保健品和"爱情催化剂"。

海洋中的"鸡蛋"

我曾经写过一篇文章，叫《海洋中的"牛奶"》，说的是一种名叫生蚝的贝类海鲜，这里，再给大家介绍一种贝类海鲜，它叫贻贝。为了写好这篇文章，我找到了专做贻贝的人，他是一家集贻贝研发育苗、科学养殖、精深加工、自营出口销售及售后服务于一体的大型水产企业——浙江嵊泗华利水产公司全球销售总监兼上海分公司总经理唐继武先生。

唐总是专做贻贝销售的，因此，对贻贝很有研究，什么营养价值啦，什么药用价值啦，都"门清"，对贻贝的"历史"，也非常清楚。销售出身的他，谈起来，口若悬河滔滔不绝而又绝不"跑题"。

贻贝，是它的学名，在华东区域，严格意义上说在舟山方言中称贻贝为"淡菜"，而在北方，一般叫做"海虹"。同时，贻贝还有个雅号，称为"东海夫人"。"东海夫人"雅号由来，有一个美丽凄婉的故事，而最后，则落实在"形似"上。明李时珍《本草纲目》里说贻贝："淡以味，壳以形，夫人以似名也"。另外，清康熙年间画家聂璜绘制《海错图》则更进一步，图文并茂说："淡菜……肉状类妇人隐物，且有茸毛，故号海夫人。"

贻贝分布的区域很广，南北两半球较高纬度都有，特别是在北欧、北美以及澳大利亚、智利、新西兰等地区养殖贻贝很盛行，养殖数量很大。我国由南到北，从渤海、黄海、东海、南海，沿海都有养殖的贻贝，也有许多野生的贻贝。在退潮的时候，沿海沿岸以及码头、堤坝的石壁上都可以见到密集的贻贝。贻贝的壳都呈三角形，表面有一层黑漆色发亮的外皮，翡翠贻贝壳的周边为绿色。

贻贝是贝类养殖中的重要品种，我国养殖产量，1994 年为 415222 吨，2017 年为 927609 吨，其中，养殖量最大的是山东省，占全国养殖量的半壁江山，而发展最迅速的是浙江省。我国贻贝产区虽然很多，大陆海岸线 1.8 万公里，岛屿海岸线 1.4 万公里，在总的 3.2 万海岸线边，都有贻贝，但是，最好的贻贝产区，在浙江嵊泗县的枸杞岛，其他地方的贻贝，由于养殖地靠近城市，水质相对较差，贻贝的品质也就略逊一筹。贻贝能够浓缩铬、铅等有害物质，所以对来自污染地区的贻贝，一般含有较高的重金属，食用时应该谨慎。

贻贝分紫贻贝、厚壳贻贝、翡翠贻贝等好几种。紫贻贝壳薄肉嫩，成熟时也只有 5~6 厘米大，生长周期短，大约 10 个月左右成熟，每年的 3~5 月份是产于大连、日照、连云港等地的收获季，而产于舟山嵊泗的紫贻贝收获季在 7~9 月份。厚壳贻贝、翡翠贻贝生长周期长，大约需要 2~3 年时间，每年的 9~12 月份是厚壳贻贝、翡翠贻贝的收获季，成熟时有 7~12 厘米长，壳厚肉肥。厚壳贻贝生长期长，紫贻贝生长期短，不熟悉的人以为养殖紫贻贝合算，但是，厚壳贻贝的产量高，品质也更好，更主要的是厚壳贻贝的售价高于紫壳贻贝 3 倍多，因此，养殖厚壳贻贝比养殖紫贻贝合算多了，浙江嵊泗就是厚壳贻贝的主产区。

翡翠贻贝从品质上说和厚壳贻贝差不多，但它的唇边绿色翠丽漂亮，许多高档酒店喜欢用它，因此，它的身价就上去了。翡翠贻贝基本上产于新西兰，我国的湛江也有养殖，但由于气候、温度、水质等原因，湛江翡翠贻贝的肉小，和新西兰的不在一个档次上。

嵊泗县是浙江省最东部、舟山群岛最北部的一个海岛县，全县海域面积 8738 平方公里，陆域面积 86 平方公里，是一个典型的海洋大县，陆域小县，是中国十大重点渔业县之一。海域环境优越，水质肥沃，冬无严寒，夏无酷暑，光照充足，温差较小，温度适中，利于海洋生物栖息，饵料丰富，为嵊泗贻贝提供优良的生长环境，因此，那里的贻贝具有个大、鲜嫩、肉肥、出肉率高、营养丰富、无污染等特点，比我国其他地方的贻贝质量都要好，是海鲜中的佳品，所以，被农业部划为一类贝类生产区。

嵊泗人采集野生贻贝供人类食用、交易有悠久的历史，在唐朝时，嵊泗贻贝制成的贻贝干就因质量上乘，被时称翁山县的舟山官府选作进贡朝廷的御供珍品呈送京城，史称"贡干"，历代不衰。1973 年，嵊泗贻贝开始人工养殖，逐渐发展为支柱性产业。2008 年，嵊泗县的养殖贻贝和贻贝养殖基地分别被国家农业部认定为"无公害产品"和"无公害水产品养殖基地"，2010 年，嵊泗县被中国渔业协会命名为"中国贻贝之乡"。同时，国家环保部命名嵊泗县为国家级有机食品生产基地。同年，嵊泗贻贝获浙江渔业博览会"优质产品奖"。2012 年 6 月 08 日，原国家质检总局批准对"嵊泗贻贝"实施地理标志产品保护——中国首个海洋类产品地理标志集体商标。

唐总说，贻贝是大众化的海鲜品，味道极鲜。贻贝干，可以做各种各样的汤，或者说在各种汤中都可以放上贻贝，如淡菜丝瓜汤、淡菜青瓜鸡蛋汤、番茄花淡菜浓汤、淡菜萝卜豆腐汤等，保证能使汤的鲜味倍增；而如果以鲜贻贝为主要食材，也能烧出各种各样的菜肴。大众化的，如煮淡菜、淡菜番茄炒宽面、淡菜咸蛋粥等，稍微上点档次的，有法式奶油贻贝、葡萄酒炒贻贝、南洋酸甜贻贝等。

贻贝所含蛋白质量高达 59%，还含有丰富的碘、钙、磷、铁、锌和维生素 B、烟酸和 8 种人体必需的氨基酸等。贻贝所含的营养成分很丰富，其营养价值高于一般的贝类和鱼、虾、肉等，但脂肪含量很少，仅为 7%，且大多是不饱和脂肪酸，因此，被称为海样中的"鸡蛋"，它对体质虚弱、气血不足、营养不良者的营养供给有益，更重要的是贻贝还具有补肝益肾、调经活血的功效，对肾虚之腰痛、阳痿、盗汗、小便余沥和高血压、动脉硬化者有积极作用。明代医家倪朱谟尤为推崇贻贝的"补虚养肾"之功，认为贻贝是一味补肾填精的药食两用之物。不过根据经验，只有常吃才有效果，正如明朝李梴在其所著《医学入门》中所说，贻贝"须多食乃见功"。常用的药食两用食谱，如韭菜炒淡菜，有补肾助阳之功；淡菜拌芹菜，用于肝肾阴虚、肝阳上亢而血压偏高、眩晕头痛；淡菜炖食麻雀肉，用于体虚盗汗和小儿生长发育不良者等，很多。

同时，贻贝壳经过粉碎加工后可以做牙膏和饲料，贻贝在加工过程中产生的汤汁，能提炼出具有很大经济价值的贻贝汁，不夸张的说，贻贝的全身，都是宝。

看唐总对贻贝非常熟悉，殊不知他原来对水产、对贻贝是"擀面杖吹火——一窍不通"。他生在安徽安庆，长在安徽安庆，以前从没有和海见过面，只是因为当兵，才见到了海。2004年，他从部队上转业，地方征求他转业后的工作要求，由于他在嵊泗服役，加上爱人也是嵊泗人，而且了解点海鲜，他就毫不犹豫地选择了做水产，来到当时设在上海江浦路市场的浙江嵊泗华利水产公司上海办事处做主任。

那时的办事处主任，这活做起来轻松潇洒，主要就是负责接待工作，当然，也跟着同事学做贻贝销售生意。

但是，由美国次贷危机引发的2008年全球经济危机，改变了唐总所在的浙江嵊泗华利水产公司的经营模式，也改变了唐总的生活和工作模式。为适应全球经济危机带来的贻贝出口大量下降，2008年，公司由以出口为主转为出口和内销并举，为此，唐总临危受命，担任了公司的全球销售总监，以加强出口的力量，同时，为加强内销的力量，公司将上海办事处升格为上海分公司，由唐总升任分公司老总。

唐总上任后，在内销上，改变销售方式，从等客上门到走出去、请进来，重点砍下"三板斧"：加强产品布点布局，向全国各大专业水产市场铺货；积极拓展连锁酒店、航空餐饮和企业食堂市场；努力发展大型商超业务。这"三板斧"，将一个地方性产品推向了全国市场。

现在的竞争，不是产品竞争，而是产业链竞争。一个公司，如果在产业链竞争中胜出了，那才是真正的胜出，否则，今天胜利了，明天也许就"走麦城"。唐总所在公司，深知个中三味，从以前只做初加工的分规格冷冻业务和贴牌加工业务，发展到现在的精深加工、自主"东珠"品牌以及产业链竞争，加强产品研发，在原有基础上进一步完善产业链建设。

现在，唐总所在公司，从贻贝的育苗到养殖（提供苗种给农户养殖后公司全部收购和公司养殖并举），到工厂加工（从西班牙引进全自动生产线，效率高、成本低），到利用贻贝壳打碎后做牙膏、做饲料，到利用加工时产生的汤汁加工提炼出高附加值的贻贝汁，同时，在贻贝肉的深加工上，做精做细。所谓做精，就是向便捷化、即食类方向发展；所谓做细，就是在产品档次上，覆盖高、中、低各类消费群体。

如何通过科技手段，使贻贝这个海洋中的"鸡蛋"发挥更大的功效；如何通过市场化运作，使贻贝这个海洋中的"鸡蛋"造福更多的消费者，是唐总他们这些"贻贝人"一直孜孜不倦的追求。

海洋中的"液体黄金"

我写过两篇文章，一篇是《海洋中的"牛奶"》，另一篇是《海洋中的"鸡蛋"》，写新篇时，突然冒出一个念头：人类在食用的海洋生物中，有很多具有很高的营养价值，何不以此为题，来个小系列呢？于是，有了这篇《海洋中的"液体黄金"》。

海洋中的"液体黄金"，说的是学名叫做南极犬牙鱼的银鳕鱼，这是葡萄牙人的称呼，但我至今不明白，这银鳕鱼，明明是"固体"的，为何称为"液体黄金"？或许是它的加工制品婴幼儿鳕鱼肝油，对婴幼儿的生长发育具有很好的作用，所以有"液体黄金"一说。也有因为银鳕鱼的肉色洁白而又营养丰富，称其为"海中白金"。北欧人则叫银鳕鱼为"餐桌上的营养师"。

我一个朋友的孙子，二岁左右，经常要给他吃银鳕鱼，由于我在水产市场，买鱼自然方便，于是，这事理所当然成了我的"专项工作"。

我们市场是以冻品见长的，市场里卖银鳕鱼的商家自然不少。但是，一个大型水产市场里，同样卖鱼的，起码有三种不同档次的商家，出来的价格，也起码有三种不同的价格。就以我要买的银鳕鱼来说，有直接从国外一手进口的大商家，有从这一手进口商家手中拿货的市场内外的二手商家，还有市场内外从二手商家那里串货的基本上是以零售为主的小商家。每一层商家都不会是白干的，总要剥一层皮，加一层价，因此，销售链越长，对消费者来说，付出越多。

在市场做了十多年，上述情况，自然很清楚。为了让我的朋友省点钱，于是，我找到了做银鳕鱼的一手进口大商家——上海能群水产科技公司总经理路标。对于路标这个稀少的姓，因为有一个和路总同姓但名气远远超过路总的作家——路遥，影响深刻。路遥1982年的中篇小说《人生》和1988年的长篇小说《平凡的世界》，我都逐字逐句拜读过，而且，路遥作品中的主人公和我的经历有点相似，"爱屋及乌"，

所以，自然对路总多了一份亲切。对于"能群"这个公司名称，在水产企业中有点别致，路标总经理给我解释道：能群，是根据笔画，请先生起的名，意思能够和一群人共同发展，而不是我一个人发展，它象征着"吉利"。

2001年起，路总所在公司就开始专门做银鳕鱼生意，2009年路总果断自立门户，自己以公司化模式运作时，也专做银鳕鱼。我问他，为什么选择银鳕鱼？他就从我朋友的孙子吃银鳕鱼谈起。你的朋友经常给二岁不到的孙子吃银鳕鱼，是很有道理的，宝宝小时候要多吃银鳕鱼，长大之后才能聪明伶俐，因为银鳕鱼含有多种天然维生素A、维生素D和DHA，它们对促进宝宝牙齿、骨骼的生长以及智力、记忆力和视力发育至关重要。另外，银鳕鱼鱼脂里面有着球蛋白、白蛋白以及磷的核蛋白，还有儿童发育所需要的各种氨基酸，是非常棒的营养品，能增强宝宝体质。银鳕鱼的营养丰富，蛋白质含量比三文鱼还要高，但脂肪却是三文鱼的1/17，加上银鳕鱼除了中间的大骨头外，刺很少很软，肉甘美，所以，非常适合宝宝吃。中华民族有"再苦也不能苦了孩子"的传统，因此，许多人家觉得价格贵点就贵点，这样，就直接推高了银鳕鱼

的销量。

　　路总当初选择做银鳕鱼，还有一个考虑，就是银鳕鱼生长在150米以下的深海冷水里，没有任何污染，是纯正的的海中无污染健康绿色食品，对稚嫩的没有免疫力的婴幼儿有很大的好处，对中老年人也有很大的好处：可增强中老年抗病能力，降低高血压、动脉硬化、心脏病、脑血栓等疾病的发病率，能预防忧郁症、缓解精神压力等，具有很高的价值。从这些角度看，说银鳕鱼是海洋中的"液体黄金"，也确实不为过。

　　路总自立门户时和以前一样，也专做银鳕鱼，还有一个重要原因是做生不如做熟。总之，路总看透了银鳕鱼的发展前景，他认为，银鳕鱼，从保健的角度，是最好的；从营养的角度，也是很不错的；从口味来讲，吃完银鳕鱼，有一股纯香的味道留在口齿之间回味，这在鱼中也是难得的；从生意的角度，当初由于价格贵，做这个产品的人很少，但是，随着消费者生活水平的提高，银鳕鱼的市场必然越来越大。由于判断正确，路总的公司确实和公司取名"能群"一样，有"吉利"内涵的护佑，生意做得风生水起。

　　在如何吃上，路总也很有心得。婴幼儿吃银鳕鱼，路总认为可以做成银鳕鱼鱼松、鳕鱼泥、鳕鱼粥、鳕鱼蔬菜粥、蔬菜鳕鱼糕、鳕鱼小馄饨、鳕鱼肠等，而成人的吃法，路董认为可以翻出更多的花样：银鳕鱼炖豆腐，做法简单，味道鲜美；香煎银鳕鱼，味道香中带嫩滑甘甜，相当可口；香辣银鳕鱼和烤银鳕鱼等类型的做法，则满足了重口味人群的爱好；清蒸银鳕鱼等的做法很简单，它们适合偏爱清淡、喜欢原汁原味的人。

　　一旦被中国消费者喜欢了的东西，需求迅速拉动。21年前的1998年，银鳕鱼由上海水产总公司引进中国市场时，人们对银鳕鱼的认知度还不高，只有在高端酒店和餐厅才可以吃到，那个时候日本还是全球银鳕鱼消费第一大市场。21年后的今天，银鳕鱼在中国取得了空前的成功，中国超过日本成为银鳕鱼全球第一大消费市场。上海水产总公司刚引进银鳕鱼时的价格和现在的价格之比，就说明了这点：那时是每斤19元，而21年后的2019年，涨到每斤120元，涨幅达到532%，在水产品中，是极少能达到这样的涨幅的。

银鳕鱼之所以价格高涨，一方面是独特的优良品质，另一方面是人工不能养殖和生长周期长导致的产量稀有，再有就是难以捕捞的作业环境。2000 年，世界自然基金会 WWF 发表的一项研究显示，从 1970 年开始，全球大西洋鳕鱼的渔获量已经下降了 70%，为此，银鳕鱼摇身一变成了濒危鱼种。2018 年全球银鳕鱼允许捕捞量仅有 29618 吨。

国内做银鳕鱼的商家因需求上涨，这几年增加很多，但是，据《冻品攻略》报道，银鳕鱼 2016 年的进口价格在每公斤 220 元人民币左右波动，2017 年就蹿升到每公斤 300 元左右，进口价格坚挺，高于国内批发价，导致很多商家血本无归。有些小商家在这样的背景下，不敢压货，有生意时采取临时"窜货"的办法，有的则采取"无良"手段，使银鳕鱼——一个听起来高端洋气的名字，在众多食客心目中代表着营养、鲜味、不可多得的产品，变成了假的银鳕鱼。

鳕鱼家族很大，品种很多，所以，要区别真假银鳕鱼，还真有一定的难度。专业做了近 20 年银鳕鱼生意的路总说，有些做银鳕鱼没多久的"菜鸟"，也时常搞不清楚。路总说，水产品中常见的假冒产地获利的比较多，但在银鳕鱼销售中这种情况不会存在，因为各国银鳕鱼的加工、包装很规范，且都在国外进行。但是，由于各品种间价格差异很大，还是有不法商家假冒品种以获巨利的情况。

目前市面上流通最多的是银鳕、黑鳕、水鳕和龙鳕四种，品种冒充上最为可恶的是龙鳕冒充银鳕。龙鳕俗称油鱼，体内含有约高达近体重四分之一的一种名为蛇鲭毒素的天然蜡酯。蜡酯在人体内难以消化，食用后容易导致胃痉挛，油脂囤积在直肠，导致排油性腹泻。中药里，油鱼就是一种泻药，在《本草纲目》里有记载。低价油鱼常被无良商家冒充高价银鳕，自 2007 年起已见诸各地报道，至今也未销声匿迹。当年因影星马伊琍买了油鱼给女儿吃导致腹泻而舆论大哗。在国外，油鱼多作工业用途，主要是提炼工业用润滑剂而禁止销售给消费者，而我国并没有这样的规定。期待我国也早日解决这一问题，以保护消费者身体健康。

水鳕，也是鳕鱼的一种，水分过多，肉质松散，口感差，营养价值低，价格很低。

黑鳕，和银鳕在品质和价格上差不多，是加拿大及美国捕捞的最昂贵的底层鱼。

那么，究竟如何区别市场上常见的银鳕、黑鳕、龙鳕和水鳕呢？路总用对比的方法给出了几个简单的"招"：

龙鳕与银鳕最大区别在于鱼鳞，前者的鳞甲像蛇的鳞片；黑鳕与银鳕的最大区别也在于鳞片，前者的鳞片细小；水鳕与银鳕的最大区别在于肉质，前者的密度低，用手摸，没有油质。

另外，路总还说：任何优质的海鲜，对温度的要求很高，最好在零下18°乃至超低温状态下保存，一旦解冻，最好在二小时内消化掉，否则，口感变差，时间再长，细菌滋生，如生吃，会影响肠胃功能。

鳕鱼家族很大，从大的角度说，有真鳕鱼、银鳕鱼、黑鳕鱼、假鳕鱼（油鱼），真鳕鱼中，有大西洋鳕、格陵兰鳕、太平洋鳕，里面还有蓝鳕和狭鳕，这是二种价格很低的鳕鱼，据山东荣成三悦食品有限公司南方业务总监于洪聚介绍，他们公司用蓝鳕和狭鳕（也叫明太鱼）加工的产品，很受市场欢迎，所用原材料蓝鳕和狭鳕，均来自加拿大。蓝鳕鱼肉质鲜嫩，是很多人喜欢吃的鱼肉类食材，它不但味道鲜美，能滋补身体、能保护心脏、能降血糖，具有一定的保健功效，营养价值也特别高。狭鳕是全球消费量最多的一种食用鱼，它有利于预防高血压、心肌梗死等心血管疾病。同时，狭鳕脂肪较少、蛋白质多，鱼刺少，是老少皆宜的营养食品，日本是全球狭鳕制品消费量最大的市场。这二种鳕鱼，90%不进批发市场和菜市场，直接到加工厂加工后流入市场。他们公司用日本的配方，对野生的蓝鳕和狭鳕进行精心加工成鳕鱼排，产品具有外表香脆里边鲜嫩和再加工方便的特点。这种无骨无刺、老少皆可食用的最平民化的鳕鱼产品，广泛用于肯德基、麦当劳、低价西餐厅、高铁、航空的快餐、盒饭。

总之，鳕鱼是一个大家族，有和银鳕相当的黑鳕，但其中也有相当平民化的蓝鳕、狭鳕和水鳕，更有被人冒充银鳕的龙鳕（油鱼），只有"物以稀为贵"的银鳕是这个家族的佼佼者，才可以称得上"液体黄金"或"餐桌上的营养师"，我们应当练就孙悟空的"火眼金睛"，才能真正享受"液体黄金"，否则，我们亏的不仅是钱包，还有我们的身体。

我们希望路总能为我们消费者把好关，让我们的钱花得物有所值，这也应该是上海能群水产科技公司"大家一起发展"的宗旨吧！

鱼市场流通探寻

　　鱼市场流通探寻，是本人 2008 年以来在专业媒体上发表的关于水产批发市场、水产品批发商以及水产品流通模式变化方面部分文章的汇编。

　　我自 2007 年进入水产市场，期间，水产市场及其批发商经历了很大的变化，总体上说，中小批发商的日子从 2015 年开始，明显感受到生意越来越难做，对水产市场来说，"春江水暖鸭先知"，水产品流通的格局也在逐渐变化。

　　惯性思维下的水产市场及其批发商，何去何从？水产品流通的模式期间又在发生什么变化？文章按写作和发表时间排列，可看出其中的变化及作者的前瞻性思考。

保证水产品安全，
谨防水产市场过度竞争

食品安全，屡屡亮起红灯：2005年的立顿速溶茶氟超标、雀巢奶粉碘超标、郑州光明回收过期变质奶再生产等，2006年的人造蜂蜜、毒猪油、瘦肉精中毒、苏丹红鸭蛋等，2007年的龙凤与思念问题速冻食品深圳撤柜、上海星巴克售过期苹果汁、五粮液幸运星糖精超标、北京王致和豆腐乳保质期内发霉、味全食品旗下奶粉被查出致病菌等，而2008年的三鹿奶粉事件，更是震惊了全国，在国际上也引起了极大的反响。

食品安全事故高发，作为广义食品的水产品，同样事故不断。光是国家食品药品监督管理局公布的2006年十大食品安全事件中，水产品就占了四件：福寿螺致病、大闸蟹致癌、桂花鱼有毒、多宝鱼药残超标。

由于利益的驱动和道德的沦丧，一些水产养殖户和水产经销商，无视相关法律法规，在水产养殖环节，为了缩短养殖周期、防病虫和外观漂亮，在喂养饲料中添加违禁品，如环丙沙星、氯霉素、红霉素、磺胺、硝基呋喃、三苯甲烷（孔雀石绿）等多种禁用鱼药，使用抗生素；在水产品流通环节，不法商家销售违禁水产品，如毛蚶、河鲀等，同时，在所销售水产品中，为防腐、保鲜和色泽好看，添加对人体有毒有害化学物，如甲醛、过氧化氢（双氧水）、使用禁用色素和着色剂等。

水产品安全事故频频，处于连接水产品生产和流通环节重要地位的水产品批发市场，对确保水产品安全，负有重要的责任。然而，目前的水产批发市场难以很好地承担起这方面的职责。原因何在？水产批发市场目前存在过度竞争。

以上海为例，2008年有大大小小水产批发市场有十多家，正常运行且有规模的只有二家：位于普陀区的铜川水产市场和位于杨浦区军工路的东方国际水产中心。除上述二家之外，还有一些尚在正常运行但规模较小的水产市场，如浦东恒大水产市场、闵行永康水产市场、沪太水产市场等。

铜川水产市场处于即将建设的上海四大副中心之一的真如副中心，搬迁势所必然，于是，引发上海水产市场建设高潮，但这些新建的水产批发市场，有的开市后昙花一现，有的在筹备过程中就胎死腹中，有的苦撑危局。

那么多投资者进入已经高度饱和竞争激烈的水产批发市场，这不是一种正常现象，而是政府没有进行规划布局，以致各级相关机构都可以审批，在地区财税、劳动就业等现实利益驱动下，水产批发市场如天女散花，遍地都是，且市场间的距离过近，许多市场的业务辐射范围重合，经营业务经营方式雷同，恶性竞争更难避免。以上海某一个区域为例，在约10平方公里的范围内，开设了3个可覆盖全市的有规模的水产市场，其间的竞争激烈，可想而知。

由于没有对水产批发市场建设规范及其标准作出具体的规定，以致传递出错误的信号：建设水产批发市场，投资不大，盖上些陋棚简屋，有个空旷的停车场地，就可赚钱。这样，自认为对水产批发市场有些了解又有点钱的投资人，不管以前干没干过，都期望分一杯羹而趋之若鹜，虽前赴而后继。

竞争是社会经济的活力所在，计划经济和垄断经济，都是经济繁荣的大忌。但过度而又不规范的竞争，对社会经济的具有极大的破坏性。最近发生的让全世界震惊并严重损害中国国际形象的三鹿奶粉事件，就很典型说明了这一点。

水产批发市场目前的竞争处于什么状态呢？水产批发市场遍地开花，而它的直接后果，就是过度竞争乃至无序恶性竞争：一个新市场开业，首先要有一定量的批发商，为了从其他批发市场挖客户，一般都采用大幅减免商铺摊位租金的办法；一个新市场开业，其次要有一定量的供货商，新市场的批发商、采购商一般不多，供应商因货不好销而不愿意进场，那就花钱让他们过来，对供应商拉来一车货，根据车辆大小，给予不等的大额现金奖励；一个新市场开业，最重要的是要有足够的采购商（小批发商、菜场零售商、配送商、宾馆饭店、单位食堂等），否则，供应商、批发商卖不出货，就会退出，市场就难以为继。怎么办？还是人民币开道，花钱从其他市场挖采购商，根据采购量，对采购商根据采购量进行不等的现金奖励。上海有一家新开的水产批发市场，三四个月内用于这方面的开支高达几百万元，导致现在苦苦支撑、进退失据，而另一家市场为了"应战"，也被迫花费了近千万元而影响战略目标的如期推进。

确保水产品安全，需要水产批发市场较大的投入：设立专业的检测检查机构、配备必要的检测设备和用于日常检测的耗材、配备足够的检测和检查人员、向水产经销商采购样品等。由于水产批发市场雨后春笋般冒出，市场象下赌注一样，投入巨大的财力用于挖客户这种低级的不规范的恶性竞争中，市场连生存都难以保证的情况下，怎么可能将人力、物力、财力、精力用于规范市场管理以确保水产品安全呢？少数市场设立的水产品检测室形同虚设，检查检测机构仅仅停留在对外宣传资料上，而更多的市场连上述形式都没有。

确保水产品安全，需要水产批发市场对市场经销商的日常经销行为进行严格的管理，对市场上流通的水产品作严格的检查和检测。然而，水产批发市场耗巨资挖客户进场都来不及，怎么可能对客户进行严格管理、对客户经销的水产品严格检查检测而得罪客户？食品追溯要求索证索票，市场怕得罪客户，根本没有落到实处，因为这样的做法，必然将辛辛苦苦花钱拉来的客户，推到自己的竞争对手那里去，长此以往，"劣币驱除良币"将成为普遍的现象。

由于过度竞争、恶性竞争，水产批发市场对开展水产品安全工作，主观上动力不足，客观上能力不足，长此以往，必将无法保证水产品安全。家家户户千百万市民每日餐桌上必不可少的鲜美营养的水产品，将不再安全。

2006 年 11 月，上海市食品药品监督管理局在上海铜川市场专项抽查，发现 30 种多宝鱼样品中含有禁用的硝基呋喃类代谢物、孔雀石绿、氯霉素、环丙沙星、兽药残留。孔雀石绿及其代谢产物（隐色孔雀石绿）具有高毒素、高残留、高致癌和高致畸、致突变等副作用，同时隐色孔雀石绿由于不溶于水，残留毒性比孔雀石绿更强。而硝基呋喃类药物当中的"呋喃西林、呋喃唑酮"及其代谢物 AOZ 等具有致突变和致癌作用。如果不解决水产市场过度竞争的问题，这类多宝鱼事件还会出现。

解决水产品安全问题，关键是抓源头。那么，源头是什么呢？源头就是做好水产批发市场建设的规划布局：一是不能太多，二是布局要合理，辐射圈不能过多重合。在此基础上，确定水产批发市场设立的审批权限和水产批发市场建设的建设规范和标准，适当提高水产批发市场设立的准入门槛，为规范水产批发市场的管理、减少市场恶性竞争创造条件。同时，政府在政策上，要鼓励水产批发市场建设水产品检测站，对建站费用和日常运行费用，政府要作适当的资助，政府相关部门在业务上要经常予以指导检查，使国家和各级政府关于食品安全的法律法规和要求落到实处，并对水产品检测检查工作做的好的的市场，给予表彰奖励，为水产批发市场的水产品安全创造良好的工作氛围和工作条件，调动水产批发市场开展水产品安全工作的积极性、主动性和创造性。只有这样，才能从根本上消除水产品安全的各种隐患，让市民放心吃鱼。

本文发表于《上海商报》2008 年 10 月 13 日

国内水产市场
应对经济危机的若干措施

一、问题的提出

美国的次贷危机，引发了全球性金融危机，进而导致全球经济危机。这场危机的深度、广度和持续时间，我们无法预料，但对各行各业的影响、对人们日常生活的影响，正在逐渐显现。

水产市场是连接水产品生产（捕捞、养殖、加工）和零售的重要环节，在水产品流通中处于非常重要的地位，生产和消费的信息在水产市场汇聚，从一定意义上说，批发市场是"冬江水冷鸭先知"。

经济危机对水产市场的影响是一个渐进的过程：经济危机导致水产品有效需求下降→水产品生产企业因为需求不足导致水产品降价→水产批发、零售企业跟进降价→销售数量单价下降导致相关企业经营规模、盈利能力下降→引发水产生产、批发、零售企业裁员、降薪乃至倒闭→水产市场租费收缴困难、收入减少，而水产品消费者由于对前景渺茫或收入下降，消费信心和消费能力下降，导致水产品需求的进一步减少，生产和消费相互负面刺激进入恶性循环。

北京奥运会以后，水产品价格已经出现较大跌幅，以墨鱼为例，2008 年 6 月的进价为每箱（40 斤）520 元，2008 年 11 月批发价只有400 元左右，直接的亏损就达到 24%；高端水产品如大龙虾的销量也出现 80% 以上的跌幅，除经济型水产品外，大部分水产品的销量下跌30~50%，水产大礼包今年的销售量更不容乐观，估计将减少七成以上。

水产品批发商的经营利润一般比较薄，由于水产品的养殖捕捞加工运输过程中的饲料、药物、燃油、人工等成本上涨幅度较大，批发商的进价没有降低的空间，批发商的销售价格由于经济危机导致的销售疲软有所下降，进一步压缩了水产批发商本来就很小的利润空间，加剧了水产批发商的经营困难。下面，我们拟通过水产市场的采购情况来观察本次危机对水产市场的影响。

二、经济危机对国内水产市场的影响

水产市场采购主要来自机关事业团体、企业、饭店宾馆、菜场零售商、散客零售五个方面，而经济危机对上述五方面的影响程度是不同的。

机关事业团体，主要是单位食堂消费，由于其属于财政拨款，开支有保障，基本没有影响；散客零售，本来占批发市场销售比例不大，影响可以忽略不计；菜场零售商，直接面对市民家庭终端消费，数量很大，由于企业降薪、裁员以及居民对前景不乐观而捂紧口袋不敢消费，水产品销售量和销售单价有所下降，但是，由于通过菜场零售的水产品，大都是单价较低的经济型水产品，因此，总体上影响也不是很大；企业水产品消费，包括单位食堂消费、员工福利发放、送礼等，由于经济危机带来的宏观经济不景气，许多企业效益不好、开工不足、倒闭，因此，企业不管是食堂消费、员工福利发放还是水产礼包消费，数量将大大减少，标准也将降低，这对水产品销售构成极大影响；然而，对水产品销售冲击最大的，莫过于饭店宾馆。今年下半年开始，餐饮行业低迷，许多餐馆苦苦维持，就等春节大餐。春节过后，数量不少的餐馆将关门歇业。由于餐馆消费的大都属于中高档水产品，消费量很大，因此，餐饮业的不景气，将严重影响水产品销售。

总体而言，经济危机已经对水产市场产生较大的影响，但2008年春节后，负面影响将将进一步加剧并迅速显现，水产市场经销商的生意将更加难做，商铺租金乃至水电费，都将成为他们的包袱和压力，加上水产市场重复建设导致的无序竞争随着经济危机的加剧而进一步激化，水产市场将绝对不会如诗人雪莱所说的"冬天来了，春天还会远吗"那

样的乐观自信。

经济危机下的冬天、水产市场的冬天，也许漫长而寒冷，如何未雨绸缪积极应对渡过难关，这是摆在水产市场经营管理者面前的现实而艰难的问题。

危机危机，有危有机，危中有机，危中见机，以机克危。在危机压力下，我们可以腾笼换鸟选择优秀客户，我们可以加强与市场客户的沟通同命运共进退，我们可以依托信息技术提高经营管理水平，我们可以突破粗放的收费型管理模式而采取精细化人性化的服务型管理模式，我们可以加大外部合作的力度取得双赢……总之，面对危机，我们既不能麻木不仁无动于衷居危不知危，也不能惊慌失措无所适从居危不知机。我们可以从以下几方面着手，面对现实，积极应对，化被动为主动。相信通过自身的努力和相关利益主体的精诚合作，一定能化解危局共度时艰，实现传统水产市场向现代水产市场的转变。

三、经济危机背景下的应对措施

1. 加强客户沟通，相互抱团取暖

水产市场和客户不是零和博弈的对立者，而是相互依存的利益共同体。市场随客户的发展而发展，客户在市场成长中壮大，因此，作为市场经营管理方，一定要彻底摒弃竞争不激烈阶段或马路市场上养成的"朝南坐""等客上门"工作作风和粗放的经营管理习惯，树立主动服务积极服务的理念，开展多种形式的活动，如定期或不定期的恳谈会、研讨会，如调查问卷和随机走访等，加强沟通，了解市场客户在经营过程中的所思所想、所困所惑，及时解决问题，为他们的经营创造更为有利的条件。相互多一点理解，双方增一份感情，市场与客户抱团取暖，合作进取，才能共同抵御危机。

2. 推进电子商务，迈向现代市场

基于信息技术的电子商务，通过网络，将交易各方紧密联系起来，跨越时间和空间的制约，完成所有的商业活动。电子商务，可以极大提高产品的辐射范围，可以极大提高产品交易效率和工作效率，可以极大降低采购商、经销商的交易成本、物流成本，从而提高企业的综合竞争

力。电子商务，在我国流通领域应用已经相当广泛，批发市场的应用也是比比皆是，与水产市场条件相仿的大型农产品市场，有的引进了电子商务，取得了良好的经济效益和社会效益。对于水产市场而言，开展电子商务，可以迅速有效提升市场竞争力，它既是水产市场经营管理成熟的标志，更是抵御经济危机的良方。

3. 调整市场布局，严格划行归市

水产市场设立之初招商之前，对市场布局一般都有规划，但招商的结果与预期总会有一定的出入，同时，市场运作过程，与市场原来的设想也会产生差异，市场的目标，随着内部情况和外部环境条件的变化，同样会作出相应的调整，因此，水产市场的区域布局的调整在所难免，而调整的原则之一就是划行归市。水产市场的划行归市，就是对同类乃至同一品种水产品（如大品种海蜇等），合并到同一个经营区域，这样，信息对称，竞争充分，对采购者来说，便于选择比较，以最好的性价比采购到所需水产品，降低了采购成本；对市场大部分经销商来说，由于市场价格具有竞争力，更多的采购者闻风而来，总体上会扩大销售；对水产市场来说，划行归市，凸显了水产市场的价格发现功能，规范了市场布局，降低了档口位置安排的难度，增加了商铺租金收入。

4. 腾出笼子换鸟，加大招商力度

经济危机和食品安全，严重影响了我国水产品出口，许多相关企业举步维艰，面临极大的生存危机，而这类企业一般经营管理能力较强，企业和产品有一定的品牌，产品档次也较高，有一定的竞争力。水产市场应当趁势而为，对这类企业及其产品开展市场调研，重点选择拥有适合本地区消费产品的企业，动员他们入驻市场，同时，对一些经销品种过于低端单一、严重缺乏竞争力、承受租金乃至水电费都有困难的的经销商，予以适当清理，这样，一则增加市场经营品种，二则提高市场经营档次，三则可以提升市场的品牌知名度。

5. 强化内部管理，以管理求效益

经济危机下，水产市场经销商本来不大的盈利空间势必被进一步压缩，导致他们可能对市场提出降租减费的要求，加上水产市场的重复建设将加剧的市场间的租金价格战，水产市场的收入会减少，这对处于培育期的水产市场构成极大的挑战，因此，强化内部管理、科学设计管理流程和考核激励制度、减少冗员冗费、节能降耗，是水产市场应对经济危机的必然选择，而管理手段的信息化，能迅速提升管理水平、有效提高管理效率、切实降低管理成本，因此，这是实现管理现代化的最理想抓手。

6. 服务功能外包，聚焦发展规划

水产市场要想在经济危机背景下更加激烈的竞争中脱颖而出，增强服务功能提高服务水平是重要的竞争手段，但是，这并不等于需要事事亲力亲为。社会发展的一个重要标志是社会分工的日趋细化。一些服务公司由于他们的专业经营和规模经营，服务能力强、服务成本低，水产市场可以将相关服务功能，如市场保洁、货物装卸、物业维修、市场保安等外包给专业的保洁公司、劳务公司、物业公司、保安公司，借以提高水产市场的服务态度、服务水平，降低服务成本，水产市场则从日常冗杂繁琐的事务中解脱出来，集中精力抓好核心业务的经营管理，集中精力抓好外包服务的监督管理，集中精力抓好水产品安全，集中精力抓好客户培育，集中精力抓好市场调研、招商和重大活动策划实施，集中精力抓好市场长远发展规划，集中精力抓好市场各类安全措施，从而提高市场综合竞争力。

7. 联手餐饮行业，合作获得双赢

经济危机对各行各业都有影响，但影响程度不同，餐饮业可以说是个重灾区，比水产市场影响要大的多，它要减少经济危机对自己影响的愿望和动力比水产市场要强得多，而水产品是餐馆的主要原料，所谓"无鱼不成宴"，形象地表明了两者家鱼水般的关系。基于共同抵御经济危机的愿望，可两者联手，邀请各类媒体、专家、技师等，举办形式多样的集知识性、趣味性、艺术性、美味性为一体的活动，如水产品烹饪大奖赛、水产品烹饪知识竞赛、水产品烹饪培训、水产品选购知识竞赛等活动，加快餐饮业复苏，促进水产品销售。

8. 加大培训力度，培育扶植客户

水产市场经销商，综合素质普遍较低，经济危机背景下，他们的经营乃至生存，普遍会出现问题。水产市场应对经销商的经营状况进行

全面深入的调研排摸，对他们经营过程中遇到的困难进行帮助，同时，对经营管理有方的经销商的经营管理经验及时进行总结推广，评选优秀经销商，通过各种方式对外宣传，以先进带动后进，提高市场内优秀经销商的社会知名度，进而促进市场经销商的销售。同时，水产市场可以采取灵活多样的形式，就水产品养殖加工、水产品储存运输、水产品安全、水产品销售等方面的知识和相关政策，可以请相关方面的专家进行培训，提高他们的经营管理水平，进而提高他们的市场竞争力。

9. 开展展销活动，加强对外宣传

重复建设和相关法律法规不健全等因素，造成水产市场无序竞争、过度竞争，而竞争的方式也更多地表现为低端的价格竞争。在经济危机背景下，这种无异于自杀的竞争方式有可能加剧。如果我们跳出低端恶性的价格竞争模式，开展形式多样生动活泼的水产品展示展销活动，如各种产地（国别的、地区的）和各种品种的水产品推介活动、各类鱼文化活动、水产品烹饪比赛、水产品营养知识讲座和竞赛等活动，同时，通过各级各类媒体，广泛宣传这些活动，就可使更多的人了解水产行业、了解水产市场、了解水产品，进而达到提升水产市场社会知名度、品牌知名度和促进水产品消费的目的。

10. 强化协会作用，争取政府支持

经济危机中的水产市场、起步培育中的水产市场，最需要得到政府的支持，而水产行业协会是政府联系水产市场、水产生产经销商的桥梁和纽带，因此，水产市场应加强与行业协会的联系，通过协会，积极主动与政府的相关职能部门沟通，取得他们的理解支持帮助，一则减轻市场和市场经销商的税费负担，放水养鱼，二则为市场经销商和进场交易的供货商、采购商、市民在货车行驶、公交站点设置等方面提供更多的便利，三则为市场的推介活动和宣传多给予实际的支持，以帮助市场度过最困难的阶段。

本文发表于《中国水产》2009 年第 2 期

冰鲜业务对水产市场的作用探讨

冰鲜，是指海鱼捕捞上来后，不经过零度以下低温冻结处理，而是加碎冰覆盖、短期保存的水产品，俗称"热气鱼"。相对冻品（经过零下18度及以下低温保存的水产品），冰鲜因其肉质细嫩新鲜而更受消费者，特别是南方消费者的欢迎。一年中，除了禁捕期外，冰鲜在南方沿海地区的消费量大大超过冻品、活鲜。

由于淡水鱼产地与消费地距离一般较近，淡水鱼从捕捞到消费的时间相对较短、淡水鱼活鱼运输成活率较高而成本又较低，因此淡水鱼消费者大都喜欢吃活鱼而不喜欢吃死鱼；由于许多海水鱼大都脱水就死，海水鱼产量消费量很大，海水鱼产地与消费地距离较远，从捕捞到消费的时间较长，海水鱼活鱼运输储存的成活率较低而成本又很高，因此，冰鲜中绝大部分是海水鱼。

冰鲜的历史很悠久，据宋代范成大编撰的《吴郡志》记载：南宋乾道、淳熙年间（公元1170–1174年），上海地区当时就已经使用天然冰保存水产品了，"沿海大家始藏冰，悉以冰养，鱼遂不败"。也就是说，距今800多年前就有冰鲜了。到了清代，鱼贩已经广泛采用天然冰对水产品进行保鲜，而现在冰鲜对手交易（现金、现货、一对一）的交易方式，也存续了几百年的历史了。

大型专业水产市场，一般包括冰鲜、冻品、活鲜、加工品、干货、贝类等水产品的批发零售业务，由于它们具有各自不同的特点，其对水产市场的意义也各不相同。

由于海水鱼的消费量很大，特别在我国南方消费需求更大，而海水冰鲜又比海水活鲜的品种多价格低，因此，冰鲜业务对大型专业水产市场的影响很大。可以说冰鲜业务经营的好坏，直接关系到水产市场的成市兴市进程。

本文拟从减少投资风险、降低运行成本、提高市场人气、缓解经济危机冲击、潜在市场风险等方面，探讨发展冰鲜业务对水产批发市场的作用。

一、减少投资风险

任何项目的投资，都存在风险，大型专业水产市场投资也概莫能外。冰鲜、冻品、活鲜、加工品、干货、贝类等水产品，由于其在投资大小、建设周期长短方面差异极大，因而他们所面临的投资风险也不一样。

水产市场经营冻品、活鲜、加工品、干货等水产品，最起码要建设商铺，其中，冻品和活鲜业务的投资最大。除了经营加工品、干货等必需建设固定商铺外，冻品业务还要投资建设冷库，活鲜业务还要投资建设鱼缸和暂养池。而冰鲜业务，只要上有遮阳避雨周边有挡风的大棚，下面在经过硬化的场地上划出大小不同的车位、摊位位置即可，投资相当少。

投资较大的冻品等业务，一则增加了投资期资金筹措的难度和成本，二则加大了对收入的预期，造成经营上的压力，而这些都将不可避免从物质和精神两方面加大投资风险。而投资较少的冰鲜业务，则经营压力相对较少，投资风险自然就很小。

除了投资上的巨大差异外，在建设周期上，经营冻品、活鲜、加工品、干货等水产品所必需的建筑物和设施设备的建设安装周期相对于经营冰鲜所需建设的大棚场地要长得多。

现代社会，发展变化的速度非常快，冻品等业务，由于建设内容较多，建设周期较长，这样就会增加许多不确定因素，加大投资风险；而冰鲜业务，则建设周期较短，这样，绝大部分因素都可以预估并控制，进而最大限度地规避投资风险。

基于上述原因，我们认为大型专业水产市场，发展并做好冰鲜业务，是减少整个水产市场投资风险的有效手段。

二、降低运行成本

水产市场，管理相对比较粗放，因此，日常运行中，管理成本较低而经营成本较高，它的日常运行成本主要由以下几方面构成：人员工资福利、折旧费、水电费、利息支出、经营设备设施修缮费用、宣传费等。

经营不同类型的水产品，其成本构成及其高低差异很大。

经营冻品业务，日常的运行成本比经营活鲜、加工品、干货、贝类、冰鲜等其他水产品都要高：冻品的前期投资最大，因此，折旧费、投资利息支出很大且在其运行成本中所占比例很高。冷库日常运行所需很高的水电费和设备维修费，也相当程度上加大了冻品业务的运行成本。冷库业务，用工数量较大且需要一些专业技术人员，如调度员、核算员、制冷工、压缩机工、铲车司机、电梯工、电工、修理工等，用工成本明显偏高，且这些工种一般使用本地人较多，这就导致社会福利保险开支增加，从而进一步增加了用工成本。

经营冰鲜业务，日常的运行成本比经营冻品、活鲜、加工品、干货等其他水产品都要低：由于其建设投入很少，因而折旧费、投资利息支出、设备维修费很少，几乎可以忽略不计。冰鲜业务管理简单粗放，需要的管理人员很少，层次也不高，故用工成本较低。冰鲜交易如在白天进行，照明用电很少。冰鲜交易后产生的有机无机垃圾较多、味道也较重，场地保洁的用水和用工较多。但总体而言，日常运行成本很低。

一个大型专业水产市场，其收入来源主要是：商铺租金收入、冷库租金和冻结及装卸收入、冰鲜车位摊位收入、停车收入、物业管理收入等，其中，商铺租金收入和冷库及其相关收入，在整个水产市场收入构成中所占比重很高，但开支也很高；而冰鲜摊位收入相对冻品来说要少得多，但开支更少，它对降低整个水产市场的运行成本，具有重大的积极意义。

综合评估水产市场各类业务的投资效果，冰鲜业务的投入产出比最高，贝类次之，干货、加工品再次之，活鲜又次之，冻品最低。

三、提高市场人气

人流量、人气，对所有批发市场来说都是至关重要的，人气高则市场旺、人气低则市场清，人气衰则市场败。一个大型专业水产市场，在培育期，最需要的就是人气。有了人气，就能提高交易量；有了人气，市场客户就有了信心；有了人气，市场的影响就会迅速扩大。因此，新建的批发市场在经营初期，必须想方设法提高市场人气。

提高水产市场人气有许多办法，诸如加大硬广告投入、增加软文宣传、创办高质量市场网站、组织召开水产品相关论坛、水产品知识竞赛、水产品摄影绘画比赛、水产品烹饪加工比赛、水产品大型展销会、专地专品水产品推介会等活动。但这里，我们将从不同类型水产品对市场积聚人气的差异角度来考察分析。

水产市场所经营的冰鲜、冻品、活鲜、加工品、干货、贝类等水产品，由于其本身的特点、交易的时间、交易的对象等要素各不相同，对聚集市场人气的能力差异很大。

冰鲜，由于肉质细嫩新鲜、价格相对比较低廉（除进口冰鲜产品外）而受到消费者的广泛欢迎，到市场采购冰鲜的既有菜场的零售商，也有企事业机关和酒店餐馆的团体采购者，更有人数众多的个人消费者，对象面广量大，集聚了相当的人气。

同时，冰鲜由于每天进货、保鲜时间短、每天货品的品种规格价格差异较大、对手交易等原因，决定了交易时间短、采购人多数亲自前来选购等特点，这样，也就导致冰鲜业务能集聚起较高的人气。

相比之下，冻品的一次进货多次消费，交易时间不像冰鲜、贝类等水产品那样集中。冻品包装大都比较规范标准导致市场批发商以配送为主等特点，使冻品在集聚市场人气方面，明显逊色于冰鲜、活鲜和贝类。一个没有冰鲜业务或冰鲜业务做得不好的水产市场，如果活鲜和贝类业务再做得不好，这个水产市场就缺乏人气支撑，冻品业务会持续萎缩，冻品客户尤其是高端客户会首先流失，这样的水产市场是不可能办成功的。

总体而言，水产市场中，不同类型水产品集聚市场人气的能力，活鲜最高，其次就是冰鲜和贝类，他们大量吸引的人流、积聚的人气，对水产市场的作用很大，尤其是对新建成的水产市场缩短市场培育期、加速成市兴市，更是意义巨大。

四、潜在市场风险

天下事，有一利必有一弊，所谓成也萧何败也萧何。

冰鲜业务由于前期投资少、运行成本低，加上集聚人气能力强，冰鲜业务对于综合性水产市场市兴市作用巨大。冰鲜业务单独建市，也容易成功。

由于政府在水产市场投资准入方面、在水产市场建设审批及其建设规范建设标准没有严格制度规定，由于冰鲜业务极高的投入产出比，以致传递出错误的信号：建设水产批发市场，上面盖个棚，下面划道线，空地停停车，就可赚大钱。这样，自认为对水产批发市场特别是冰鲜业务有些了解又有点钱的投资人，不管以前干没干过，都期望分一杯羹而趋之若鹜，进入已经高度饱和竞争激烈的水产批发市场，虽前赴而后继。

而地方政府在地区财税、劳动就业等现实利益驱动下，不管自己有没有审批权限，凡谁想搞水产市场我都同意建；不管水产市场建得如何、存在多少安全隐患，我都同意开。

在此背景下，一些地方的水产市场建设严重失控，重复建设现象普遍，低水平的价格竞争在这个低端行业愈演愈烈，给水产批发市场带来了极大的风险。如果没有大量资金奖励供应商、采购商，如果没有出台一些对批发商有吸引力的租金减免优惠措施，往往开也匆匆关也匆匆，乾坤大挪移，结果，老板投资失败、员工匆匆就业又匆匆失业、采购商和供应商为获得市场的竞争奖励费而不择手段，这些后果，造成了社会资源的极大浪费，导致了商业道德的沉沦，加剧了社会不稳定因素。

现在，冰鲜业务或冰鲜市场，出现一种新动向。以冰鲜单一业务，在产地市场，一般都能独立成市，如舟山鱼市场、宁波路林市场等，因为它们主要起到将冰鲜鱼集货之后，运往各地的销地水产批发市场。内地以淡水活鲜也能成市，而且做得不错，效益很好，如苏州南环桥的同发水产市场。但是，销地的水产批发市场，现在在走综合型的道路，将冰鲜、冻品、活鲜、加工品、干货、贝类结合在一起，成为综合型水产批发市场，有的甚至和蔬菜、水果、肉、禽、蛋、调味品、副食品、粮油等结合，让前来采购者，特别是餐馆和单位伙食团能"一篮子"搞定，"一站式"采购，节约采购成本。

总的来说，冰鲜业务，对水产市场的积极作用相当明显，尤其是处于培育期的水产市场，意义更是巨大，但是，对于水产市场而言，冰鲜业务是一柄双刃剑。深入研究冰鲜业务，对水产市场经营管理者来说，永远是一个重要的课题。

本文发表于《中国水产贸易》2009年第5期

餐饮业务对水产市场作用探讨

水产市场，特别是大型销地水产市场，水产品具有数量大、品种规格多、价廉等特点。同时，我国销地水产市场，一般批发零售兼营，因此，人流量很大。上述特点，对餐饮业务来说，具有极大的成本优势、品种优势、品质优势、客源优势等，很容易成功，而餐饮业务的成功，对水产市场的培育和繁荣，意义很大。以上海为例，2010年的世博会，7000多万人到上海看世博，人流量剧增，餐饮业务特别是海鲜餐饮的需求大幅度增加，市场前景特别看好，成功的几率也更大。因此，本文就水产市场开展餐饮业务对水产市场的作用，作专门的探讨。

一、推高人气增加销售

水产市场的采购，来自五个方面：下一级批发商、单位伙食团、饭店宾馆、超市、菜场零售商、散客零售。

除产地水产市场外，我国绝大多数销地水产市场，特别是活鲜、冰鲜类水产品，大多批零兼营，特别是市场周边居民小区、企业较多的，更是如此。金融危机后，政府为拉动内需，加大交通道路建设的投入，道路愈益通畅，另外，公共交通覆盖范围的扩大和私家车保有量的增加，水产市场中零售的比重逐步增加，其在市场销售中的地位也相应提高，市场对其重视程度加大。

水产市场餐饮业务的成功开发，将带来增量的人流，因为水产市场不开发餐饮业务，这类人群中的绝大部分是不会到水产市场来的，这将最大幅度推高水产市场人气，从而增加水产市场的销售。

由于消费能力的提高以及对健康的追求，人们对水产品的消费明显增加，而且，人们往往不满足于简单的"无鱼不成宴"，而是要享受吃鱼的乐趣，于是，到批发市场，自己采购鱼后，到店里加工，既实惠便宜，又明明白白看到加工过程，不会上当受骗"挨宰"。相当多的客人在餐馆消费后，还买了其他水产品回家。这样，餐饮业务就带动了水产市场人气，带动了水产市场销售。水产市场开拓的餐饮业务对水产市场的拉动作用相当明显。

二、带动娱乐旅馆业发展

水产市场餐饮业务开发成功，必将带动水产市场休闲娱乐业务的发展。

餐饮与娱乐，是一对形影相随的"朋友"，二者的互补性相当强，补台不拆台，相互烘托共创双赢。水产市场的特色餐饮业务，将赢得相当高的人气，为休闲娱乐业务的发展创造极好的发展条件。

水产市场可以大力发展诸如卡拉 OK、舞厅、棋牌、电影、网吧、足浴、洗浴、健身等休闲娱乐项目，同时，发展旅馆业务，使酒后的消费者在"开车不喝酒、喝酒不开车"的社会大背景下，能放心地喝，放心地玩。

没有娱乐业务配套的餐饮业务，消费水平和消费档次上不去，盈利能力很难提高；反之，没有餐饮业务支持的娱乐业务，人气也不会很旺，面临的竞争也会更加激烈而残酷。

餐饮业务和娱乐业务相互依存和相互推动。水产市场应抓住餐饮业务开发成功的契机，大力开发休闲娱乐业务，达到娱乐与餐饮的共生共荣，进而使其一起进一步繁荣水产市场，共同推动水产市场的发展。

三、促进招商提升租金

招商，对任何一个市场而言，是各项工作的重中之重，它是市场生存的前提。租金，则是任何一个市场发展的基础。然而，一个人气冷清、销售清淡、客户赚不到钱的市场，老客户留不住，新客户招不进，更遑论提高租金水平。

水产市场餐饮业务和休闲娱乐的成功开发，使市场人气转旺、销售增加，将极大有利于促进市场招商工作，也为市场提高商铺租金创造了条件。

市场餐饮业务和休闲娱乐的繁荣，对活鲜、贝类、冰鲜、加工品、休闲水产食品等水产品的需求量增大，因此，市场对上述类型的水产品经销商入驻的吸引力大大增强，如果市场在招商思路和方法上加以拓展调整，加强服务，完善管理，市场将在招商工作上获得大的突破，同时，商铺的租金水平也会水涨船高。

四、充分利用经营资源

商铺，是水产市场的主要经营资源，但商铺之外的经营资源也有很多，如办公房、停车场、小工房（市场装卸人员、黄鱼车搬运人员、市场经销商聘用人员、餐饮娱乐服务人员等住宿用房）、冷藏仓库、普通仓库、交易场地等。

随着水产市场海鲜餐饮的成功开发，带来人流量和车流量的提升，带来休闲娱乐业务的拓展，带来商铺出租率的提高，这本身就提高了市场的经营资源利用率，又提高了对办公房、停车场、小工房、冷藏仓库、普通仓库、交易场地等其他经营资源的需求量和租金水平，这将从整体上提高水产市场的经营效益。同时，还可以再建设一些相关设施和建筑，以利于充分发展休闲娱乐和住宿业务，增加市场收入，增加市场竞争力。

五、推动市场腾笼换鸟

任何水产市场，起步时，招商的压力最大、困难最多。一般说来，客户对新市场都有一个了解的过程，犹豫、观望在所难免。大客户、优质客户，由于对市场的选择考虑因素多、条件要求高、内部决策流程复杂周期长，因此，虽然一般新建水产市场都会将招商重点放在大客户和优质客户上，但效果往往并不理想，难以如愿。

由于政府对市场投资建设的准入制度或缺乏或审批不严，水产市场和其他市场一样，重复建设问题突出。大量的重复建设，必然带来市场间的恶性竞争。这样，对市场而言，更多的是客户选择市场，而不是市场选择客户，因此，水产市场开业初期，为了提高出租率和市场人气，招商时，往往大小不拘，"抓到篮里就是菜"。市场初期招来的客户，小客户多、劣质客户多、投机客户多，大客户少、优质客户少，即使少量进场的大客户，大多是多个市场都进入，但每个市场投入都不大，抱有试试看的心理。

餐饮业务，能为市场带来较高的人气。市场的交易量提高了，一般客户对租金的承受能力将相应提高，市场就可以通过市场租金这个经济杠杆，腾笼换鸟，淘汰一些不能随着市场成长而成长的小客户和劣质客户，定向吸引一些业内的大客户和优质客户。另外，由于2008年开始的全球性的金融危机和国外对我国水产品安全的顾虑而导致我国水产品出口减少、水产品出口企业经营困难，也为水产市场吸引大客户和优质客户提供了绝好的机会。如能抓住时机趁势而为，结合市场布局调整，大量吸引有实力的客户，就可大大提高市场的竞争力。

水产市场开展餐饮业务，餐饮、休闲娱乐、旅馆业、水产经营，形成四者良性互动相互促进的和谐关系，对水产市场发展的推动作用非常大，而开展餐饮业务，是水产市场多元化发展战略的一个很好的切入点，也是提高市场的综合竞争力的有效途径。

在水产市场发展餐饮业务，有许多得天独厚的有利条件，但难度也较大，如水产市场的市场环境不是很理想；地理位置一般较偏僻；餐饮业务的招商、管理等有自身的特点，与水产市场本身经营管理差异很大，所谓隔行如隔山。餐饮业务的发展，还涉及市场整体布局的调整（如果水产市场建设之初没有规划的话）等问题或困难。另外，餐饮业务的发展与水产市场的发展，在培育期方面有本质的不同：市场不可能短时间繁荣，需要时间来"养"，而餐饮业务发展表现为"火爆"，如一二年间发展不起来，以后再要发展，难度极大。

所谓"术业有专攻"。为确保水产市场餐饮业务的发展，水产市场应该扬长避短，引进专业餐饮管理公司或商业咨询公司，对市场餐饮业务的发展作整体的策划，从布局（餐馆、停车场、通道、垃圾存放处、公共厕所、办公房、仓库等辅助用房等）、定位（风格、档次等）、发展步骤、形象（店招、广告位等）、招商、宣传推广、保安保洁管理等方面作全面、系统、细致的规划，以求一举成功。

本文发表于《餐饮与流通》2010年第1期

水产市场发展与物流配送

　　水产市场发展，有多种途径，有外延式发展模式，有内涵式发展模式。外延式发展模式主要是通过对水产品流通产业链中水产市场的上游和下游的延伸、通过对水产市场规模和功能的扩张、通过资本运作兼并收购其他水产市场等多种方法，使水产市场得以发展。内涵式发展模式主要是通过超前的经营理念、现代的交易方式、规范的管理制度、先进的工作手段、优质的服务内容，提高水产市场的综合竞争力。

　　两种发展模式，各有特点、各有优势，也各有运用的条件，应当根据自身的条件，两条腿走路，综合运用，使其相互支持、平衡发展，使水产市场达到又好又快的发展。

　　水产市场发展水产品物流配送，既是水产市场功能的扩展，也是水产市场服务内容的增加，兼具了外延式发展和内涵式发展的共同特征。水产市场发展水产品物流配送，是促进水产市场发展的一个很好方法，也是水产市场发展的一个很好方向。本文从水产品物流配送发展缓慢的原因、发展水产品物流配送对水产市场的作用、水产市场是水产品物流配送的核心、水产市场如何做好水产品物流配送四个方面作相关的分析。

一、水产品物流配送发展缓慢的原因

　　目前，水产品物流配送，在不同的流通阶段，表现出不同的形式：
生产场所→产地水产市场，一般由生产者（渔民、养殖户、加工商）送货到市场。

产地市场→销地市场，一般由产地的集货商委托第三方物流运输，或由生产者送货到销地市场，如浙江、江苏、福建、湖北、安徽等地的渔民或养殖户直接用渔船或车辆送货到上海东方国际水产中心。

销地水产市场→零售商（含菜场零售商、超市、餐馆、单位伙食团等），销地批发商大多自己送货和零售商自己拉货二种方式并存，也由批发商委托第三方配送。

零售商→终端消费者，由于数量较少，一般都由终端消费者采购后自己带回。

水产品物流配送发展缓慢的原因，主要有以下几点：

1. 水产品自身的特点增加了水产品物流配送难度

水产品产销距离远，活鲜容易死亡，冰鲜容易变质，包装简陋，导致水产品在物流配送过程中，保鲜保活保质的难度和成本增加。一定意义上说水产品的物流配送，是所有商品（产品）中难度最高的。

2. 水产品重量误差控制困难影响水产品物流配送的覆盖面

高端水产品由于单价很高，水产品物流配送过程中，对重量误差的控制要求很高，但是，水产品恰恰由于本身含水量较高，加上活鲜由于时间的长短对重量影响较大，重量的差异控制难度较大，第三方物流难以覆盖到高端水产品由批发市场到零售商和终端消费者。

3. 水产品配送成本控制困难影响水产品物流配送的覆盖面

水产品物流配送，经常会遇到单次数量少、品种规格多的问题，如对餐馆的物流配送，这在人工成本和燃油成本高涨的情况下，配送成本难以控制，从而影响了第三方物流介入水产品物流配送，特别是水产市场到零售商和终端消费者的物流配送。

4. 水产品经销商的特点影响了水产品物流配送的发展

我国水产品经销，与发达国家有严格的准入制度不同，从事水产品经销，没有任何门槛，水产品经销商数量多、规模小、实力弱、素质低，70%左右都是"夫妻老婆店"模式的个体户经营。特别是贝类、活鲜、冰鲜（进口高端活鲜和冰鲜除外），一些经销商甚至连个体户经营执照都没有。水产品经销商的这些特点导致水产品经销的零星、分散、小批量、恶性价格竞争以及信息化程度低带来的信息传递方式落后低效等后果，大大制约了水产品物流配送业务的发展。

5. 水产品物流配送投入不足

如前所述，水产品自身的特点，对水产品物流配送所需设施设备要求较高，然而，我国的水产品物流配送，由于投资较大，专业设施设备恰恰比较缺乏，如专业活鲜运输设备、冷藏运输设备，更多的是相当原始的常温或常温加冰运输。

6. 水产市场没有参与水产品物流配送

现阶段，我国水产市场的功能大都较少，组织化程度较低，仅仅是作为提供水产品交易的场所。由于当前阶段水产市场在水产品流通中处于核心的地位，缺乏水产市场的参与，必然极大影响水产品物流配送业务的发展。

二、发展水产品物流配送对水产市场的作用

这是一个很有意思问题，一方面，发展水产品物流配送对水产市场的开拓具有积极意义，另一方面，水产品物流配送的发展有可能"消灭"传统的水产市场。这如同自然界中的许多生物一样，我养育了你，但最后你将我消灭了！小海虱在妈妈的体内孕育，却要咬破妈妈的肚皮才能诞生，也就是说小海虱的新生是以妈妈的生命作代价的。水产市场培育了水产品物流配送，水产品物流配送的发展，一定伴随质量等级化、重量标准化、包装规范化的实质性进步，而二者的发展，必然推动产销直挂、电子商务等营销方式的发展，必然减少流通环节，减少大量中小批发商，传统水产市场将因此逐步消亡，所谓的"革命革到自己头上"，但这是社会的进步！

水产品的消费量在不断增长，但通过水产市场流通的水产品数量没有同步增加，一些水产品，特别是养殖水产品（可以控制上市数量）、进口水产品、冻品，以产销直挂等方式，绕开水产市场直接销售。由于这种流通方式减少了中间环节，能提高流通效率、降低流通成本，产销直挂在水产品流通中的比重将越来越高，水产市场在水产品流通中的地位将逐步下降，甚至被边缘化，美国农副产品交易中仅有20%-30%的

商品（产品）通过批发市场流通的情况也说明这将是一种趋势。

面对水产品流通的变革趋势，作为水产市场，我们有两种选择：一种是等待自然消亡，另一种是迎接新生。

水产品现有的流通方式为：生产商（养殖、捕捞）→产地水产市场→销地水产市场→零售商（含菜场零售商、超市、餐馆、单位伙食团等）→终端消费者。随着养殖、捕捞生产领域的规模化经营，随着流通领域经销商的优胜劣汰，生产商、经销商的数量将会减少，大体量的生产、经销规模不断增加，产销直挂是水产品流通的发展趋势。这样，水产品流通方式演变为生产商（养殖、捕捞）→零售商（含菜场零售商、超市、餐馆、单位伙食团等）→终端消费者。

如今，我们未雨绸缪，变被动等待"消亡"为主动出击，在水产品流通变革的过程中，化不利因素为有利因素，充分利用现有大量的生产商、批发商、零售商集聚的优势，广泛收集并整合水产生产商、批发商、零售商乃至一些终端消费者及其水产货源、水产运输专业单位等相关的信息，借助现代交易方式、先进经营管理手段，大力发展水产品物流配送，促进水产市场业务的重大调整，吸引有实力的优质水产品经销商和加工商，培育自营业务和其他增值业务，主动把握水产品流通方式的转变，从整体上提高水产市场竞争力，努力实现水产市场又好又快的发展，实现社会效益和经济效益的和谐统一，既是可能的，也是必要的。否则，等待着传统水产市场的，必然是逐步萎缩乃至消亡。

具体而言，水产品物流配送对水产市场实现又好又快发展的作用，有以下几点：

1. 提高市场辐射范围

政府在水产市场设立审批时，由于没有规范的行政规章可以参照，也没有严格的监管流程，更多的是相关官员的自由裁量权，也由于有些地方政府出于增加劳动就业机会和增加财税收入的考虑，水产市场呈现过多过滥的现象，导致水产市场过度竞争、恶性竞争。

水产市场过度竞争，必然使各个市场的辐射范围缩小，发展物流配送，就是在不作较大投入而扩大本市场规模的情况下，扩大本市场的辐射范围，这样，对水产市场而言，提高了竞争力；对水产经销商而言，增加了销售量，降低了经营成本；对水产终端消费者而言，减少了采购的经济成本和时间成本。

2. 完善健全水产市场功能

我国现有水产市场，大都仅仅作为提供水产品交易场所而存在，很少有其他功能。水产市场发展物流配送业务，将加速水产品流通速度，培育相关增值服务业务，推动统一结算乃至电子商务的发展，增强水产市场功能，促进传统水产市场向现代水产市场的转化。而现代水产市场往往具有水产品集散、资源配置、价格形成、交易结算、信息中心、鱼文化主题会展、综合服务等功能，使水产市场成为组织化程度较高和功能较齐全的市场形态。

3. 有利于掌控水产品货源

由于美味、营养、安全、健康，由于社会消费能力的提高，我国水产品的消费量逐年提高，但野生水产品的捕获量却逐年减少。在"僧多粥少"情况下，紧俏水产品货源的掌控能力，是判断水产市场竞争力高低的重要标准，这在节假日尤其如此。水产市场如果发展水产品物流配送，对销地水产市场而言，将产地水产市场和进口水产品到销地的水产品物流业务抓在手中，就意味着掌控了水产品货源，确保本市场的水产品品种齐全，确保本市场在销售旺季紧俏水产品的货源供应，这样也就确保了本市场在区域内的龙头地位。

4. 提高经营资源和设备设施的利用率

水产市场发展物流配送业务，一个重要的作用，就是可以大大提高经营资源和设备设施的利用率，如提高商铺和其他经营资源的出租率和租金水平，提高仓库、冷库的储存量和周转次数，提高停车场地的利用率，提高与物流配送相关的其他设备设施的利用率。通过提高经营资源和相关设施设备利用率，可以从整体上提高水产市场的经济效益。

三、水产市场是水产品物流配送的核心

发展水产品物流，需要具备一定的条件，否则，就很难实施，而水产市场，就具备了发展水产品物流的很好条件。

70% 以上的水产品通过水产市场进行流通。根据政府相关部门和

相关行业协会统计，近几年来，比重虽然有所下降，但在目前及以后相当一段时间内，水产市场依然是我国水产品流通的最主要场所，这就为水产市场发展水产品物流配送创造了基本的条件。

水产市场拥有客户多、交易量大、需求稳定的优势。由于水产市场是水产品流通的主要场所，水产市场集聚了大量的各种类型的大大小小的水产品生产商和经销商，他们为市场形成了稳定的供求关系和大量的交易量，他们就是水产品物流配送的主要服务对象。如要在水产市场之外寻找这些客户资源，则需要投入更多的人力、物力、财力，需要花费更多的时间。

水产市场一般拥有发展水产品物流配送所需设施设备。作为提供水产品交易的场所，停车场和冷库、普通仓库是必不可少的。我国有一些新建的水产市场，设施比较完善，如上海东方国际水产中心，拥有几万吨级的冷库、上千吨级的码头和完善的通信网络平台等硬件设施，而这些设备设施，恰恰是发展水产品物流配送所必需的。

水产市场一般拥有发展水产品物流配送所需的服务业。制冰业务在水产市场必不可少，氧气、海水晶、水泵、包装物等耗材和小型器材在水产市场也有供应，有些水产市场还有货物打包、托运代理等业务。上述业务，也是发展水产品物流配送所必需的。

综上我们不难看出，水产市场是发展水产品物流配送的核心，或者说，水产市场有着发展水产品物流配送业务的得天独厚的有利条件。

四、水产市场如何做好水产品物流配送

1. 认真做好市场调研

开展水产品物流配送，一项重要的准备工作就是做好深入细致全面的市场调研。事实上，市场经济条件下的任何经营行为，都必须做好市场调研工作，任何拍脑袋或根据狭隘经验的工作方式，在纷繁复杂多变的信息时代，永远不可能获得成功。

市场调研，重点调查在本市场产地供应商、加工商、批发商、到本市场的采购商（菜场零售商、超市、餐馆、伙食团等）、各自的水产品种及其经销规模、物流方式、物流成本等。

在做好市场调研的同时，根据水产品物流配送的需要，应对水产品属性、客户类型、水产品运输属性进行合理分类。水产品属性可以有很多种分法。这里，我们从物流配送的角度，可将水产品分为冻品、冰鲜、活鲜、干货、水产礼包等；水产品客户类型，可以分为下一级批发商、菜场零售商、超市、单位伙食团、餐馆、终端消费者等；水产品运输属性，可以分为普通运输（干货）、活水运输（活鲜）、加冰运输（冰鲜）、低温运输（水产大礼包、冻品）、超低温运输等。

2. 市场实行统一结算

水产品流通过程中，商流、物流、信息流、资金流一般是分离的，同时，水产品自身的难以保活、保鲜、保质的特性，要求水产品物流配送真正做到准确、迅速。水产市场应当利用计算机应用软件实行统一结算，并与物流配送应用软件高度集成，提高水产品流转速度，减少人工重复输入数据量，减少甚至避免差错，满足水产品物流配送准确迅速的要求，从而为水产市场发展水产品物流配送创造条件。

3. 先易后难逐步推进

水产品物流配送，特别是销地市场开展水产品物流配送，如前所述，困难很多。我们推进水产品物流配送，就要先易后难逐步推进，否则根本无法起步。

就产地市场→销地市场，销地市场→外地销地市场，销地市场→零售商（菜场零售商、超市、单位伙食团、餐馆）而言，先从前二者起步，再做后者；就大宗水产品和小品种水产品，先从前者起步，再做后者；就不同属性的水产品而言，先从干货、水产大礼包、冻品起步，再冰鲜，后活鲜；就客户类型而言，先从下一级批发商起步，再零售商，后终端消费者。

4. 开设物流配送专线

根据不同类型对象的不同需求特点（品种、进货频度等）和已有委托配送客户数量多少及其分布情况，设立水产配送专线，如超市专线、餐馆专线、菜场专线、单位伙食团专线。专线设定后，针对线路发展客户，并根据情况，适时对专线作出调整（线路走向、时间、频度等）。

5. 依托信息化手段

水产品物流配送，需要实时集成各种信息，如供应商和采购商信息、水产品信息、运输工具信息、供应商到货信息、采购商送达要求信息（含限制送货时间）、道路交通等信息。

水产品物流配送，需要快速、准确、成本最低、服务最优。

水产品物流配送，是在综合上述因素的基础上，拟定出物流配送的方案：线路计划、批次计划、配货计划等。

上述工作量极大，且因素间的关联度极大，一个因素的变动会导致其他许多相关因素的变动，时间要求极高。所有这些，如采用人工处理，一则用工很大，成本很高，二则容易产生差错。因此，水产品物流配送，依托信息化手段是不二的选择，事实上，现在有许多成熟的物流管理应用软件可供选择。

6. 选择合作伙伴和合作方式

开展水产品物流配送，与相关单位合作，扬长避短，优势互补，可以使我们迅速起步。水产市场开展物流配送，一定不能自己搞，因为投入大、风险大、不专业，因此，要和第三方物流企业合作。

在合作方式上，也可以有两种选择：一种是业务性合作，另一种是资本性的全面合作。业务性合作，对水产市场而言，具有主动性、松散性和少投资的特点，而资本性的合作，也可以有两种办法：一是合作各方按照《公司法》的要求，成立一家有限责任公司，共同出资，责任共担，利益共享，让专业的物流公司控股，并以专业的物流公司经营管理为主；二是参股现成的物流配送公司。但两者最好都以水产市场拥有的客户资源折价入股，而不是现金入股。

在水产品物流配送业务发展起来之后，水产市场可以向水产品流通产业链的上下游延伸发展，就是开展水产品简单加工（清洗、分档、分割、包装等）业务，开展水产品自营业务。只有这样，才能使水产市场在激烈的竞争中立于不败之地，才能使水产市场在水产品流通格局发生变革时顺利完成市场转型。

本文系为江西水产系统领导培训的讲义，收录于《2010年江西省水产系统领导干部培训班材料汇编》

大型水产市场招商方法研究

　　所谓大型水产市场，指综合了冰鲜、冻品、活鲜、加工品、干货、贝类、水产休闲食品等各种水产类型的市场，而不仅仅是专业的冻品市场，或像沿海以集货为目的的冰鲜水产市场，或者内陆地区以消费淡水活鲜为主的淡水活鲜水产市场。一般大型综合性水产市场，大都位于大中型消费城市的销地市场。

　　大型水产市场，规模大，水产品种多，业务类型多，情况复杂，招商工作周期长、事项多、开支大，是一项极为重要的长期的系统工程。

　　说重要，是因为招商工作是水产市场最重要的环节，招商成败决定了市场的成败，成功的招商是水产市场成功的一半。

　　说长期，是因为招商工作是水产市场的第一个环节，更是一个持续的过程而贯穿于水产市场的全部经营期。20世纪九十年代，水产市场竞争不是十分激烈，只要招商成功，市场就算开发成功。近年来，由于传统水产市场进入门槛较低，政府在水产市场规划布局和设立审批等方面也没有更多的作为，水产市场重复建设严重，竞争日趋激烈，经销商流动性较高，招商成了长期的任务。另外，水产市场成立初期进场的经销商一般层次不会太高，因此，在市场经营过程中，为提高市场的品牌和竞争力，市场需要对经销商进行持续的分析评估，淘汰不合适的经销商，吸引品牌经销商，成为市场的经常性工作。

说系统，是因为招商工作涉及水产市场的方方面面，头绪多，故解决问题要有全局观，不能就事论事，要整合市场内部外部一切资源，兼顾各方面因素，调动各方面的积极性，周密统筹规划，做到全局一盘棋，方能成竹在胸，胜券在握。

水产市场招商方法，涵盖了招商准备、招商实施和招商评估方面的内容，本文试就这些问题作专门的探讨。

一、招商准备

1. 根据水产品特点确定经营布局

水产市场的招商准备，必须从市场设计规划就开始进行，因为招商涉及水产市场的经营布局，而水产市场经营布局的好坏，直接关系到水产市场前期的招商和及其成市兴市。水产市场的经营布局，要考虑水产品的不同特点。水产品，一般分为冻品、冰鲜、活鲜、贝类、干货、加工品、休闲水产食品等类型，不同类型水产品，其对交易场地、给排水、供电等方面的要求以及交易时间、客户群体、稳定性等有一定的差异，如冻品、干货、加工品、休闲水产食品等，具有交易时间分散且大都在白天、交易场所干净、配送比重大等特点，其中冻品有的市场允许客户在经营场所自建小型冷库；冰鲜、活鲜、贝类业务具有交易时间集中、配送服务比例低、交易产品较脏、泥多、腥味大等特点。因此，对同类乃至同一品种水产品（如海蜇等），合并到同一个经营区域，这样，信息对称，竞争充分，对采购者来说，便于选择比较，以最少的时间和最好的性价比采购到所需水产品，降低了采购成本；对市场大部分经销商来说，由于市场价格具有竞争力，更多的采购者闻风而来，总体上会增加销售；对水产市场来说，划行归市，凸显了水产市场的价格发现功能，规范了市场布局，对积聚市场人气、稳定客户以及日常的经营管理服务乃至今后的发展，意义极大。

2. 收集信息

与招商有关的信息有三类：市场信息、客户信息、当地及周边消费能力。市场信息主要是收集当地水产市场特别是构成竞争关系的市场的租金水平、收费方式、经营服务特色、服务项目等；客户信息主要是收集水产品生产（养殖、捕捞、加工）和经销商的相关信息，如品种、规模、经营方式、覆盖地域、业内地位等，尤其注意收集他们的区域分布及其领导型水产品生产经销商或水产品连锁经销商的信息；当地及周边消费能力，主要收集所在地域的人口数量、收入水平、水产品消费类型及其消费频率等。

收集信息可以通过相关行业协会（如水产渔业协会、食品生产加工协会、冷藏协会、物流协会等）、相关政府部门（如商委、农委、海洋渔业等）、专业机构（水产专业院校和研究所、相关会展公司等）、水产专业媒体（报纸、刊物、网络）等渠道了解，也可以通过相关"年鉴"资料乃至电话号簿获取信息。

如果是产地水产市场，收集信息相对比较容易，主要通过当地上述渠道收集信息即可；如果是销地水产市场，除了通过上述渠道收集当地相关信息外，还要收集主要水产品产地（海水产品主要是浙江、福建、广东、广西、海南、江苏、山东、辽宁等地，淡水产品如江苏、安徽、江西、湖北、广东、湖南等地）的相关信息；如果是集散型水产市场，除了要象销地水产市场一样收集相关信息外，还要收集水产分流地的相关信息，随着交通和资讯的发达，市场市场的集散型功能在逐渐退化。

3. 招商定位

大型水产市场，经销商的类型要尽可能齐全，才能有利于市场今后的发展。所谓招商定位是指水产市场在招商实施前，应当大致确定招商对象的基本类型及其比例，以明确招商方向、提高招商效率。按照经销商的来源地，我们可以分为外地经销商与本地经销商。一个市场，没有外地经销商市场不活，没有本地经销商市场不稳。本地经销商有客户优势，产地经销商有货源优势。按照经销商的生产贸易性质，我们可以分为生产（水产捕捞、养殖、加工）型经销商和贸易型经销商。生产型经销商一般综合实力较大，稳定性高，而贸易型经销商则经营灵活；按照经销商所经营的水产品类型，我们可以分为冻品、冰鲜、活鲜、贝类、加工品、休闲食品、干货经销商等。上述各种类型经销商之间，应当根据当地居民的需求特点，确定合适的比例，使其相辅相成，否则，会影响市场的成市速度和市场今后的稳定性。

4. 价格政策

水产市场价格政策是否合理，决定了招商的成败。价格过高，缺乏吸引力竞争力，无法成市；价格过低，市场的投入产出不匹配，导致设施和服务不到位，影响市场的可持续发展。

制定水产市场经营资源租赁价格，应该综合考虑以下各方面因素：当地其他水产市场的价格水平（新建市场应低于成熟市场）、地理位置（有地理交通优势的市场应高于无此优势的市场）、本市场所处的发展阶段（初期低，以后逐步提高）、水产品的类型（租赁价格与投资大小成正比，与客户稳定性成反比：如冻品、活鲜，市场投资和客户投资都较大，客户的稳定性和承受力较高，租赁价格可适当高些；冰鲜、贝类，市场投资和客户投资都较小，客户的稳定性和承受力相对较低，租赁价格可适当低些）、商铺的位置（位置好的商铺，可以采取公开拍卖方式，既公平又多收租金且又起到宣传造势作用）、客户性质（大客户和优质客户，示范拉动效应明显，租金可以适当优惠）等。这里着重说明一下，有些批发市场，将商铺出售或部分出售，这种办法很不可取。如果市场不能成市，需要全面调整或部分调整经营格局，那么，所出售的商铺，会成为调整的很大障碍，会因此付出很大的代价。

5. 合同准备

合同准备就是根据《中华人民共和国合同法》《水产品批发市场管理办法》、当地政府的《商品交易市场管理条例》等相关法律法规，结合本水产市场的业务特点，形成一种或几种规范的格式合同（市场建设的标准商铺及其他经营资源、客户自建或投资作过较大改造的经营资源等应准备不同的格式合同），对租赁期限、租金和保证金及其相关费用标准、支付时间及其方式、双方权利和义务、违约责任、合同的解除和终止等内容予以明确界定。

合同是水产市场与水产品经销商及其他客户之间最重要的法律契约，因此，市场在合同准备过程中，应广泛收集其他批发市场（不仅仅是水产市场）的格式合同作为借鉴，在此基础上，请专业律师，最好是请熟悉批发市场业务的律师，进行专业指导，把关审定，确保市场在与客户产生纠纷的情况下处于有利的法律地位。

6. 宣传资料

宣传资料是市场面对潜在客户的推广手册，是市场对外的宣传口径，也是市场对招商人员业务培训的基本教材之一，因此，市场要对宣传资料的编撰、设计、制作予以充分的重视。

宣传资料就是将潜在客户所关心的市场基本情况（地理位置、交通情况、市场规模、服务内容及其方式）、市场优势、发展前景、价格政策等情况加以整理，用简洁的文字、形象生动的语言、图文并茂并富有冲击力的方式予以展示，使潜在的客户能通过这份宣传资料，对市场的情况一清二楚。

7. 激励政策

激励政策就是市场为确保市场招商工作的顺利进行而制定的招商奖惩措施。激励政策应当有利于调动水产市场内部外部各种人员的招商积极性，应当根据招商者的身份区别对待。对招商职能部门，一定要分配具体的招商指标，指标要含有时间节点，指标要分解到个人，否则，无从考核。要有奖有罚，奖励标准应相对偏低；对非招商职能部门，原则上不分配指标，奖励标准要比招商职能部门略高些；对外部人员，奖励标准要比市场内部非招商职能部门更高些。

8. 人员及其培训

招商工作，是市场最重要工作。主要领导要亲自下大力气抓招商工作，设立专职招商机构，配备最得力人员，组建高素质招商团队。招商工作的组织落实、人员落实后，就要对招商团队和相关人员进行专业培训，因考虑到招商工作需要人人参与，因此，最好全员培训。培训内容主要是信息收集、招商政策、合同内容、违约处理、风险规避机制、合同主要条款的修改权限、招商奖惩制度等。在此同时，也应对相关的沟通技巧、客户心理、营销策略及其手段、礼仪知识、水产品基本知识等方面的内容作针对性的培训，提高招商人员的实战能力。

9. 制定计划

凡事预则立，不预则废。招商工作要想取得成功，同样需要"预"。这里说的"预"，就是针对上述招商工作，应当制定推进计划。

招商工作计划要分类分项。细节决定成败，细致的分解是工作计划能否执行以及执行好坏的前提，而能否作全面细致的分解，体现了管理者的工作能力。招商工作计划要有目标，目标要分阶段，目标要确定时间节点，目标要尽可能量化，实在不能量化的，也要有清晰的定性描述。招商工作计划要有责任部门和责任人、配合部门和及其人员。

要通过对招商工作的分解和实施进度的制定，使招商工作做到目标落实、标准落实、时间落实、部门落实、人员落实。这样，责任边界清晰，杜绝推诿扯皮，便于检查，便于考核。

二、招商实施

招商实施就是统筹招商方法，要主动出击，不能坐等客户上门；要多管齐下，不能光靠关系招商。下面就招商实施过程中的方法问题，作具体探讨。

1. 整体招商

整体招商，是指通过对因城市改造而需要动迁的水产市场的管理方或该市场的主要客户做工作，促成该市场整体搬迁到自己市场。这种招商方法，与其说是方法，倒不如说是机遇，可遇不可求。以上海东方国际水产中心为例，该市场从 2007 年初完成建设到 2008 年底，基本形成市场格局，就得益于这种方法。

首先是整体招商了上海也是全国历史最悠久的水产市场——江浦路市场。该市场是上海最大的冻品市场，因城市改造，需要整体拆除。由于江浦路市场股东是上海东方国际水产中心的上级单位，且上海东方国际水产中心拥有上海其他水产市场所没有的冷库（规模达 2 万多吨）和二个市场距离较近的优势，江浦路市场 400 多家冻品客户的招商工作进展顺利，基本无一流失，整体搬迁到上海东方国际水产中心。

其次是整体招商了上海规模最大的冰鲜市场——恒大塘桥市场。该市场位于上海世博会建设区域，需要整体拆除。当时参与竞争的市场很多，恒大塘桥市场经营管理方先后在上海奉贤区、松江区设市，没有成功。上海东方国际水产中心利用已有 400 多家冻品客户的优势，将原恒大塘桥市场的大部分冰鲜客户吸引过去。

再次是整体招商了主营淡水鱼的上海国泰市场。该市场原先租用的地方，房东要调整产业结构和经营方向，不再续租，客户需要寻找新的经营场所。上海东方国际水产中心与国泰市场距离很近，并已有400多家冻品客户、200多家冰鲜客户的优势，于是，将国泰市场近200家淡水活鲜客户收入囊中。

第四是整体招商了上海最大的贝类市场——秦皇岛路市场。该市场位于上海虹口区与杨浦区交界地利位置较好的成熟商业区，由于政府商业布局调整，需要整体拆除。该市场距上海东方国际水产中心较近，加上上海东方国际水产中心前期三次整体招商的累积效应，市场基本成市，虽竞争相当激烈，但100多家贝类客户还是有惊无险地进一步壮大了上海东方国际水产中心的阵容。

第五是整体招商了上海最大的海蜇市场——十六铺市场。该市场位于上海的外滩。外滩十六铺在相当长时间内是上海的重要水上门户，也是上海的脸面。根据规划，外滩将变身为上海的"香榭丽"，海蜇市场的搬迁是必然的。上海东方国际水产中心充分利用已有上海最大的冻品、冰鲜、贝类的优势，轻松拿下十六铺市场，近80家海蜇经销商入驻上海东方国际水产中心。

这种招商方法的特点是一旦成功，就意味着一个新的市场初步成市，这就导致许多人都想染指，竞争的激烈程度可想而知。

这个案例，从反面说明，如果当地没有老市场要拆除或搬迁，要建成一个新市场，要想成市，很难！所以，新建市场，不管是什么类型的批发市场，一定要小心。

2. 宣传招商

宣传招商，就是通过分析本市场的特点和优势，策划撰写各种文章，进行软性宣传。

水产市场，与民生息息相关，运作得好，能提高市民的生活质量和健康水平，能降低市民的生活成本，能增加政府在市民中的美誉度；因此，通过官方媒体，将水产市场的优势与民生话题结合进行充分的宣传是可行的。而通过官方媒体进行软性宣传，对水产市场而言，不仅宣传效果好，宣传成本也低。

3. 广告招商

软性宣传招商，有可信度高、成本低的优势，但也有局限性，毕竟，招商必须告知的一些纯属商业信息，很难通过官方媒体的软文发布，因此，采用一定的商业广告招商，也是必须的。

投放商业招商广告，选择媒体很重要。一般而言，选择媒体的原则，一是考虑性价比，力求以最少的广告投入，产生最好的广告效果；二是受众的针对性（窄告），水产市场招商广告的主要受众是水产经销商，因此，选择投放广告的媒体，除了选择发行量大社会影响大的媒体外，主要选择一些水产市场受众比较关注的专业媒体，如《中国水产贸易》《中国批发市场》《水产市场导刊》，以及相关的专业网站等。

4. 招商会招商

召开专门的招商会，这是一种传统而有效的招商办法。水产市场的招商会，可以在市场所在地开，也可以在水产品主要产地开。

召开招商会，关键的工作是邀请潜在的客户。潜在的客户在哪里？在本地其他水产市场和广义的农产品市场，在水产品主要产地。邀请哪些客户？水产品经销商很多，不可能全部邀请，我们要选择一些业内有实力的、有影响的、有人脉的经销商，经销商的各个产地、各种类型（冻品、冰鲜、活鲜、贝类、加工品、休闲食品、干货等）都要有代表性经销商参加。

招商会的会务准备也很重要，会议场地预定及其布置、会议议程、会议资料、发言稿(PPT)、礼品、代表性客户发言、首批客户签约仪式等，一定要预先安排妥当，方能取得良好的效果。

5. 专业会议招商

利用各种专业会议招商，针对性强，成本较低，效果也较好。全国每年各种渔业博览会、水产渔业论坛、水产品产销对接会、水产品展销会等有许多，参加上述专业会议的，除政府相关部门、相关专业协会、相关专家外，更多的是有实力有影响的水产品经销商——水产市场招商的目标客户。

在上述专业会议上，可以借台唱戏，以参展、参加活动、派发招商资料等方式，宣传介绍市场，发布招商信息，与潜在客户深度沟通。

6. 协会招商

通过相关的行业协会招商，往往能起到事半功倍的效果。市场所在地的水产渔业协会，全国性的相关协会，如中国水产品流通加工协会、全国城市农贸中心联合会等，我国主要海水产品产地如浙江、福建、广东、广西、海南、江苏、山东、辽宁等地的水产渔业协会和主要淡水产品省份，如江苏、安徽、江西、湖北、广东、湖南等地的水产协会，这些机构对水产市场所需要的潜在客户比较熟悉，有规模的、有实力的、优质的水产品养殖户、加工商、经销商往往是上述协会的会员。通过他们，向潜在的市场目标客户定向的、有针对性的发布招商信息，招商效率好、成功率高，招商成本也较低。

7. 关系招商

通过水产行业内有影响、有广泛人脉资源的资深人士开展招商，这也是一种传统的但不失为行之有效的招商方法。这些人士，对水产行业、对各地水产市场、对水产行业内的企业都相当熟悉，人脉广泛，对客户也有一定的号召力，如能延请这些人助阵招商，效果往往不错。

另外，通过已入驻客户进行招商，也是一个行之有效的办法。已进入市场的客户深知水产市场的优势在于客户多规模大能聚市兴市，他们帮市场招商，本质上也是帮他们自己。水产市场客户，地域特色很明显，市场客户招商，一般从他们的同乡、朋友入手，这样往往成功率相当高。

8. 通信招商

通信招商，是通过从电话号簿、专业协会、网站、媒体广告等渠道收集到潜在客户的联系方式后，通过电话、传真、邮寄、E-mail 等方式，将招商信息告知特定的潜在客户。这种方式的特点的海量、小概率、低成本。

三、招商评估

招商评估就是在招商过程中，对招商实施方法的有效性不断进行检讨总结，对招商中遇到的问题不断进行分析，根据招商的实际情况，根据市场间竞争的情况，作出必要的调整和改进。招商评估调整，主要从以下几方面着手：

1. 招商方式

上述列举的八种招商方式，可以各自单独使用，更多的需要组合使用，才能形成强有力的组合拳，才能取得更好的效果，但不管如何，都要从成本、效果、效率等角度对其进行评估，从而找到最适合本市场的招商方法。

2. 经营布局

水产市场设立之初，对市场布局一般都有规划，但招商的结果与预期总会有一定的出入，同时，市场运作过程，与原来的设想也会产生差异，市场的目标，随着内部情况和外部环境条件的变化，同样会出现相应的变化，因此，必须根据动态变化，对水产市场的经营布局进行评估，并作出适当的调整。

3. 价格政策

招商正式实施前，会确定市场各种经营资源的租赁价格。因为招商是一个长期的过程，存在于水产市场的整个生命周期。市场不同的发展阶段（初创期、成长期、兴旺器、衰退期），租金水平必然不同；同类市场租金水平的变化，也必然会导致本市场租金水平的变化，因此，价格政策的不断评估不断调整是必须的。

4. 租赁时间

水产市场在不同的发展阶段，租赁时间会不一样。一般说市场初创期，客户刚入驻市场，改建投资较大，如冻品客户往往会自建小型冷库，活鲜客户往往会自建鱼缸，如果合同租赁时间过短，客户担心较大，市场的吸引力就小，因此，初创期的水产市场，合同租赁期一般比较长。市场经过发展，进入兴旺期，合同租赁期可以适当缩短，便于及时调整租金水平，便于及时调整客户，腾笼换鸟，引进更多高端客户，以进一步提高市场的经济效益和竞争力。

5. 客户类型

随着市场的发展，对市场经销商进行评估并作出相应的调整是必须的。水产市场初创时，生产型（水产捕捞、养殖、加工）经销商、有实力贸易型经销商一般不多，更多的是小规模的贸易型经销商、个体户，而市场的竞争力影响力是要依靠优质经销商、特色经销商支撑的，因此，腾笼换鸟的调整是必须的经常的。同时，经营不同类型水产品的经销商（冻品、冰鲜、活鲜、贝类、加工品、休闲食品、干货）的数量比例，一定要根据市场交易情况，进行分析评估，作出恰当的调整，以加快市场的发展。

本文发表于《中国批发市场》2010 年第 5-6 期

通货膨胀对水产市场影响
及其对策研究

2010年以来，水产品主要是海鲜价格出现持续和较大幅度的上涨，如规格为每条250~400克的东海冰鲜鲳鱼和规格为每条350~500克的东海冰鲜带鱼，每500克的批发价，上海东方国际水产中心去年1月28日分别为75元和23元，今年1月28日分别为100元和34元，涨幅分别为33.33%和47.83%，规格越大，涨幅越大。

水产品价格上涨，供需失衡是较为主要的原因：一是供给减少推高价格。过渡捕捞导致海洋水产资源式微，产量锐减，海鲜供应量特别是目前科技水平下无法养殖的海鲜供应量减幅较大，如鲳鱼、带鱼、小黄鱼等消费者很喜欢的水产品。这是一个趋势性变化，在海洋生物科技没有重大突破前，无法改变。二是需求增加推高价格。水产品特别是海鲜，与肉类产品相比，对人类的营养健康更有利：蛋白质含量高质量好，易为人体消化吸收；脂肪含量低，有一定的防治动脉粥样硬化和冠心病的作用；无机盐含量比肉类多，主要为钙、磷、钾和碘等，因此，水产品的消费量总体上呈现不断增长的趋势。

除供需失衡外，推高水产品价格最主要和最直接的原因是通货膨胀。2010年以来，与水产品生产（捕捞、养殖、加工）、流通相关的燃油价格、鱼药、鱼饲料、人工成本、物流成本等均有较大幅度的提高，同时，水产品的替代消费品——广义上的其他农副产品如肉、禽、蛋等，涨价也较大。这些，都推高了水产品价格。

通货膨胀，对水产业整个产业链的每个环节都有影响。这里，仅就通货膨胀对水产品流通中的水产市场的影响以及水产市场的应对方法，作一些分析研究。

一、通货膨胀对水产市场的影响

通货膨胀，对水产市场的影响，是全方位的。由于其推高了水产品价格，由于其增加了水产市场经销商和水产市场的经营成本、服务成本、管理成本，这就必然会对水产经销商和水产市场的利益空间产生负面的影响，必然会对水产品销售产生负面影响，也必然会导致水产品流通方式的变革。

1. 水产品价格上涨销售下降

众所周知，充分竞争的市场经济条件下，商品的价格，决定了商品的销售量，价格越高，需求越小。通货膨胀拉高了水产品的价格，而普通消费者的收入增速又跟不上通货膨胀的速度，这就直接导致水产品销售的低迷。以上海为例，2010年世博会的7000万参观人数，让上海的水产经销商充满期待，然而，除少数水产经销商外，绝大部分水产经销商的营销业绩大大低于预期。水产品销售的低迷，在水产品销售的传统淡季，即每年春节以后的约二个月时间和每年的6–8月份三个月时间，表现尤为明显。

2. 经销商获利减少风险增加

水产品价格上去了，销售量下跌了，而水产经销商的营运成本却不因为销售量的减少而降低。通货膨胀，提高了经销商的经营成本。同时，水产品的价格提高，意味着经销商需要更多的流动资金，这就增加了他们的融资难度和融资成本。随着政府为应对通货膨胀而采取的信贷紧缩和提高贷款利率政策的进一步实施，水产经销商的融资难度和融资成本将更高。这对他们中的资金需求量较大的冻品经销商和进口商来说，经营压力很大。这些，都在很大程度上弱化了水产经销商的盈利能力。总体而言，大多数水产经销商的经营效益，2010年比2009年要差。

3. 水产市场收入难涨开支递增

传统水产市场的收入，主要来自经营资源（商铺、办公房、住宿房、配套房、普通仓库、冷库、码头等）的租金收入、装卸收入、冷库的预冷收入、停车收入等。传统水产市场的营运成本，主要由人力资源成本、水电费、维修养护费、保洁费、折旧费、外包服务费等构成。

通货膨胀，加剧了水产市场之间已有的低层次同质化竞争，水产市场各种收费项目很难涨价。相反，水产经销商80%以上是个体经营，小本经营难以抵御通货膨胀带来的生意清淡，一些小规模个体水产经销商或歇业、或几家合租商铺租。上述情况，都使水产市场的经营收入难以增加。

然而，通货膨胀，却使水产市场的人力资源成本、水电费、维修养护费、保洁费等主要费用全面上扬，经营、服务、管理费用等营运成本增加。

4. 改变水产品流通方式

我国水产品流通方式比较传统落后，流通环节过多，流通成本过高，通货膨胀则进一步增加了水产品流通成本，而降低水产品流通成本最有效的办法就是减少中间环节，这也是现代水产品流通发展的方向。

传统的水产品流通是：生产（捕捞、养殖）→产地水产市场（产地集货商）→销地水产市场（一个以上的批发商）→零售商（菜场零售商、超市、餐馆、单位伙食团等）→终端消费者。其中，销地水产市场，有在同一市场内做"搬砖头"生意的以零售为主的"太阳贩子"，也就是说，水产品从生产到最终消费，中间有三到五个流通环节，这样，流通环节多了，流通效率低了，流通成本高了。

减少中间环节后的流通方式可以有以下几种：

第一种是生产商（渔民、养殖、加工商）→产地水产市场（产地集货商）→销地水产市场→零售商（菜场零售商、超市、餐馆、单位伙食团等）→终端消费者。这里，形式上看流通环节没有减少，但是，这里的销地水产市场，只有一个中间商参与。

第二种是生产商→销地水产市场（或产地水产市场）→零售商（菜场零售商、超市、餐馆、单位伙食团等）→终端消费者。

第三种是生产商→销地零售商（菜场零售商、超市、餐馆、单位伙食团等）→终端消费者。

通货膨胀压力下，水产品流通方式的第一种改变基本可以较容易地自动实现，第三种改变在可以预见的将来很难实现，第二种改变，借助物流配送和电子商务不难实现。

二、水产市场应对通货膨胀的方法

1. 加强市场调研，创新工作思路

通货膨胀，就水产市场内部而言，由于市场经销商生意难做，市场方面提升租金水平的可行性不大，或者说提升租金水平的空间不大，而市场运行成本加大，经营效益滑坡；就水产市场外部而言，为提高经营资源出租率，争取更多客户进入市场或留住市场客户，水产市场间的招商竞争将更加激烈。在此背景下，水产市场应当大力开展市场调研，掌握水产行业动态，跟上发展趋势，学习他人长处弥补自己不足，了解客户需求帮助客户解困，从而为摒弃粗放型工作方法、提高经营服务管理水平、提高水产市场竞争力打下基础。

市场调研可以从以下三个层次展开：

其一，调研本市场客户。通过调查问卷、随机走访、恳谈会、研讨会等方式，加强沟通，了解客户对市场在经营、服务、管理方面的意见建议，改进市场工作；总结推广市场中经营管理有方的经销商的经验，评选优秀经销商，通过各种方式对外宣传，提高水产市场及其场内优秀经销商的社会知名度；了解客户在通货膨胀背景下持续经营的思路设想，尽市场所能，配合客户扶植客户，为客户做大做强创造条件。

其二，调研其他水产市场和其他专业市场。通过对其他水产市场和竞争对手的调查摸底，做到知己知彼，将其与本市场进行详细的对比研究，分析各自的优势和劣势，消化吸收人家的长处，扬长避短。不同专业的批发市场，因其经营内容不同而有所区别，但在招商方法、客户管理、物业管理、安保管理、停车管理、人力资源管理、财务管理等方面，具有更多的共性。总体而言，各类专业市场中，水产市场的经营服务管理比较落后，因此，通过对其他专业市场上述各方面的考察学习，更有助于拓展视野，更有助于创新经营、服务、管理的理念和方法，提高自身的综合竞争力。

其三，调研水产行业。对水产行业的调研，着重了解水产行业的发展动态和发展趋势，着重了解政府对水产行业的政策导向，着重了解水产行业中的水产品经销（含水产进口）大户和水产品生产加工贸易一体化的客户。通过对上述方面的调研，确定或调整自己的发展方向，锁定自己的发展目标。

2. 巧用软性宣传，提高社会影响

众所周知，软性宣传较之硬性的广告宣传，开支少效果好。水产市场经营的水产品，是重要的农副产品，关系到民生问题，政府和媒体一直非常关注，特别是在通货膨胀引发水产品较高幅度涨价期间，更为重视，这是水产市场以较少的开支开展软性宣传的有利条件。

软性宣传，从水产品的民生话题切入，围绕提升水产市场的社会影响和品牌知名度展开，最终达到增加水产品销售的效果。

软性宣传，可以开展形式多样生动活泼的水产品展示展销活动，如各种产地（国别的、地区的）和各种品种的水产品推介活动、各类鱼文化活动、水产品烹饪比赛、水产品安全以及营养知识讲座等活动。可以通过各级各类媒体和载体，广泛宣传这些活动，同时，发布水产品价格信息及其行情分析，使更多的人了解水产行业、了解水产市场、了解水产品。

3. 拓展零售项目，培育特色业务

通货膨胀，导致水产品价格上涨，使批零差价拉大。消费者为了减少开支，到批发市场直接采购水产品，如上海东方国际水产中心，在2011年元旦到春节期间，人气剧增，特别是双休天，邻居、同事、亲戚、朋友等，自发结伴而来，或临时组合，"小团购"比比皆是，该市场水产品销售数量直线飚升，较2010年同期，增长30%以上。由此可见，水产市场散客增加是水产品涨价背景下的趋势性现象，水产市场应当与市场的水产经销商一起研究，抓住时机拓展零售业务。做大做强零售业务，一要研究如何协调批发与零售、散客与零售商等关系；二要更严格做好计量、食品安全、场内交通、短斤缺两、假冒伪劣、以次充好、违禁品销售等方面的管理工作；三要引进各种支付方式，如信用卡、贷记卡、联华 OK 卡、SMART 卡等各类银行和商业卡。

随着水产品的营养保健作用愈益为消费者所认识，随着消费者的购买力日渐提高，随着水产品加工包装技术的进步，水产礼包发轫至今近十年，规模愈来愈大，从 2010 年国庆前夕到 2011 年春节，上海东方国际水产中心的水产大礼包销售就突破了 50 万套，估计 2011 年水产大礼包的销售将进一步创历史新高。水产大礼包行销，是一个很好的商机，水产市场应把握机会顺势而为，同市场客户多分析研究，向消费者多宣传引导，培育新兴的特色业务，通过做大做强水产礼包，实现水产品销售和水产市场经营方式的逐步转型。

4. 发展电子商务，拓展辐射范围

电子商务的发展，已经走过了 12 年的历程，目前正以前所未有的速度持续发展，改变着传统的经营管理模式、生产组织形态，影响着产业结构调整、资源优化配置。作为现代流通方式，已广泛渗透到生产、流通、消费等各个领域，对促进我国经济的发展起着越来越重要的作用。2011 年 1 月 18 日，中国电子商务研究中心发布了《2010 年度中国电子商务市场数据监测报告》。报告称：2010 年，中国电子商务市场交易额达 4.5 万亿元，同比增长 22%。其中，B2B 交易额达 3.8 万亿元，同比增长 15.8%；B2C（网上零售市场）交易额达 5131 亿元，同比近翻一番，约占全年社会商品零售总额的 3%。预计在未来两年内 B2C 交易规模将会突破 1 万亿元，占全年社会商品零售总额的 5% 以上。2010 年，国内网上零售的用户规模达 1.58 亿人，预计未来几年，这一规模仍将迅速持续上升。

受益于国家电子商务"十二五"规划即将出台，各级政府必将进一步加大对中小企业进入电子商务扶持力度，加上中小企业自身意识的提高以及各电子商务服务商对新进企业实行降低门槛等因素，电子商务将进入高速发展期。

电子商务具有跨越时间和空间限制的能力，对水产市场而言，电子商务，可以极大提高本市场水产品交易的辐射范围，可以极大提高水产品交易效率和工作效率，可以极大降低采购商、经销商的交易成本、物流成本，进而可以提高本市场的销售量，提高本市场的综合竞争力，这在受通货膨胀影响导致水产品大幅度涨价而影响水产品销售的背景下，具有特别的意义，可以取得良好的经济效益和社会效益。

在电子商务大发展的背景下，水产市场开展电子商务的外部条件已经成熟。目前，一些水产公司乃至水产个体经销商也开展了电子商务，作为水产市场，更应该利用自身实体市场的优势，为市场内外的水产品经销商搭建电子商务平台，从包装情况较好易于配送的冻品、加工品、干货、水产礼包、大闸蟹等起步。实施电子商务，既是水产市场经营管理成熟的标志，更是化解通货膨胀的有效方法，相辅相成，水产市场才能做大做强。去年大闸蟹销售，网上销售抢了水产市场许多生意，这也算是电子商务对水产市场的一种警讯。

5. 加强企业管理，降低经营成本

通货膨胀，导致水产市场经济效益降低，因此，加强企业管理，降低经营成本，是水产市场应对通货膨胀的不二选择。

加强企业管理，就是要走规范化、信息化之路，在全面科学设计水产市场管理流程后，以信息化手段予以固化，这样，才能根本上改变水产市场目前普遍存在的粗放式经营管理的弊端，迅速提升管理水平，才能有效提高管理效率、切实降低管理成本。

降低经营成本，就是要针对水产市场运行中主要的开支项目，如用工数量用工成本、水电开支、保洁开支、维修养护开支等，进行全面而细致的排摸，找出其中的不合理部分和"跑冒滴漏"部分，集中力量予以整改，并在此基础上，形成制度性的考核激励机制和长效管理机制。

本文发表于《中国批发市场》2011年第2期

老王说鱼·鱼市场流通探寻

开拓创新：谈水产市场"四化建设"

　　1985 年，以中共中央、国务院 1985 年 3 月 31 日发布的《关于放宽政策，加速发展水产业的指示》为标志，水产品流通由计划经济的统购统销转变为市场经济的购销全面开放，将水产品流通体制改革推向一个新的历史阶段，为水产业发展创造了一个宽松的市场经济环境。我国水产市场得以快速持续发展，建成了一大批年交易量超万吨（或交易额超亿元）的核心水产品交易市场，在重要的一、二线城市构建了水产品交易集散市场。

　　水产市场建设近年来虽然成绩斐然，但仍然滞后于水产品生产的发展，仍然滞后于社会的期待，水产市场所应具备的集散功能、价格发现功能、结算功能和信息处理功能远未发挥出来。总体而言，我们现阶段的水产市场，仅仅是放大规模的集贸市场，硬件、软件，经营、管理各方面都比较落后，与国外水产市场相比，差距很大；与我国其他领域、其他行业所取得的进步相比，水产市场的发展相对缓慢。爷爷的爷爷这样做水产市场，孙子的孙子也这样做水产市场。社会的进步、观念的进步、科技的进步，在水产市场很少体现。

　　水产品品种规格多、保鲜保活难、产销距离远等特点以及政府管理不到位和城市规划不完善等因素，客观上制约了水产市场的发展，但是，水产市场自身存在的问题，如硬件设施落后、管理落后、经营落后、信息化建设落后等方面存在的问题，更是严重影响了水产市场的发展。

那么，水产市场该如何发展呢？开拓创新，是水产市场发展的必由之路！

针对水产市场存在的问题，水产市场的开拓创新，应着眼于建设"四化"，即在业务模式、市场管理、交易方式、工作手段等方面开拓创新，向业务发展多元化、管理工作规范化、交易方式现代化、工作手段信息化方向努力，提高市场综合竞争力。

一、业务模式创新：多元化

由于传统的惯性和思维定势，形成了水产市场的经营范围、经营内容、盈利模式的单一雷同，市场发育不完善，市场抗风险能力差。

水产市场业务发展多元化，就是要求改变经营理念，充分利用资源，拓展收入来源渠道，为市场进一步的发展，创造更多更大的发展机遇。

水产市场具有水产品品种规格多、交易数量大、品质新鲜、价格低廉等自身特点外，还具有市场客户多、供应商采购商多、工作人员多等特点，这些特点，正是水产市场业务多元化的优势所在。我们可以在传统的为水产品提供交易场所收取租金外，在以下方面做业务拓展，以提高市场经营资源的利用率和收益率，增加市场服务功能，方便市场客户和市民，促进招商工作提升租金水平，推动市场腾龙换鸟升级换代，加速市场发展。

餐饮业务。水产市场，特别是大型销地水产市场，水产品具有数量大、品种规格多、新鲜、价廉的特点。同时，我国销地水产市场，一般批发零售兼营，人流量很大，这就使水产市场发展海鲜餐饮具备了极大的菜肴成本优势、品种优势、品质优势、客源优势等，很容易成功。而海鲜餐饮业务的成功，既增加了客户销售收入，又增加了市场收入，同时为市民增加了餐饮的多样性选择，更重要的是为水产市场拓展其他业务创造了条件。

酒店和休闲娱乐业务。市场本身众多的人群、市场大量的供应商和采购人群、发展餐饮业务所吸引过来的人群以及严禁酒后驾车的规定，为水产市场发展酒店和休闲娱乐业务提供了很好的条件。

商务办公。设立商务办公区和商务中心，以方便市场内外客户尤其是满足高端水产经销商的商务需求。而商务办公区和商务中心的设立，为市场发展所必须采取的腾笼换鸟战术的实施，将起到积极推动作用。

推介展销业务。大型销地水产市场，水产品品种丰富、来源众多、经销商数量庞大，加上已拓展开的餐饮业务，水产市场可依托上述有利因素，积极开展水产品推介展销业务。形式上可以在元旦、春节、劳动节、国庆节等节日举办以各类水产品为主的综合性展销会，也可以在特定水产品大量上市期举办专门的展销会，如大闸蟹、梭子蟹展销会等。除以销为主的展销会外，水产市场可以开展以展为主以销为辅的水产品推介展示活动，这种活动可以按国别举办，可以按不同省市举办，也可以按特定水产品种举办。同时，水产市场还可以举办鱼文化展，如水产品实物及标本展、水产品知识比赛、水产品营养知识比赛、水产品选购比赛、水产品摄影比赛、水产品征文比赛、水产品烹饪及其知识比赛等活动。上述活动，可单一办，也可组合办，集商业、知识、趣味、艺术、美味于一体。将推介展销作为主要业务加以扶持拓展，可以充分利用市场资源，增加经营收入，扩大市场影响，为市场客户创造更多商机，为市场招商创造更多条件。同时，可以通过推介展销业务，造就一支高素质的经营管理团队，进而大幅度提升水产市场的经营能力、管理能力和协调公关能力。

物流配送业务。目前，水产品的物流配送，前端即供应商对水产市场经销商部分做得还可以，但后端即水产市场经销商对采购者（餐馆、零售商、小单位食堂乃至最终端消费者等）部分做得不行。水产品的物流配送，客观上难度较大，一定意义上说目前水产品的物流配送，是所有商品（产品）中难度最高的，涉及保鲜保活、重量误差（尤其是高端水产品）、食品安全（水产品在物流过程中为保鲜保活或为外观好看使用禁用品引起的、水产品变质引起的等）、数量少导致单位配送成本高等许多问题。但由于水产市场拥有客户多、交易量大、需求稳定等优势，可以信息化为依托，与专业物流企业合作，先易后难逐步拓展：

先干货、冻品，再冰鲜，后活鲜；先超市、菜场零售商、餐馆酒店、单位团体，后个人消费者；先大宗水产品，后小品种水产品。水产市场采用集散货配送模式开展物流配送业务，能完善和健全水产市场的功能，为客户提供增值服务；能加速水产品市场流通速度，实现社会效益和经济效益的和谐统一；能极大提高本市场的辐射范围，增强本市场在行业内的竞争力；能吸引更多的优质客户，为水产市场的后续发展奠定良好基础。

广告业务。水产市场一般场地大、人流量大、业务多元，这是水产市场发展广告业务的优势所在。水产市场可以在市场出入口、人流集中的交易场所、餐饮娱乐场所、停车场、主要通道两侧、主要建筑外立面、市场各种引导标志上，或设立广告位，或设立大型LED，将这些视作经营资源，面对市场内外客户开展广告招商。同时，在办好市场网站的基础上，在网站上也开展广告业务。另外，还可以在市场推介展销活动期间开展广告业务。水产市场开展广告业务，一则可以美化环境，二则可以增加服务功能，三则可以开拓收入渠道，四则可以拓展外部联系，为市场发展创造商机。

自营业务。水产市场比一般的水产品经销商具有信息优势、渠道优势、资金优势、品牌优势、客户优势，因此，水产市场整合并利用上述优势，向水产品流通产业链的上游和下游延伸，开展水产品营销业务，不仅有可能，而且容易成功。

连锁经营。利用自身管理规范的优势、品牌优势、经营覆盖面广的优势、客户及信息优势和其他资源，采用管理输出、资产并购、承包、租赁等多种方法，与本地或外地其他水产市场合作，发展连锁经营，增强竞争优势。

业务多元化，大大超越了传统水产市场的业务，行业跨度大，为保证业务多元化的顺利推进，必须寻找所涉及行业的有实力的专业合作伙伴，共襄盛举，确保新业务的成功。

业务多元化，应当建立在市场基本业务发展稳固的基础上，做好前期广泛深入调查论证，扎扎实实搞好可行性研究，量力而行，有序推进。

二、管理工作创新：规范化

水产市场相对于其他行业，管理基础不是很好，粗放落后，要提高市场竞争力，就要在管理创新上下功夫，走规范化道路。

水产市场管理工作规范化，就是在水产市场日常管理中，针对管理中的每一个环节、每一个部门、每一个岗位，以人为核心，制定详细的科学的量化标准进行规范管理，改变目前水产市场普遍存在的粗放管理状态。规范化、标准化管理，使市场从上到下有一个统一的标准，形成统一的思想和行动，这样，可以提高工作效率，可以提高服务质量，可以增收节支，可以提高市场竞争力。

管理工作规范化，总体目标是规范、标准、有序、高效，它涉及市场经营、服务、管理的所有方面，处处时时事事都涵盖，就其主要方面看，除企业常规的办公管理、行政管理、财务管理、人力资源管理外，水产市场的管理工作规范化，应突出以下重点：

经营资源管理。经营资源，是水产市场赖以生存的收入的载体，因此，对商铺、摊位、冷库、仓库、码头、场地、停车位、办公房、住宿房、展示厅、广告位、LED等经营资源进行管理，对市场所有可能获取收益的经营资源及其相关情况（如重要维修情况）及其增减变动情况，进行实时的不间断的管理。经营资源管理与客户管理、合同管理、水电管理、工程设备管理等关系密切，只有相互结合，保持协同，才能做得更好。

客户管理。客户是上帝，客户是企业的衣食父母，客户管理的重要性怎么强调都不为过。水产市场客户管理的内容应当全面细致，包括客户基本信息管理（户籍地址、居住地址、经营所必须的各种证照复印件、身份证复印件、多种联系方式等），客户经营资料管理（在市场内经营内容乃至品种及其变化、经营方式及其变化、经营状况、在其他市场经营情况等），客户奖惩信息管理（客户在市场内外获得的各种荣誉证书复印件，客户违反收费管理制度、违反治安管理制度和食品安全管理制度、消费者投诉及其处理情况，客户在市场外违规违法情况等），客户需求管理（客户需求及其分析），客户其他管理（如客户用工情况等）。

业务合同管理。业务合同管理指与租赁使用水产市场经营资源有关的合同管理，包括文本管理、审批管理、变更管理、执行管理、档案管理（包括历史合同管理）等内容。其中，要将文本管理和审批管理作为重点管理内容抓紧抓好。文本管理是要准备不同的标准格式合同文本以满足不同的业务，因为水产市场的业务多元，不同的业务，合同管理的要素不一样，自然要有不同的合同文本，即使同样的租赁业务，客户租赁普通商铺和租赁场地建房以及租赁空房后再作较大的设施设备投资改造的，合同文本也要有所区别。另外，制作标准格式合同时，一定要考虑可能出现的纠纷类型及其应对办法，一定要经过专业律师的指导和审定。审批管理主要是强调合同审批要按照分级审批分级管理原则，明确审批的权限、时限，建立出现问题的解决或追究机制。

水电管理。水电费用支出，是水产市场除人力资源成本之外影响现金流量最大的开支。水产市场的水电开支，有的是市场客户自身耗用的，有的是市场直接经营耗用的，如仓库、冷库的水电耗用，有的是市场维持运转而产生的公共设备设施如公共照明用电、消防用水、办公及食堂等用水用电等。第一部分水电耗用由客户承担，第二部分由市场专门经营的业务部门承担，第三部分由市场承担。然而，一些水产市场疏于水电管理，设施设备老化引起的跑冒滴漏现象严重，客户偷电现象较多，因此，水电管理应在保障供电供水设备设施的有效安全运行和及时抄表及时向客户收取水电费用的前提下，重点做好以下工作：一是确保水电计量表具安装覆盖全面、计量准确，二是每个水电计量表具的使用对象和用电设施设备必须明确具体，三是上下位水电计量表具之间的隶属关系清晰，四是对水电用户的使用数量变化和上下位水电计量表具的差异情况进行分析。只有这样，才能发现问题，从而及时找到解决问题的办法。

收费管理。水产市场的收费管理，重点就是要做到由市场财务部门集中收费、统一管理。水产市场收取的费用有很多种，如各类租金、交易费、各种手续费、水电费、储存费、冷冻费、装卸费、停车费、维修费、管理费、保洁费等，涉及许多部门。如果各部门多头收费，会带来客户麻烦、信息不对称、管理控制难度大、运行成本高等诸多问题，而集中收费就相当程度上可以规避或解决这些问题。如果因为上班班次与收费的时效性产生矛盾和物理距离大而难以做到集中收费的，如装卸费、停车费，其收费人员可由财务部门派出，由财务部门统一管理，但上班时间或上班地点与相应部门保持一致。

三、交易方式创新：现代化

水产市场交易方式现代化，内容很丰富，如商业信用交易、代理制、拍卖制、电子商务、会员制等多种方式，而且，科技进步、经营理念以及经营模式的变化，将不断为交易方式现代化的内涵和外延，注入新的内容。

改革开放以来，大量的集体、合作、私营、个体经营者和生产者涌入水产品生产流通领域，参与水产品的市场竞争，给水产品流通注入了活力，加大了市场开拓的力度，扩大了水产品销售。水产品流通体系发生了很大的变化，水产市场的数量迅速膨胀。但是，水产市场整体的经营管理水平没有得到质的飞跃，交易方式基本沿袭了相对原始落后的对手交易方式。

对手交易，具有透明度低、成本高、效率低、风险大、竞争力差等特点，交易过程没有充分发挥水产市场应有的功能，如集散功能、价格发现功能、结算功能和信息处理功能，因此，只有改变落后的对手交易方式，水产市场才有可能得到质的提高。

水产品的鲜活易腐、品种规格多、产销距离远等特性，决定了水产品流通的不平衡性、限制性、高风险性等特性，这些特性决定了作为水产品流通重要中枢的水产市场改变落后的对手交易方式，发展现代化交易方式的迫切性，而电子拍卖、网上交易等现代化的交易方式，能减少流通环节，加快流通速度，提高水产品的鲜活率，降低经营风险；能减少销售成本，降低水产品价格，增强竞争能力。

但是，由于水产品统一的认定标准缺乏，水产品离"质量等级化，重量标准化，包装规范化"标准差距较大，水产品加工能力较低，市民仍然习惯于原条鱼消费，上述外部因素，加上水产市场软硬件投入不足，观念落后，专业人员缺乏等因素，都在很大程度上制约水产品交易方式的现代化。

因此，交易方式现代化，总体上应该循序渐进、多种交易方式融合，遵循先进性原则、可行性原则、满足客户需要并有利于市场长期发展的原则、积极稳步推进的原则，充分考虑市场的内外部环境，采用混合型交易模式，集对手交易（自主交易和代理交易）、拍卖交易（传统拍卖和网上拍卖）、统一结算（传统统一结算和电子统一结算）、网上交易等多种交易方式于一体，各种交易方式互相促进、互为补充，打造一个功能强大、现代化的水产市场。

四、工作手段创新：信息化

水产市场工作手段信息化，就是在市场整体发展目标的基础上，借助计算机技术、信息技术、网络技术、通信技术，为业务发展多元化、管理工作规范化、交易方式现代化提供技术支撑，达到协同、高效、增值、可控。

通过工作手段信息化，对水产市场业务流程中产生的全部信息进行记录、处理、传输，实现业务流程各环节以及业务流程之间的信息共享，通过信息流指导业务流程的运作，加强对市场经营管理业务流程的实时管理和控制，做到流程规范明晰，杜绝信息的重复采集和重复输入，减少大量低端重复劳动，减少事务性协调工作，进而减少人员数量，降低管理成本。

通过工作手段信息化，将经营资源管理、合同管理、水电管理、收费管理、仓储管理等高度集成，用信息化手段发现问题，堵塞管理漏洞，杜绝人为跑冒滴漏，加强管理控制力度，提高工作质量。

通过工作手段信息化，以水产品批发市场为核心，紧密联系生产加工商、经销商和消费者，完成水产品从生产、流通到消费的整个供应链中信息的集成和优化。同时，综合生产加工商、批发商、零售商、饭店宾馆、终端消费者的不同需求，及时获取并分析这些信息，向其提供高质量的信息服务，并在此过程中发现并寻找商机，努力开拓衍生业务和增值业务。

水产市场信息化建设的重点应放在与水产市场收入密切相关的内容上，如经营资源管理、合同管理、储存管理、水电管理、收费管理等。

经营资源管理。通过对市场所有经营资源增减变动、租赁变动的动态管理，为招商部门提供翔实的数据和直观形象的分析，为领导对招商部门的考核提供依据，为领导调整经营思路提供决策依据。另外，通过与业务合同中的租赁起讫日期、水电表的变动等信息形成自动比对、判断，发现管理漏洞，杜绝舞弊行为。

储存管理。通过对库存进出存的实时统计，对货物的存储位置、存储时间、货主、产地、品种等信息进行分析，并以此向客户提供合理化建议，如根据库存水产品品种结构向客户提出采购建议（品种、数量），如根据库存水产品的入库时间向客户提出销售建议以确保水产品品质，准确及时核算仓储及装卸费用。

水电管理。通过对水电耗用量的统计，结合经营资源租赁信息、合同信息、同一客户水电使用情况的同比环比分析、相同客户水电使用情况的横向比较分析、上下位表差异数量的同比环比分析等情况，运用人工智能技术，发现盗用水电者并予以经济处罚，并使其有所敬畏而最终"金盆洗手"。

收费管理。通过对各部门管理的各种收费项目的自动计费及其集成，由财务部统一对外收取全部费用，并由计算机系统生成分部门、分客户、分项目、分时段的费用应收、已收、未收报表，据此，一方面各部门根据管理范围通知催促客户缴费，另一方面计算机系统通过短信平台自动通知催促客户缴费。市场领导通过收费管理系统，既可以了解整个市场的费用收取情况，也可以了解以后特定时段确切的收入金额，便于及时调整经营管理措施。

智能配送。在市场统一结算的前提下，将市场经销商的销售信息和购买者的采购信息（品种、数量）、送货信息（地点、时间）予以集成，由计算机运用数学规划方法给出决策方案，管理人员再根据实际情况进行选择，要解决的典型问题包括：路线的选择、配送的发送顺序、配送的车辆类型、客户限制的发送时间等进行最优化配送，使配送成本最低，服务最优。

辅助决策。在市场统一结算的前提下，由计算机运用数学方法、管理方法和预测模型，利用水产市场的历史数据对未来的水产交易数量、种类、品种、规格、价格等市场行情进行趋势预测，为水产市场招商调整乃至水产市场发展提供参考，为水产品生产加工商、经销商调整经营方向提供参考，为政府部门相关政策调整提供参考。

由于有些水产市场从业人员年龄结构、知识结构不合理，由于信息化的前提是管理规范化、流程化，而这恰恰是水产市场的短板，再加上信息化的前提是公开透明，这就可能出现一些阻力。因此，水产市场信息化建设需要领导下定决心，消除人为障碍，同时按照先易后难、先点后面原则逐步推进，否则，事与愿违，且造成浪费。

毛泽东说过"政治路线确定之后，干部就是决定的因素"，水产市场要向业务发展多元化、管理工作规范化、交易方式现代化、工作手段信息化的"四化"方向开拓创新，成败关键在于人才，因为水产市场的"四化"建设，涉及传统水产市场从业人员许多未知的知识、信息、经验、技术、渠道等，所以，水产市场经营管理团队的知识化、专业化、年轻化，刻不容缓！

本文发表于《中国批发市场》2011年第5期

"台湾第一鱼"的上海旋风

2011 年 9 月 28 日，2011 上海购物节国际水产精品展，在军工路 2866 号的上海东方国际水产中心举行，这是一个每年举办的上海购物节的重点活动。在 2011 年这个以"尝四海之鲜，集五湖之特"为主题的大型展销会上，有"台湾第一鱼"美誉的虱目鱼，闪亮登场大上海。展会上，特邀台湾虱目鱼专业厨师现场烹饪各款美味虱目鱼菜肴，供观众免费品尝。两大中央媒体人民网和新华社分别以《"台湾第一鱼"首次游进申城 1800 吨虱目鱼丰富国庆市场》和《"台湾第一鱼"虱目鱼"游入"上海市场》为题做报道，上海的《解放日报》《文汇报》《新民晚报》《新闻晨报》《东方早报》、东方网等主要媒体以及国家农业部网站、中国网、凤凰、新浪、网易、华广等政府网站及大型综合门户网站，都对台湾虱目鱼登陆上海做了充分的宣传，台湾第一鱼在上海刮起了一阵不小的旋风。

一、"台湾第一鱼"如何游进大上海

镜头一：2010 年 6 月 29 日，海峡两岸关系协会会长陈云林与台湾海峡交流基金会董事长江丙坤在重庆签署了《海峡两岸经济合作框架协议》，作为"台湾第一鱼"的虱目鱼，也列入"早收清单"，关税税率由 10.5% 直降 50%，仅为 5%，为虱目鱼游进大上海铺路。

镜头二：2010 年 9 月 8 日，第五届海峡（福州）渔业博览会上，台湾高雄县弥陀区鱼会带来了虱目鱼丸、虱目鱼肚，这是虱目鱼第一次来大陆探路。

镜头三：2011 年 2 月 23 日到 28 日，海峡两岸关系协会会长陈云林率海峡会经贸考察团在台湾进行为时 6 天的参访，作为全国最大的远洋渔业企业之一的上海水产集团董事长汤其庆随团参访台湾南部地区，为虱目鱼游进大上海开路。

镜头四：经国台办和上海市台办的牵线搭桥，上海水产集团把采购台湾的虱目鱼作为主要任务之一，与台南市学甲区企业在 2011 年初达成合作协议。为做好虱目鱼采购工作，上海水产集团多次赴台，深入台南的海边鱼塘，从虱目鱼苗投放、成鱼起捕、鲜鱼运输、加工速冻、产品包装等环节的全程考察，保证登陆上海的虱目鱼的食品安全。

镜头五：2011 年 7 月 29 日，上海水产集团和台南学甲食品股份有限公司，在上海签署了合同，为虱目鱼游进大上海提供了商务保障。

镜头六：2011 年 8 月 25 日，在学甲食品公司前的虱目鱼起运仪式上，满载着 24 吨虱目鱼的集装箱货柜整装待发，虱目鱼正式开始了它的大上海之旅。

镜头七：2011 年 9 月 1 日，来自台湾的虱目鱼，通过 YOUG DA 号货轮，经过一周的航行，来到了上海外高桥港区码头，转运来到位于军工路 2600 号的上海水产集团龙门水产品营销中心，至此，台湾的虱目鱼，终于游到了大上海。

截至 2011 年底，上海水产集团与学甲食品公司已签虱目鱼购销合同 5 份，虱目鱼及其制品采购量达 1433 吨，已有 939 吨虱目鱼"游进"了大上海。

二、"台湾第一鱼"如何游上上海市民餐桌

作为台湾虱目鱼总经销的上海水产集团，将销售虱目鱼及其制品作为重要的工作，组成专门的工作团队，从市场调研到宣传策略，从营销策划到渠道建设，从定价策略激励机制到物流配送，全方位周密部署。

2011 年 9 月 28 日，"2011 上海购物节国际水产精品展"在军工路 2688 号的上海东方国际水产中心举行。"台湾第一鱼"刚一面市，在上

海就"刮起了一阵不小的旋风",吸引了许多上海消费者。6天的展销会上,就销售虱目鱼20000多条。

2011年11月10日,虱目鱼在"2011上海西郊国际特色农副产品迎春巡回展"上再次亮相,同样也吸引了许多消费者购买。

经过各方的努力,虱目鱼终于"游"上了上海市民的餐桌。

三、"台湾第一鱼"在上海的困惑

刚刚进入上海的"台湾第一鱼",还处于适应期,有点"水土不服":从2011年9月1日的4个月中,上海市虱目鱼销售近400吨,月均销售100吨,这个数字,对于上海2300万人口来说,显然是少了点。

虱目鱼是台湾最有代表性的食用鱼种之一,其味鲜肉质细腻,营养价值高,有高蛋白、高钙、高胶原、低胆固醇、低热量和低脂肪的特征,整条鱼几乎可以百分之百充分利用,煎、烤、煮、蒸、炸、腌、烧,样样适宜。在台湾南部,路边的小吃店从清晨到深夜,一直有虱目鱼汤、虱目鱼肚供应。由于虱目鱼消费量大,故享有"台湾第一鱼"的美誉,台湾每年销往世界各地的虱目鱼就达到8000多吨。

台湾消费量第一的虱目鱼,为什么在上海却遇到了销售的困惑。

困惑一:台湾人口与上海人口基本相当,台湾人每天要吃掉2.4万公斤虱目鱼,月消费量约720吨,上海咋就100吨都不到呢?

困惑二:由于在推广期,虱目鱼在上海的零售价每条仅卖10元,比消费水平较上海高的台湾卖得还便宜,上海咋就卖得那么少呢?

困惑三:虱目鱼是台湾尤其是台南民众一日三餐不可或缺的美食,食无鱼或食无虱目鱼,对台湾人,尤其是台南人而言,是无法想象的,但上海人咋就不喜欢呢?

虱目鱼在上海销售遇冷的困惑,原因有许多:

食用习惯的差异。虱目鱼是暖水性鱼类,介乎淡水鱼与海水鱼之间,而上海人更喜欢吃海水鱼;上海的本地人、外地来沪人员和低收入者,则以淡水鱼为主。

食用历史的差异。虱目鱼是台湾的特产,食用历史有几百年,有关它的名人典故也很多,比较有名的可以追溯到郑成功。因此,台湾民众对虱目鱼有很强的认同感。这方面上海人毕竟了解得较少，认知度不高，养成吃虱目鱼的习惯，需要一定时间。

烹饪技术的差异。台湾在漫长的时间里，积累了丰富的虱目鱼烹饪加工技术和经验，煎、烤、煮、蒸、炸、腌、烧，样样都行，而上海人在这方面几乎是空白，这在相当程度上影响了上海人消费虱目鱼的热情。

四、"台湾第一鱼"的新商机

虽然虱目鱼在上海销售刚刚起步，数量还不多，但市场在慢慢打开，同时，从2012年1月1日开始，虱目鱼的关税税率由原来的优惠税率5%再次降到了零，这意味着台湾虱目鱼将在大陆更具竞争力。相关企业将以此为契机，抓住机遇，积极开拓，加大营销力度，力促台湾虱目鱼销售量在上海乃至长三角逐步攀升，以争取更大收益。

商机一：2012年，上海水产集团将进一步开拓市场，增加直销网点，在现有欧尚、华联吉买盛、大润发、乐购等连锁大卖场直销店的基础上，增加销售网点，方便消费者购买。

商机二：很多企业利用广泛的营销网络渠道，加强市场推广，重点向习惯食用淡水鱼的内陆地区辐射，把虱目鱼推向更广泛的长三角地区。

商家三：引进台湾地区虱目鱼加工技术。上海水产集团将与台湾学甲食品公司、祯祥食品公司一起，努力将更多更好的虱目鱼的深加工产品介绍到长三角地区。

商机四：与国内餐饮企业和食品加工企业合作，对虱目鱼的烹饪方法进行本土化改进，开发出更多更好的适合大陆消费者口味的虱目鱼菜肴。

相信在不久的将来，虱目鱼将成为上海各大水产市场中的大宗交易品种，大街小巷上的众多餐馆以及社区的家家户户，不断会飘出"台湾第一鱼——虱目鱼"的鲜香味。在浓浓的虱目鱼鲜味包裹下，你也许一下很难分清哪是台南，哪是上海！

本文发表于《水产市场导刊》2012年第1-2期

电子商务，
水产市场创新发展的重要选择

    2012 年 3 月 27 日，国家工业和信息化部规划司发布了《电子商务"十二五"发展规划》，由国家工信部牵头，发改委等 9 部委联合制定，电子商务被列入国家战略性新兴产业的重要组成部分，并确定"十二五"期间电子商务的具体目标为交易额翻两番，突破 18 万亿元；企业间电子商务交易规模超过 15 万亿元；网络零售交易额突破 3 万亿元，占社会消费品零售总额的比例超过 9%。届时，我国将形成全球最大规模的电子商务服务体系，拥有世界第一的电子商务应用规模，电子商务产业将实现从新兴产业到国民经济重要组成部分的转变。

    《电子商务"十二五"发展规划》，将积极发展农业电子商务、促进农资和农产品流通体系的发展以及深化商贸流通领域电子商务应用、促进传统商贸流通业转型升级、创新商业模式，形成与实体交易的互动发展作为电子商务发展的重点任务和重点发展行业，因此，传统水产市场开展电子商务"生逢其时"。

    本文所说的传统水产市场，是指由企业投资兴建的有相对众多固定批发商集聚的主要用于水产品批发的市场功能简单、经营管理也极为粗放的的固定交易场所。由于海洋渔业资源的趋势性减少和通货膨胀的共同作用，水产品价格近年来持续上涨；由于水产市场重复建设问题没有解决，水产市场间常常展开低层次的无序的如租金价格和交易费等方面的恶性竞争；由于水产品流通方式的变化，导致水产市场客户流失、水产市场交易量占水产品交易量的比重下降；由于通货膨胀，水产市场的经营成本持续上涨。上述因素，使水产市场陷入极为困难的境地。

如何使水产市场摆脱困境，如何使水产市场创新转型实现可持续发展，电子商务是重要的选择。电子商务，将使水产市场的生产商（捕捞、养殖、加工）、进口商、产地集货商、各级批发商、代理商、零售商、采购商（含终端消费者）等实现资源的整合和综合利用，使水产市场经营管理服务的效率提高，成本降低、风险减少。本文将从水产市场面临的挑战、水产市场发展电子商务的意义、水产市场发展电子商务的可行性、水产市场如何开展电子商务等方面作些探讨。

一、传统水产市场面临的困境

1. 传统交易方式下交易量下降

近年来，水产品营销成本不断攀升，以降低水产品流通费用为目标的新型流通方式如产销直挂、超市、专卖店、专卖柜、网上销售等出现，并持续走强，其占水产品流通的比重愈来愈大，而且呈现出趋势性特点。特别是网上销售，因其能有效减少流通环节、大幅度降低流通费用而颇受商家青睐。一些经营水产大礼包、冻品、干货、加工品和易保活而单价较高的水产品的客户，开始进行网上销售。传统水产市场面临因客户流失和交易量下降导致的水产市场交易量占水产品交易量比重下降的严峻挑战。

以大闸蟹销售为例。2011年上海大闸蟹销量与2010年基本持平，但是，由于大闸蟹专卖店异军突起，同时，大闸蟹由于保活难度低、体积小、单价高、配送成本低等特点，很适合网上销售，仅在淘宝网上卖大闸蟹的商家2010年就超过200家，网销成为2011年大闸蟹销售重要渠道，抢走了水产市场很多生意。

2、传统水产品经销商盈利能力下降

水产经销商，80%是小本经营的个体商户，抗风险能力较差。近几年，通货膨胀加剧，水产品的养殖成本、捕捞成本、加工成本、物流储存成本、流通成本等全面上扬，加上近海捕捞量趋势性下降，水产品价格，特别是海鲜产品价格涨幅较大，水产品经销商困难陡增：水产品进

价上涨，流动资金需求加大，增加了水产经销商的融资难度和融资成本；水产品进价上涨，销量没有同步增加，有的反而下降；商铺租金、住房租房上涨，经营成本上升，但不可能全部转嫁给采购商或终端消费者，导致水产品经销商盈利能力下降，这对绝大多数小本经营的水产经销商而言，持续经营难度增加。

水产经销商的面临的压力，传导给水产市场，导致水产市场经营压力增大。

3. 传统水产市场经营压力增加

经营成本刚性增长。水产市场中，经营成本主要是由用工成本、改造维修成本、市场管理成本等构成。受"民工荒"和国家每年调高最低工资以及社保缴金基数等影响，水产市场本身的人力资源成本和一些劳务性外包项目的服务费增幅较大。另外，规模大的水产市场，特别是南方沿海的水产市场所经营的大都是海水产品，腐蚀性强，设备设施和构筑物容易锈蚀，改造维修维护成本本身就高，通货膨胀更推高了水产市场的维修维护成本。

经营收入增加困难。我国绝大多数水产市场，由于交易方式落后、组织化程度低，以及服务能力低下，导致收入来源单一，基本以租金为主。由于流通方式多元化导致水产市场交易量下降，由于通货膨胀导致水产经销商经营困难，由于水产市场重复建设导致低层次恶性竞争，使水产市场提高租金水平的可能性减少空间收窄。

经营成本增长的无限性和经营收入增长的有限性，使一些水产市场深刻感受到了生存的压力，更遑论发展。

二、水产市场发展电子商务的意义

电子商务对传统商业，优势很大，冲击很大：2011年淘宝网交易额接近1000亿，较上年增长高达350%。2011年12月，tmaii.com的自主访问用户每天约为1000万，这在实体店是无法想象的。名列上海百货店销售业绩第一的上海第一八佰伴，2011年零售额达到45.05亿，同比增长也仅仅是14.9%。

电子商务对业态尚较先进的百货业冲击尚且如此，对经营管理方式原始落后、收入来源单一的水产市场的冲击，将更加巨大，它将极大的压缩传统水产市场的生存空间，因此，水产市场发展电子商务，意义巨大。

1. 压缩环节降低费用提高效率

水产品从养殖捕捞加工，到终端消费，往往经过七八道环节，造成流通效率低下、流通费用增加，而且，不利于水产品品质的保持。开展电子商务，可以大大压缩水产品流通的许多中间环节，将现有的流通环节减少到2~3个，可以大大降低流通成本、提高流通效率，使水产品的经营者、终端消费者、水产市场各方共赢。水产品网上销售的价格优势这一显著特点，在水产品价格居高不下的当今，具有很大的现实意义。

2. 提高水产辐射范围

电子商务对现有传统落后的水产市场而言，具有极大的优势：它可以突破地理和时间的局限；它容纳了时效性强、全面丰富专业的信息和知识，具有很大的信息优势；它为采购者提供了便捷的价格、商家、品种、营养、服务等比较，具有很大的导购优势。同时，实施电子商务的前提，就是水产市场要提高组织化程度，委托第三方专业物流公司，统一解决物流配送问题，这将在大大提高配送效率、降低物流成本的同时，提高水产市场的辐射半径，而市场辐射范围的扩大，将有效增加市场交易量，从而提高市场竞争力。

3. 减少水产市场数量

我国许多城市，由于缺乏规划或地方利益驱动，专业水产市场或含有水产品交易的大型综合农产品批发市场"遍地开花"。建设一个水产市场，需要土地少则几十亩，多则上百亩、数百亩，而其辐射范围很有限。如果开展电子商务，做好物流配送，可以减少水产市场数量，这在宏观层面上，可以有效提高城市管理水平，降低城市管理成本，提高城市管理效率，节约稀缺的土地资源。在微观层面，可以减少水产市场间因低层次恶性竞争而导致食品安全管理失控、交易秩序混乱的问题，促进水产市场的规范有序发展，向经营规模化、质量等级化、重量标准化、包装规范化方向加速发展。

4. 确保水产品追溯制度的实施

近年来，水产品安全问题频出，从养殖、加工、运输，到流通环节，都出现过不同程度的水产品安全事件。目前，政府相关部门要求水产市场推行水产品追溯制度，消除水产品安全隐患。然而，由于水产市场粗放的管理方式和落后的对手交易方式（目前推行的手工索证索票的追溯制度，水产市场及其经销商怕麻烦，不在交易时逐笔记录，而是采取检查时突击随便写写的敷衍态度予以应付）。而有些地方拟采用信息化追溯制度，由于我国绝大多数水产市场没有开展电子商务或实施电子统一结算，这种办法，与结算"二张皮"，除增加水产市场的运行成本外，也不可能收到实际效果。

电子商务，由于它对交易、配送、支付等过程有着详细的"痕迹保留"，因此，电子商务本身从它面世的第一天起，就天然具有"追溯"的功能，换言之，水产市场开展电子商务，就不用额外增加投入就能"捎带"着全面彻底实施了水产品追溯制度，从而在一定意义上震慑敢于在食品安全问题上以身试法者，减少食品安全问题的发生。

5. 拓展市场业务改进交易方式。

传统水产市场目前的经营业务和营收来源大多比较单一，增长有限：提供经营场所，收取租金。水产市场开展电子商务，收入由原来的租金为主向会员费、交易费为主转变，同时，电子商务必然会大大拓展市场业务，特别是直接为电子商务配套的水产品初加工（清洗、分档、切割、包装等）、水产品物流配送、广告等业务。这些业务，可以市场自己做，可以委托第三方做，也可以几方合作做。上述这些变化，使水产市场收入的无限增长具有可能性。

水产市场目前的交易方式绝大多数是原始落后的对手交易，交易效率低、交易成本高、食品安全难保证、交易信息不对称、交易信息失真滞后。水产市场开展电子商务，实现网上竞价拍卖，彻底解决因对手交易带来的问题，将为水产业的产业化规模化发展创造良好的条件。

三、水产市场发展电子商务的可行性

1. 各级政府大力支持

2012年3月，国家工业和信息化规划司发布了《电子商务"十二五"发展规划》，根据规划，电子商务已被列入国家战略性新兴产业的重要组成部分，同时，确定了"十二五"期间电子商务的发展目标，实现电子商务交易额翻两番，突破18万亿元，移动电子商务交易额和用户数达到全球领先水平。

为实现这一目标，国家将出台许多支持政策，如：鼓励有条件的大型企业电子商务平台向行业电子商务平台转化；鼓励中小企业应用第三方电子商务平台；鼓励有条件的中小企业自主发展电子商务；稳健推进各类专业市场推进电子商务，促进网上市场和实体市场的互动发展，为中小企业应用电子商务提供良好条件；积极发展农业电子商务，促进农资和农产品流通体系的发展；深化商贸流通领域电子商务应用，促进传统商贸流通业转型升级；鼓励综合型和行业性信息服务平台深度挖掘产业信息资源，拓展服务功能，创新服务产品，提高信息服务水平；促进大宗商品电子交易平台规范发展，创新商业模式，形成与实体交易互动发展的服务形式。

作为信息化推动产业化和扶持传统产业升级换代，提高传统产业能级的重要举措，水产市场发展电子商务，在产业发展方向和加强水产品安全等方面符合政府要求，故各级政府在政策、资金、宣传推广等方面支持力度很大，如发改委、商务部、农业部、工信部、科技部等条线都有政策支持，水产市场应该主动出击，乘势而为。

2. 电子商务环境成熟

"十一五"期间，我国电子商务保持了持续快速发展的良好态势，交易总额增长近2.5倍，2010年达到4.5万亿元，网络零售交易额迅速增长，"十一五"期间年均增速达100.8%，电子商务的内生动力和创新能力日益增长，正在进入密集创新和快速扩张的新阶段，电子商务不断普及和深化，电子商务的支撑水平快速提高，电子商务发展环境不断改善。随着我国工业化、信息化、城镇化、市场化和国际化的深化发展，电子商务将迎来加速发展的战略机遇期：经济转型升级给电子商务提出新需求，社会结构和消费观念的变革给电子商务发展带来新的空间，信息技术持续发展给电子商务发展带来新条件，全球竞争与合作深化给电

老王说鱼·鱼市场流通探寻

175

子商务发展提出新挑战。

3. 水产品"三化"比重提高

水产企业，特别是水产品营销企业，规模一般都比较小，在水产市场中的批发企业，80%以上是个体经营的夫妻老婆店。受水产品价格不断上涨、水产品经营成本不断上升等因素影响，一些小规模水产品经销商难以为继，退出市场，水产品经销商也逐步向规模化方向发展。

水产品加工，包括从事冷冻食品加工、干制加工和腌熏制加工、鱼糜制品加工、罐制品加工、调味品加工、海藻食品加工以及水产品综合利用的企业，受加工技术和加工能力、企业规模和实力、水产品消费习惯等因素影响，发展不快。近年来，由于政府的重视、科研机构和高等院校的努力、国外加工技术和设备的引进、水产企业的自身发展和积累、社会资金的进入，水产品的包装和加工比重不断提高，特别是海水产品的加工比重提高较快，有些地区达到70%左右，在这过程中，水产企业的规模也得以扩大。

由于水产企业规模化、水产品包装比例的逐步提高，水产品在质量等级化、重量标准化、包装规范化方面有了明显提高，这些都为水产品开展电子商务创造了条件。

4. 水产市场开展电子商务的优势

目前，有些纯粹的电子商务企业和以前从未涉足水产的企业开展水产品的电子商务，有些规模不大的水产企业也做起了水产品的电子商务，但是，水产市场开展电子商务，比起上述企业，具有四个方面的优势。

一是投资额小。水产市场借助已有的仓库、冷库、装卸搬运设备设施、网络设备设施等，初始投资不是太大，稍具规模的水产市场应该具有这样的投资能力，也应该能争取到政府资金支持。

二是运行成本低。水产市场可以借助实体市场已有的组织架构和人员，增设一个7-8人的电子商务部门就可开展工作，年运行成本约100万元，而没有实体市场做依托的企业开展电子商务，运行成本中很大部分是网站推广费用，水产市场可利用行业的优势，花小钱做大宣传。

三是管理服务专业。水产市场有丰富的经营、管理、服务经验，较没有实体水产市场做支撑的纯粹电子商务的虚拟水产市场相比，管理服务更专业。

四是社会知名度和诚信度高。水产市场民生的特性很强，因此，政府、市民、媒体都相当关注，各级政府都很重视、支持水产市场工作。市场又有大量稳定的水产经销商和采购商以及终端消费者，故一个具有一定规模的实体市场，知名度和诚信度一般较高，而这是电子商务成功的重要条件。

综上所述，水产市场开展电子商务，可以将实体水产市场与虚拟水产市场有机结合，具有很好的倍增效应，这是纯粹的电子商务公司和单一的小规模水产企业开展水产品电子商务所不具备的。

四、水产市场如何开展电子商务

1. 水产市场电子商务的定位

从交易主体看，水产市场交易的参与方有供应商和供应代理商（一般为国内外水产品产地的生产者〈捕捞、养殖、加工〉）、进口贸易商、产地集货商）、水产市场内批发商、零售商（菜场鱼贩、超市、专卖店）、酒店餐馆、单位食堂、终端消费者，也就是说单位很多，个人也不少，因此，水产市场的电子商务，建议采用 B2B2C 交易模式比较合适。

从覆盖的范围看，由于水产品大都需要保活保鲜，对物流配送的时间和温度要求较高，水产市场电子商务起步时宜以本地为主。如果第三方物流实力强大，也可以覆盖到周边城市。

从商务内容看，水产市场电子商务当然以水产品有形产品为主，但是，还可以利用自身的资源和信息优势，编写一些水产品生产销售的专业研究报告，将研究报告销售给水产品的生产销售商和相关研究机构。

2. 水产市场电子商务的盈利模式

水产市场电子商务，与专业的电子商务企业不同，它更多的是扩大宣传，提高市场社会知名度，为市场批发商提供更多的销售机会和渠道；

培育水产市场新业务或新功能，如水产品粗加工、物流配送、广告、咨询服务等；改变落后的对手交易方式，开展网上拍卖等先进交易方式。水产市场的电子商务，它承担着促进水产市场由传统的只是收取租金提供交易场所，转变为集仓储、加工、物流配送为一体的专业的水产品电子商务企业，实现水产市场的创新转型，加快水产市场的发展重任。

水产市场电子商务的收入，主要来自会员费或交易费、服务费、广告费等。注册会员收会员费，非注册会员收交易费；对租赁水产市场经营资源的客户，会员费或交易费、服务费、广告费实行优惠收费标准。水产市场开展电子商务，起步时营运收入弥补营运开支有一定困难，但经过几年运作，应该可以达到收支平衡。

3. 水产市场电子商务的建设内容

水产市场电子商务，主要建设一个以水产销售为基础的综合电子商务平台，它由两部分组成，第一部分是水产品销售的 B2B2C 主站，第二部分是水产行业资讯和论坛构成的社区站点。

B2B2C 主站是水产市场电子商务的盈利点，它以各种水产品的销售为核心服务，旨在通过最丰富的水产品及其商家选择、最严格的商品质量保证、最方便的用户购物体验和最快捷的商品配送，为每一个购买者提供优质、全面的服务。

水产行业资讯和论坛构成的社区站点，则以提供丰富的水产资讯（包括水产行业资讯、水产价格走势、水产购买、保养及烹饪等知识）和打造活跃的水产论坛为主要内容，成为水产文化的交流平台。

社区站点在初期主要作为 B2B2C 网站水产销售网的辅助、增值平台，定位于为水产购买者提供水产资讯、水产知识、水产购买经验、海鲜美食制作心得等内容的一个学习、交流、分享平台。B2B2C 网站社区站点初期的版块主要有公共版块和个人版块二个部分，其发展是与 B2B2C 网站主站的发展是紧密联系，社区站点提供的内容也将随着主站水产品内容的扩展而逐渐丰富。

4. 水产市场电子商务的服务内容

水产市场电子商务，可以在以下方面提供广泛的服务，如：商品直搜定位服务，无需注册即可购买服务，一个订单多件商品运费自动计算服务，多种营销方式服务，多种支付方式选择服务，多种商品递送方式选择服务，发票、退换货服务，社区与直销网站无缝连接服务等，换言之，一般电子商务的服务内容，对水产市场的电子商务同样适用。

5. 水产市场电子商务的营销商品范围

目前在水产市场销售的水产品有上百种，类型也有很多。按照水产品的来源，分为国产水产品和进口水产品；按照水产品生长的水体，分为淡水鱼和海水鱼；按照水产品的处理方式，分为活鲜、冰鲜、冻品、加工品、干制品等；按照水产品的生物学分类，分为鱼类、虾类、蟹类、头足类、贝类、藻类、其他类等。在水产品生产经营中，往往将几种分类标准予以综合，一般分为淡水活鲜、海水活鲜、冰鲜、冻品（淡水产品一般以活鲜和加工品、干制品形式出现，冰鲜和冻品基本上专指海水产品）、加工品、干制品、水产大礼包（以冻品、加工品、干制品为主）。

不同的水产品差异很大，如保鲜保活要求不同、包装不同、价值不同、物流配送要求不同等等，因此，网上销售水产品，应该遵循先易后难、逐步扩大的原则。具体而言，保鲜保活要求不高甚至没有要求的水产品，如冻品先上网；包装较好的水产品，如水产礼包先上网；标准化程度较高的水产品，如加工品、干制品先上网；单价较高，对配送成本有较高承受力的水产品，如大龙虾、大闸蟹先上网。一旦网上销量上升、配送能力增强、管理水平提高，就可以将网上销售的范围扩大到普通的冰鲜和活鲜水产品。

6. 大力引导发展水产品加工和物流配送业务

水产市场开展电子商务，主要的瓶颈在于水产市场组织化程度偏低、水产品物流配送不发达、水产品加工包装比重偏低，因此，水产市场应充分利用自身客户众多、信息丰富等优势，着力引进水产品加工企业、引导市场客户发展水产品粗加工业务。同时，通过引进专业的第三方物流企业或与有实力的水产品生产经营企业合作，成立专业的水产品物流配送公司，为水产品电子商务创造更好的发展条件。

本文发表于《上海商业》2012年第11期

严控公款消费背景下
如何拓展水产品销售

    2012年底，中共中央颁发的关于转变作风的八项规定以及之后一系列关于反腐败和控制公款消费的具体规定，对进一步压缩党政机关、事业单位和国企的公款消费，起到了很好的作用，一些高档饭店、宾馆、娱乐场所、旅游景点的生意一落千丈。受此影响，作为餐饮业上游产业的水产品流通业，特别是高端水产品的销售，落差很大，销售同比降幅超过50%。

    在这样的新形势下，一些小的水产经销商难以为继，就是颇有实力的水产经销商，也面临很大的困难。本文就中央严格控制公款消费宏观背景下，水产经销商如何积极有为，采取各种办法，走出经营困境，取得健康可持续发展的经营之路，将相关的负面影响降到最低的问题，做些探讨。

一、政府不断加大反腐和控制公款消费力度

    党的十八大以来，中央将反腐败反浪费作为改善党风政风的一项重要工作，出台了一系列的相关规定，推进了党风政风治理，效果显著。继"八项规定"以后，2013年4月，全党开展了反对形式主义、官僚主义、享乐主义和奢靡之风的群众路线教育实践活动，陆续颁布了《党政机关厉行节约反对浪费条例》《党政机关国内公务接待管理规定》《关于实行党风廉政建设责任制的规定》《建立健全惩治和预防腐败体

系 2013—2017 年工作规划》等文件，而中纪委更频频提出具体要求：9 月份管月饼，11 月份前管贺卡台历，12 月份管烟花爆竹、管领导干部出入私人会所等。

在出台一系列规定的情况下，中央更是加大了反腐败反浪费查处力度，据不完全统计，党的十八大以来到 2013 年底，中央光查处副部级以上官员从第一个李春城到 2014 年 7 月 29 日的前政治局常委周永康，就有 43 人，创历史之最，之下的党员干部更是高达数万。

从中央领导人的讲话和一系列的规定以及查处的成果看，反腐败反浪费不是说说而已，也不是搞一阵风的运动，而是沉淀固化为制度，按照中纪委书记王岐山的说法，就是以治标赢得治本的时间。

二、对水产品销售的负面影响越来越大

水产本与政治无关，但由于"舌尖上的腐败"作为媒介，政治对水产品销售产生了重大的影响。中央反腐败反浪费的各项措施，使水产品，特别是高端水产品销售出现较大滑坡。

1. 水产品下游的餐饮业首先受到冲击

2012 年 12 月初，中共中央颁发的八项规定得到有力的贯彻执行，餐饮行业马上感受到阵阵寒意，2013 年的元旦、春节，单位预订的酒宴，出现了很多退订。之后，随着中央反腐败反浪费力度的增加，对餐饮业的影响越来越大。高档酒楼生意清淡、门可罗雀，一些餐馆更是在房屋租金和人工成本高涨、员工难找的情况下面临很大的营运压力，高端餐馆出现关门潮，如著名的上市的餐饮连锁企业湘鄂情，不得已拟剥离餐饮业务转而从事大数据新媒体的互联网业务，有的五星级酒店更是受餐饮和住宿不景气的双重打击，准备改造成办公楼对外出租。

2. 水产品销售影响严重

近两年来，公款消费大幅度减少，其效应也较大程度反映在水产品的销售上。上海历来是国内最大的水产品销售市场之一，其销售渠道主要有六个：第一个是饭店宾馆，销售的水产品较杂，高、中、低档水产品都有；第二个是菜场，销售的水产品，以低端为主；第三个是超市，销售的水产品，以中端、低端为主；第四个是单位食堂，销售的水

产品，也以低端水产品为主。但一些党政机关、事业单位、国企，以及效益较好的外企和民企，这些单位，往往在大食堂外，还有小食堂，因此，这些单位对高端水产品也有相当的需求；第五个是专卖店，销售的水产品，一般以季节性强且毛利较大的水产品为主，如大闸蟹、水产大礼包等；第六个是 B2B、B2C 电子商务平台，主要销售以及毛利较高、不易变质、不易死亡的水产品为主，如大闸蟹、水产大礼包（含包装规范的冷冻品、加工品、干品等）。当然，这几种水产品流通渠道或流通方式也没有涵盖全部的水产品流通方式，如：距离水产批发市场较远、规模又比较小的饭店和单位，它可能通过菜场或超市采购。

中央反腐败反浪费的各项措施，对水产品销售的影响，主要集中在高端水产品和主要用于送礼和职工福利的水产大礼包。以上海最大的水产活鲜交易市场——上海铜川路水产市场为例，它面对的客户大多数是大大小小的餐馆。由于中央在 2013 年元旦春节前颁布了"八项规定"，对"舌尖上的腐败"杀伤力很大，因此，该市场 2013 年元旦春节交易量呈"断崖式"下降，同比减少 44%，降幅惊人，其中，高端的水产品降幅更大。另外，主打水产冻品加工品、冰鲜、贝类的上海水产品交易量最大的上海东方国际水产中心，有水产大礼包销售"大本营"的美称，上海 50% 以上的水产大礼包出自该市场。几年来，水产大礼包的销售，每年都以几何级数增长，然而，这样的增长势头在 2013 年元旦春节戛然而止。根据以往规律，每年中秋节国庆节前，水产大礼包开始动销，到来年春节前夕达到高峰，而 2013 年的中秋节国庆节，水产大礼包销售只及往年同期的十分之一，估计 2014 年的元旦春节，也只及上年的三分之一。同为最大海鲜销地之一的北京也一样。北京最大的海鲜市场京深海鲜市场，2013 年的高档海鲜销售，至少缩水 60%。而据养殖产地的山东威海水产品市场提供的数据，原来销量一直走高的养殖鲍鱼，2013 年 12 月的价格同比下降 30%~40%。总体而言，2013 年的高端海鲜销售，呈现量价双跌的特点。

由于水产品销售滑坡较大，对水产市场的传导影响也渐次体现。据北京京深海鲜市场提供的信息，该市场商家有 1500 家左右，仅 2013 年下半年，就有一成经营高档海鲜的商家退出市场，目前经营高档海鲜的商家仅有 46 家。为留住客户，该市场对商家以现有租金打 7~9 折优惠，年整体减租 280 万元，和市场商家共渡难关。

3. 水产品销售将回归常态

近几年，水产品的销售量价齐飞，有一定的合理因素，如我国经济的持续高速发展和国民收入的逐步增加，带动了水产品消费需求的快速递增，而野生水产资源没有相应增加，同时，水产品捕捞、养殖、加工、运输、流通的成本却出现较大幅度提高，这些因素，共同导致水产品销售量和销售价格的同步上涨。但这个过大的涨幅中，也包含了不合理的成分，这就是大量的公款消费，直接推高了水产品的销售量和销售价格，扭曲了水产品的价格信号。

基于以下因素，水产品的销售量和销售价格将回归理性，回归常态。

其一，我国反腐败反浪费将运动式转为制度式，党政机关、事业单位和国企等单位的公款消费将进一步压缩，并通过预算公开透明等方式予以固化，这将挤去高档水产品销售中的泡沫。

其二，受全球经济危机影响，我国的经济下行压力逐步加大，GDP二位数增长的势头不可能维持，7%~8% 或更低些的中位数增长将是常态。一些外企和民企的经营效益也必然有所影响，用于请客送礼和员工福利的开支也会有一定幅度的减少。

其三，百姓对经济前景不乐观，消费意愿低迷，消费拉动作用不明显。

相关企业必须正视上述新情况，及时调整经营方式和营销方法，以摆脱困境，求得更好的生存和发展。

三、新形势下如何拓展水产品销售

理想很丰满，现实很骨感。面对比较困难的形势，水产企业的洗牌在所难免。如何克服困难，积极主动迎接挑战，创造条件化解不利因素，是摆在每一个水产企业面前的难题。机会，永远青睐勤奋者和智慧者。这里，我们就反腐倡廉和压缩公款消费大背景导致水产品销售回归理性的情况下，水产企业如何拓展销售问题，从合作求得共赢、创新营销方式、拓展营销区域、调整销售重点、调整获利预期、方便大众消费、注重诚信经营等七个方面做一些探讨。

1. 合作求得共赢

合作，是成功与否的关键，做人是这样，经商更是这样。一个成功的商人，智商高、魄力大，同时情商要高。以合作求得共赢，大而言之，有内外二个层面。

第一个层面，就是水产业内的商家合作，抱团取暖。这主要通过发展商会职能或提高水产批发市场的组织化程度来实现。由于商会是商家自愿组合的民间社团，商会的领导一般都是由业内有影响有实力且热心公益的企业家担任，号召力强，因此，与官方色彩的协会相比，商会更能为会员解决生产经营中的一些困难和问题，同时，还能为会员解决诸如小孩异地上学、会员及其家属的当地就医等困难，参与会员的婚丧事宜等，因此，具有较好的凝聚力。在此基础上，如果进一步帮助会员提高获取信息的能力，提高组织化程度，在协调会员联合进货提高会员的进货议价能力等方面做些扎实工作的话，商会的作用将更大。这些工作，商会可以做，批发市场也可以做。

第二个层面，就是与外部利益相关方合作，获得共赢。首先，我们应该与物流配送企业合作，降低配送成本。目前，水产经销商的物流配送，除客户自提外，大都各自为政，导致物流效率低下，物流成本较高。如果在商会或水产市场的组织协调下，委托有实力的第三方物流企业统一配送，就既能提高效率、降低成本，又能提高销售的辐射范围。其次，我们应当与餐饮企业合作，提高销售量。压缩公款消费，餐饮业所受到的打击远比水产业更大更直接，它要化解负面影响的愿望和动力也远比水产经销商要强。由于水产品是餐馆的主要原料，所谓"无鱼不成宴"，形象地说明了两家的紧密而友好的关系。基于共同的目标，两家联手，邀请媒体、专家、技师等，举办形式多样的集知识性、趣味性、艺术性、美味性、营养性等为一体的活动，如水产品烹饪大奖赛、水产品烹饪培训、水产品选购讲座、水产品安全知识大奖赛等活动，以此加快餐饮业复苏、促进水产品销售。

2. 创新营销方式

水产品营销，目前基本上以传统的关系营销为主，但是，一些新情况新问题迫使水产品流通要因变而变：一是水产品销售构成中，活鲜、冰鲜逐渐减少，冻品逐渐增加；二是加工比重年年有较大幅度提高；三是政府和全社会对食品安全更为关注，监督更为严格；四是电子商务发展迅速，交易额屡创新高。11.11 光棍节，阿里巴巴旗下的天猫、淘宝网一天的销售额，2011 年是 33.6 亿元，2012 年是 191 亿元，2013 年狂飙到 350 亿元，对此，李克强总理还表扬马云创造了一个消费时点。马云以一亿元豪赌他的预言——到 2020 年，电子商务和实体店将平分社会商品零售额；五是人力资源成本持续提高，党的十八大政治报告提出了到 2020 年国民收入翻番的目标；六是房地产价格持续上涨，导致实体店的房租价格持续提高；七是除少数因公款消费而炒高的高端水产品外，大多数水产品价格受资源减少、养殖捕捞成本和物流成本提高等因素影响而上涨。

上述因素，都对水产品销售产生了不利影响，因此创新营销方式在新形势下尤为必要。首先是大力发展水产品的网络营销、微信营销、微博营销。冻品及其加工品比重提高，适合网上销售的水产品的品种、数量更多；冷链物流更加发达；网速更快；网民更多。这些因素表明网络营销、微信营销、微博营销等营销方式是可行的，而它们能降低流通成本、提高流通效率、扩大企业影响等优势，表明采用这些营销方式是必要的。事实上，现在近 4000 多家水产网店存在的现实，将倒逼抱残守缺的水产经销商。其次是大力发展品牌营销。由于水产品存在一定的食品安全问题，同时，在流通过程中也有一些不诚信经营的问题，因此，开展品牌营销，表明自己产品与其他产品的区隔以及自己的道德宣示，从很大程度上提升经销商的社会形象，从而从为数众多的不注重品牌营销的水产经销商群体中脱颖而出。第三是尽可能开展知识营销。水产品，相对于肉类而言，具有更多的优势：更营养、更美味、更健康、更安全，因此，我们要通过多种渠道、采取多种方式，对水产品的优势做全面广泛的宣传。

3. 拓展营销区域

拓展营销区域，包含两方面内容。

一是拓展本地现有辐射区外地区。以上海为例，上海现有大大小小水产市场 10 家，除了铜川市场和东方市场外，其它市场辐射范围大都不超过 10 公里，如果通过提高批发市场组织化程度，与冷链物流企业和菜市场管理公司合作，就可以大大提高辐射范围，进而提高销售量。

二是拓展外省市区域。由于消费习惯和消费能力等因素的制约，海鲜的消费以南方和沿海地区为主，北方和内地城市，尤其是北方和内地的中小城市，海鲜消费量相对较少，这就为海鲜特别是中低档海鲜的销售拓展提供了极大的市场。近几年南方大闸蟹开拓广大北方市场的成功经验，也为拓展海鲜市场提增了信心。拓展外省市市场，应当借力当地的水产协会、水产商会、水产批发市场，建立紧密的合作共赢机制，确保业务的可持续发展。

4. 调整销售重点

"舌尖上的腐败"，刺激了高档水产品的消费，批发单价在每斤 100 元以上的水产品，消费群体绝大多数是"吃皇粮"的机构，如党政机关、事业单位，以及国有国营企业及其个人。

现在，反腐败反浪费向纵深发展，上述消费群体的消费数量锐减，由此带来高端海鲜销售减少五成以上。对于这样颠覆性的变化，水产商家应当调整销售重点，由原来的机关事业单位和国企，转向民企、转向普通消费者，转向超市，并在组织结构、人员配备、销售策略、广告宣传策略等方面做相应的调整。

转向民企和普通消费者，容易理解，转向超市，则更是营销战略的重要调整。电子商务的飞速发展，是众所周知的事实，而最适合网上销售的商品，是标准化、包装化的非体验式工业品。这部分商品，十多年来，大型超市抢走了百货商店的许多生意，搞得许多百货商店难以生存。现在，大型电子商务平台开始与大型超市争抢起非体验式工业品生意来了。由于大卖场的房租和人力资源成本很高，因此，竞争的结果，不判自明，大卖场一定会输给大型电商。面对这种前景，大卖场必然会大力发展生鲜商品，因为生鲜商品对物流配送要求很高，物流成本较高，电商没有太多的优势。在这种形势下，水产商家面临更多的机会，如果提早布局，前景光明。

5. 调整获利预期

不同类型的水产品，经营毛利差异很大。一般来说，淡水鱼毛利比海水鱼低，冰鲜毛利比冻品低，贝类小海鲜毛利较低；毛利高的，主要是进口海活鲜、冰鲜、冻品和水产大礼包，而进口海活鲜、冰鲜、冻品和水产大礼包之所以毛利高，就在于它们的消费对象大都是"吃皇粮"的公务人员，消费的资金大都是公款。现在，这部分销量锐减。

面对常态消费主力的自掏腰包的普通消费者，水产商家要端正心态，做生意要常怀平常之心，摒弃以前面对公款消费者"杀肥猪"给回扣的经营思路，调整获利预期，薄利多销，这是调整销售重点以后的必然选择。以水产大礼包为例，以前的毛利总在 60% 左右，如果我们将毛利定位在 30% 左右，相信普通消费者的需求还是很大的，这样，水产商家就能与普通消费者实现双赢。

6. 方便大众消费

方便大众消费，应该从以下三方面努力。

其一，大包装改小包装。以前，高端水产品绝大部分是由公款消费或者是个人买单请党政机关干部消费，因此，包装相对较大。现在，这部分消费得到极大抑制，有必要将高端水产品由大包装改为小包装，以满足个人消费者的需求，促进销售。

其二，开发加工食品。促进水产品销售，仅仅流通领域努力，是远远不够的，应该全产业链共同努力，特别是在水产品加工环节，有很多工作可以做，多开发一些即食食品和微波炉食品。相比较，前者做得较好，如鱼松、鱼干、鱼酱、鱼罐头等，系列化产品较丰富，可以在这基础上继续努力。而微波炉食品的开发，则显得滞后，但是，和即食食品比较而言，微波炉食品的加工方法比较简单，加工成本比较低廉，更重要的是微波炉食品的市场前景不亚于即食食品，因此，加大这方面的努力，对扩大水产品销售极具意义。

其三，配套提供消费指导或赠送相关消费工具。有些高端水产品，普通消费者不知道如何消费，商家可以在这方面提供帮助，如将该水产品的营养知识、营养成分、如何挑选、如何保存、如何解冻、如何烹饪等相关知识及注意事项，印在外包装或制作成小卡片放在包装内，相信对扩大销售有帮助。另外，也可以赠送些相关的消费工具，方便消费者，如卖蟹的可以送蟹醋、吃蟹工具、去腥味的紫苏等，有的商家甚至还附送小包绿色大米、小瓶白酒等，让消费者感觉到温馨、感觉到物超所值。

7. 注重诚信经营

水产品销售中，少数无良商家，往往会采取有违道德良知甚至违反法律法规的手段，赚取不义之财。在水产品流通环节，商家不诚信的行为大体上有以下六种：

第一种是过度包冰。水产品为了保鲜防腐，包冰是常用的办法。包冰多少，国家没有标准，业内一般认为包冰 10% 左右是合理的，但有些商家通过反复包冰，冰重量达到 30% 以上，严重损害了消费者的利益。

第二种是虚标产地。不同产地的水产品，品质差异较大，因而价格也有很大落差，无良商家就通过虚标混淆产地，赚取不义之财，如将进口鲳鱼、带鱼冒充东海鲳鱼、带鱼，将上海崇明刀鱼、浙江海刀冒充江苏江阴刀鱼，将智利三文鱼冒充挪威三文鱼等。

第三种是短斤缺两。这是水产品销售中最传统原始也最普遍的手法，随着科技的进步，一些无良商家在计量器具上做手脚，通过遥控、放磁铁等方法加重，恶劣的增重达 30% 左右。

第四种是以次充好。有些商家，利用大部分普通消费者无法辨别水产品优劣的特点，将保存期长鲜度较差甚至变质的水产品当做新鲜水产品销售。

第五种是养殖冒充野生。野生水产品和养殖水产品品质差异很大，同时，野生水产品因其稀缺性，价格大大超过养殖水产品。一些不良商家就通过将养殖的冒充成野生的，赚取不道德的财富，典型的水产品如大黄鱼、甲鱼、对虾、海参、鳝鱼等。

第六种是使用违禁药品。许多违禁品对人体有害，政府是明令禁止或限制使用的，但还是有不法商家违规违法使用。水产商家使用违禁品，主要有三类。一类是用于给水产品"美容"的，如用黄粉、红粉给不怎么新鲜的黄鱼和舌鳎鱼等"化妆"，误导消费者，这在水产品零售环节较为普遍。第二类是延长水产品存活时间的，如孔雀石绿等，它有杀菌增氧作用，这在水产品养殖、运输、流通环节都有可能使用，2006年上海的"多宝鱼事件"，就是山东地区在养殖和运输环节使用孔雀石绿的食品安全事件。第三类是防止水产品腐败变质的，如甲醛、双氧水等，这较多的出现在水产品加工环节，水发类水产品，如鱿鱼、墨鱼、虾仁等较为常见，流通环节也时有发生，2008年夏天无锡发生的"橡皮银鱼"事件，就是用甲醛、双氧水浸泡银鱼的食品安全事件。

中央反腐败反浪费，将走向深入，并形成制度化，这样，严格控制公款消费，将必然通过预算的公开透明以及严格的监督等手段予以落实。高端水产品和水产大礼包的平民化将是趋势。面对这样的变化，水产商家要有清醒的认识，及时调整经营心态，转变经营思路，在挑战中寻找商机，力争在新一轮的水产业竞争中脱颖而出。

本文发表于《上海商业》2014 年第 1 期

大厨，明天你可以去超市一样的水产市场

大厨，最不愿意去的地方是哪里？水产市场。

大厨，最不得不去的地方是哪里？水产市场。

这是大厨一直最纠结的事情：我国的水产市场，大都脏、乱、差，环境脏兮兮，味道臭烘烘，地上水汪汪，秩序乱糟糟，因此，大厨都不愿意去水产市场。但是，无鱼不成宴，没有水产市场上的燕、翅、鲍，少了水产市场上的乌龟、王八，缺了水产市场的龙虾、帝王蟹，巧妇难为无米之炊，纵是大厨有天大本事，也撑不起上档次的饭店招牌。加上水产品里的"戏法"又多：什么黄粉、红粉、甲醛、孔雀石绿等水产"化妆品"，什么养殖的变成野生的，什么进口带鱼、鲳鱼变成东海带鱼和鲳鱼，等等，都等着大厨的"火眼金睛"去识别。因此，大厨又不得不去水产市场。

但是，这是过去的水产市场，这是现在的水产市场。

明天的水产市场，购物环境将和超市一样，甚至比超市更好。

明天的水产市场，功能齐全、布局合理、人车分流、环境优雅。停车区，货车、轿车、助动车自行车分区停放；住宿区，对外封闭，家庭房、男女集体宿舍分类管理；仓储区，冷库为主，配备适量的普通仓库，用于储存干制水产品、休闲水产品、海蜇等不需冷冻的水产品；办公服务区，市场办公和服务、客户办公分别设置；休闲区，餐饮、娱乐有序设置。

作为明天的水产市场，最大的亮点，就是交易区。

交易区，根据水产品的不同特性，采用同类合并的方法，设置四个交易区：鲜活交易区，冰鲜贝类交易区，冻品及其加工品交易区，干品交易区。

不管是什么类型交易区，每家商户有一些基本的配置是统一的，这就是：大小一致但风格不同的商家招牌、统一规格的 LED 及其统一格式的显示内容（品名、产地、规格、计价单位、单价）、电子秤、刷卡机、电脑、桌子、椅子。

除上述标配外，不同类型的交易区，也有一些个性化的配置。

冻品及其加工品交易区，配置统一的冰柜，用于陈列商品，方便采购者选购。同时，每个商家还配置统一的 1-2 吨的小型装配式冷库，便于少量采购者现场提货。

鲜活交易区，每个商家配置统一的鱼缸，用于活鱼出样，方便采购者选购，同时，每个商家还配置统一规格的暂养池，便于少量采购者现场提货。暂养池，将海水鱼和淡水鱼分开。

冰鲜贝类交易区，每个商家配置统一的陈列柜，用于冰鲜或贝类出样，方便采购者选择。同时，每个商家还配置一定面积的空地，用于堆放冰鲜或贝类水产品，便于少量采购者现场提货。由于冰鲜和贝类水产品较脏，味道较重，该交易区对通风排风的要求较高，对地面易冲洗和防积水以及排水的要求较高。

干品交易区，每个商家统一配置商品陈列柜，用于水产干品的出样，方便选购，同时，为商家统一配置小型普通仓库。

如果水产市场的规模较大，而水产市场的布局又是在不同楼层，最好将不同的交易区安排在不同楼层，最不济，可以将冻品及其加工品交易区和干品交易区布置在一个楼层，因为这两类水产品相对比较干净，味道较少。而冰鲜贝类交易区和鲜活交易区布置在另外楼层，这些水产品的共同点就是水多、泥多、腥味大。

不管是什么类型交易区，交易方式都一样：采购者进入交易区，第一件事情，就是用现金或银行卡，根据需要，购买任意数额的充值卡后，象超市购物一样，推起购物车，到交易区内各商家前选购水产品。

选购完成后，在该商家的刷卡机上刷一下，取得购货清单。如少量的，可现场提货自带，如量大需要物流配送，则不必现场提货，可在市场物流配送服务处，凭购货清单办理委托配送手续。采购者在该交易区完成采购出门时，对充值卡及其余额，可以退卡退钱，也可以带卡回家，也可通过网上银行，对所持卡进行充值，省去下次采购时现场充值的麻烦。大量批发的需要赊账的，只要货主同意，凭货主的条子，也可办理物流配送。

这样的水产批发市场，为实现各方多赢创造了基础条件。

对采购者来说，购物环境有了极大的改善，信息透明，便于选择比较，提供物流配送，服务周全。

对批发商来说，有利于提升自身的品质，拓展销售渠道，提高辐射范围。

对水产批发市场来说，摒弃了住宿、仓库、办公销售"三合一"模式，极大消除了消防安全、治安安全等隐患；实现了电子统一结算，获得不菲的沉淀资金和丰富翔实的交易信息，为交易模式和盈利模式的转变创造了条件，同时，完成了水产品的全程追溯。

去这样超市一般的水产市场，选购能充分展示自己厨艺、给消费者美味享受、为饭店带来利润和名誉的水产品，大厨，该不会纠结了吧？

本文发表于《厨聚》2014年1月创刊号

五张大牌助力餐饮水产度时艰

2013 年，对餐饮业和水产业来说，都是比较艰难的一年，而 2014 年，基本格局没有大的变化，两个紧密相关的上下游行业如何共度时艰？

根据国家统计局数据，2013 年，全国餐饮收入累计实现收入 25392 亿元，同比增长 9%，其中限额以上企业（单位）餐饮收入累计达到 8181 亿元，同比下降 1.8%。中国饭店协会对 2013 年全年餐饮市场分析显示，餐饮市场呈现高端餐饮低迷、大众餐饮势头强劲的两极化表现。分析数据显示：2013 年高档餐饮企业近九成营业额同比下降，平均降幅 40~50%，较差的降幅达到 80%。

同全国的情况一样，上海统计局的数据表明，2013 年上海住宿餐饮业实现零售额 484.6 亿元，以增长仅 1% 的业绩收官，而据上海餐饮烹饪行业协会对 64 家不同业态重点餐饮企业的经营数据采集及分析，2013 年营业收入同比下降，剔除规模餐饮企业发展增量因素，下降 6.2%，其中 45 家正餐企业，同比增长的仅 12 家，同比下降的达 33 家企业，也就是 73.3% 的上海正餐企业业绩同比是下降的，而在餐饮企业经营势头总体下滑中，正餐中的高档经营更是遭到猛烈冲击，下降幅度达到 30% ~ 70%。

餐饮业上述下滑形势，按照中国烹饪协会副会长边疆的说法，是国内餐饮行业 20 多年没有碰到过的，表明餐饮业面临的形势相当严峻。

餐饮业遭遇寒冬进入历史低谷，据上海餐饮烹饪行业协会分析，是由六方面原因造成的：宏观经济增长放缓、中央八项规定出台、食品安全问题困扰、居民消费指数降低、节假出市旅游人员增多、企业成本压力加大。

2013年是如此，2014年餐饮业，上述六大因素依然存在。在租金高、人力成本高、物料成本高、消费低的"三高一低"情况没有可能好转的情况下，全国餐饮行业目前已经很低的5%~8%的平均利润率，只会更低。在此背景下，高端餐馆出现关门潮，如著名的上市的餐饮连锁企业湘鄂情，2013年7月时就有八家门店关门，有的酒店更是受餐饮和住宿不景气的双重打击，如上海的五星级酒店锦沧文华，正在改造为办公楼对外出租。

作为餐饮业上游产业的水产业，"无鱼不成宴"的特点，使两个行业天然形成了相互依赖、一荣俱荣一损俱损的关系。随着消费者消费能力的提高和消费者对健康的高度关注，水产品日益成为餐饮的主角，两者关系更加紧密。餐饮业的不景气，让水产业深深感受到"唇亡齿寒"。水产品，特别是高端水产品销售出现较大滑坡，作为水产行业流通中枢的水产批发市场，更是"春江水暖鸭先知"。

我国的水产品销售，大都是由产地批发市场和国外进口，通过销地批发市场销售的，销售通路主要有六个：第一个是通过饭店宾馆流向终端消费，所销售的水产品较杂，高、中、低档水产品都有；第二个是通过菜场流向终端消费，所销售的水产品，以低端为主；第三个是通过超市流向终端消费，所销售的水产品，以中端为主；第四个是通过单位食堂流向终端消费，所销售的水产品，以低端为主，但一些党政机关、事业单位、国企，以及效益较好的外企和民企，这些单位，往往在大食堂外，还有小食堂，因此，这些单位对高端水产品也有相当的需求；第五个是通过专卖店流向终端消费，所销售的水产品，一般以季节性强且毛利较大的水产品为主，如大闸蟹、水产大礼包等；第六个是通过电子商务平台流向终端消费，所销售的水产品，一般以毛利较高、不易变质、不易死亡的水产品为主，如各种水产礼券、大闸蟹、甲鱼、水产大礼包。

2013年，受反腐败反浪费的影响，水产品销售滑坡很大，尤其是高端水产品和主要用于送礼和职工福利的水产大礼包。以上海最大的水产活鲜交易市场——上海铜川路水产市场为例，它面对的客户大多数是大大小小的餐馆，由于中央在2013年元旦春节前颁布了"八项规定"，对"舌尖上的腐败"杀伤力很大，因此，该市场2013年元旦春节交易量呈"断崖式"下降，同比减少44%，降幅惊人，其中，高端的水产品降幅更大。享有水产大礼包销售"大本营"美称、上海50%以上的水产大礼包"产地"的上海水产品交易量最大的上海东方国际水产中心，几年来，水产大礼包的销售，每年都有大幅度的增长，然而，这样的增长势头在2013年元旦春节戛然而止，整个2013年的水产大礼包销售，同比减少60%以上。与上海同为最大海鲜销地之一的北京也一样，北京最大的海鲜市场京深海鲜市场，2013年的高档海鲜销售，至少缩水60%。受此影响，该市场仅2013年下半年，就有一成经营高档海鲜的商家退出市场，目前经营高档海鲜的商家仅有46家。而据养殖产地的山东威海水产品市场提供的数据，原来销量一直走高的养殖鲍鱼，2013年12月的价格同比下降30%~40%。总体而言，2013年的高端海鲜销售，呈现量价齐跌的特点。2014年，也基本上延续上年的态势。

餐饮业和水产业，可谓是难兄难弟！

面对困境，许多餐饮企业纷纷寻求应对之道：高端餐饮通过调整产品结构、降低人均消费谋求亲民转型；大力发展食品加工；进军海外市场；针对单位餐饮外包的趋势发展团膳市场；针对白领群体以及采用新型生活和工作方式人群增加的情况发展外卖业务；针对互联网尤其是移动互联网快速发展的趋势创新经营模式，在加强团购、会员卡、天猫商城等传统电子商务渠道开拓力度的基础上，加强手机订餐应用和微营销平台的开发。

总体而言，在大众消费时代和互联网时代的2014年，餐饮业将向大众化、品牌化、信息化、产业化转型。

除了业内自身转型发展外，餐饮业还可以跨界联合，同作为水产业流通中枢的水产批发市场合作，主打食品安全、诚信经营、抱团直购、营养健康、活动促销等五张大牌，抱团取暖，携手共渡难关。

第一张，食品安全牌

近年来，餐饮业食品安全问题屡有发生，而消费者对食品安全的要求也日益提高，作为餐饮主要食材的水产品，其安全也愈来愈为社会关注。水产品的安全与否，直接关系到餐饮的安全。水产品的安全，主要有三方面的问题：一是使用化学品给水产品"美容"的，如用黄粉、红粉给不怎么新鲜的大小黄鱼和舌鳎鱼等"化妆"；二是使用如孔雀石绿等杀菌的；三是使用甲醛、双氧水等防止水产品腐败变质或水发水产品的。这些化学品或药物，对人体大都有不同程度的危害，个别商家为了一己私利而违法使用。由于水产市场对经销商比较了解，监管也方便有效，餐饮企业可与水产市场合作解决相关问题。今年2月，国家质检总局发布了《关于开展重点商场质量首负责任制度试点工作的通知（征求意见稿）》，通知引进了民法通则、消费者产权益保护法、产品质量法等多部法律中"先行赔付"的概念，即消费者如果在商场购物时权益受到损害，商场将先行解决消费者提出的"三包"要求，赔偿相关损失，再由商场依法向相关责任方追偿。水产市场如采用市场质量首负责任制度，对餐饮企业作出承诺，餐饮企业对消费者作出承诺，将形成消费者、餐饮企业、水产市场、水产经销商四方共赢的局面。

第二张，诚信经营牌

水产品销售中，少数无良商家为了赚取不义之财，往往不顾诚信，采用虚标产地、以次充好、养殖冒充野生等手段欺骗采购者。由于上述方法具有一定的专业性，识别难度较大，餐饮企业也可以采用与水产市场合作，或由水产市场采用市场质量首负责任制度，或参考水产市场公布的经销商诚信档案选择供应商，或由水产市场质量专员协助把关，可以有效避免无良商家设下的销售陷阱，实现参与各方的共赢。

第三张，抱团直购牌

近几年，水产品的价格快速上涨，有的甚至成倍提高，如东海大规格的新鲜鲳鱼和带鱼。推高水产品价格最主要和最直接的原因是通货膨胀。2010年以来，与水产品生产流通相关的燃油、鱼药、鱼饲料、土地、租金、人工、运输、仓储等价格均有较大幅度的提高；水产品的替代消费品——广义上的其他农副产品如肉、禽、蛋等，涨价也较大，也推高了水产品价格；另外，供需失衡也是推高水产品价格的重要原因，如过度捕捞导致海洋水产资源式微产量减少，如2013年虾类因全球性病害大幅减产，根据中国水产流通与加工协会提供的资料，光对虾就减产15%，而作为全球最大对虾生产国的我国的对虾产量，由2012年的153万吨减为120万吨，降幅更是高达21.6%，直接大幅度推高了虾类市场价格。

作为餐饮主要食材的水产品，采购价格的高低，直接影响到餐饮企业的营收及其利润。如何降低水产品的采购价格？抱团直接采购。所谓抱团直购就是多家餐饮企业联合向产地水产批发市场或大城市的大型销地水产批发市场的规模较大的经销商采购，这样一则可以尽可能地减少流通的中间环节，二则可以大大提高餐饮企业的议价能力，从而最大限度地达到降低采购价格的目的，同时，也确保了水产品更新鲜的品质，这方面，水产市场可以帮助餐饮企业起到作用。

第四张，营养健康牌

水产品特别是海产品，与肉禽类产品相比，对人类的营养健康更有利：蛋白质高、质量好，易为人体消化吸收；脂肪含量低，有一定的防治动脉粥样硬化和冠心病的作用；无机盐含量比肉类多，主要为钙、磷、钾和碘等。

这些知识，对面临大量食品和环境安全问题困扰的消费者、对追求更高绿色健康生活品质的消费者，餐饮业和水产业，于利益于感情，都应该联合起来，通过多种渠道、采取多种方式，与媒体一起举办形式多样的集知识性、趣味性、艺术性、美味性、营养性为一体的活动，如水产品选购讲座、水产品知识大奖赛等活动，向消费者做全面广泛的宣传，开展知识营销，让消费者吃上更多的更营养、更美味、更健康、更安全的水产品，以促进餐饮业和水产业的良性发展。

第五张，活动促销牌

　　美味，是人类永恒的追求，也是媒体喜欢的话题，而水产品，也永远是美味不可或缺的主角，餐馆和水产市场有这个优势，再邀请厨具生产企业，基于共同的目标，三方合作一起搭台唱戏，开展一些宣传促销活动，如请大厨，利用新、特、优厨具，以经济型水产品为主要食材，烹饪美味家常的菜肴，由美食家点评，由通过网络海选的消费者进行现场品味评选，活动现场邀请电视台、电台、网络、报刊等各类媒体参与。这样的活动，事关千家万户的"舌尖"体验，主题积极，形式鲜活，将对相关产业起到积极推动作用，促销效果好。

　　本文发表于《厨聚》2014 年 4 月刊

水产市场 源头防火

    谈起批发市场的火灾，人们都会说出很多小商品市场、服装市场、建材市场，如 2005 年 3 月 5 日，郑州市敦睦路针织商品批发市场发生特大火灾，死亡 12 人；2008 年 1 月 2 日，主要经营服装和文体用品的乌鲁木齐市德汇批发市场一场大火，夺走了 3 名消防官兵的生命；而武汉著名小商品批发地汉正街，火灾更是频发，光 2011 年 1 月 17 日的一次火灾，就造成了 14 人死亡。小商品市场、服装市场所经营的商品易燃，但农产品批发市场经营的蔬菜、水果等不易燃，祝融也常常光顾，如 2013 年 12 月 11 日，深圳荣健果蔬批发市场一场火灾，16 人死亡，5 人受伤，其损失惨重，创近年来批发市场之最。

    水产批发市场，对于消防安全，一直有一种错误乃至荒唐的认识：水产市场多的就是水，水克火，放火都要有水平，因此，很多水产市场，从上到下，缺乏必要的重视。然而，火灾，水产市场从不缺席：

    2010 年 12 月 26 日，杭州石桥路上的农都水产市场一冻品仓库起火，杭州市调集了 8 个中队的 23 辆消防车参与救火。

    2011 年 11 月 28 日，全国著名的广州黄沙水产市场发生火灾，燃烧了一个多小时，15 辆消防车参与扑救。该市场在 2010 年 2 月 25 日已发生过火灾，那场大火中，市场 8 家商铺被烧毁。

    2012 年 8 月 19 日，以经营海活鲜出名的上海铜川路水产市场起火，用于库房和冷藏库的房屋遭大火洗劫，一名 30 多岁男子丧生火海。

该市场在2008年2月28日，也发生过火灾，近20家店铺被烧毁，过火面积达500平方米，10余辆消防车经过一个多小时的扑救终将大火扑灭。

2013年3月21日，长春光复路水产市场发生火灾，长春消防部门出动3台消防车灭火。

2013年4月13日，重庆渝中西三街水产市场起火，两小时才扑灭大火。

2013年1月6日，上海农产品中心批发市场的水产品交易区，发生一起重特大火灾，过火面积高达4000平方米，5死14伤，造成了极大的人员财产损失。

······

国内是这样，国外的水产市场，也时有火灾发生，如日本最大水产批发市场、首都主要旅游景点的东京筑地鱼市场，2012年1月8日一水产仓库失火，所幸当天闭市，只有一名消防员受轻伤。

惨痛的事实证明，火灾，不因为水产市场多水而不会发生，相反，水产市场因为严重的"三合一"、因为严重的电线私拉私接、因为存放这许多易燃的生活用品和大量经营用的易燃泡沫箱以及水产大礼包包装盒，火灾也频频发生，因此，加强水产市场的消防工作，刻不容缓。

然而，水产市场的消防管理，切忌头痛医头脚痛医脚，那样的话，投入很大但效果很差。

水产市场的消防管理，水产市场本身要从思想上真正重视消防安全，由要我做变成为了安全我要做，破除侥幸麻痹思想，从思想自觉上升为行动自觉，加强消防设备设施及消防用水的日常检查维护，加强易燃物品存放的日常管理检查，加强装修改造动用明火的现场管控，加强消防通道的日常检查，排摸死角、消除盲区，除此之外，更应该从源头上着手，提高消防管理的有效性，以取得事半功倍的效果。那么，水产市场消防管理的源头在哪里呢？在"三合一"，在液化气，在电源私拉私接，在擅自隔断形成"房中房""群租房"。下面，本文就水产市场如何从这四个方面着力以消除消防隐患遏制火灾发生作些探讨。

一、杜绝"三合一"，从市场建设审批开始

批发市场，包括老市场、新市场，乃至在建的市场，绝大多数是"三合一"市场。那么，什么是"三合一"市场？"三合一"市场，就是摊大饼式商铺布局中，每间商铺上下二层或三层，每间商铺同时具有三种功能的批发市场。哪三种功能？一是做生意，有商品陈列、办公设施、来客洽谈，二是住宿，含在商铺中做饭烧菜，三是仓库，放置一些所经营的商品和经营商品所必须的包装物品，如纸盒、泡沫箱等。

"三合一"市场的历史很悠久，有商品流通开始，就有"三合一"商铺，规模渐大，发展为"三合一"商街、"三合一"市场。

存在的都有其合理的成分。"三合一"商铺、商街、市场，历经弥久而不衰，客观上有其存在的理由。对商家而言，就是便宜和方便。便宜，就是门面、住宿、仓库"三合一"，比起分别租赁三个地方，从经济上讲，优势相当巨大，能最大限度降低商家的营运成本。方便，门面、住宿、仓库"三合一"，比起分别租赁三个地方，从效率上讲优势也相当明显，看样、洽谈、结账、提货一气呵成，客户等候的时间短，成交的几率大，客户有急需，不在交易时间也不受影响。这种模式，市场商家，特别是规模不大的中小商家而言，是很受欢迎的，而批发市场的主体，正是这样的中小商家。

"三合一"市场，对市场方意味着什么呢？经营内容调整方便、转手方便，有利招商。"三合一"商铺，因为对商家有便宜和方便的优势，市场方开展招商相对比较容易。另外，"三合一"商铺适应性强，对小商品、百货、食品、农产品、水产品等商品类型都适用，一旦原先设想的甲类商品市场招商不成功，投资人可以有多种选择规避风险：或者可稍加改造很多甚至不用任何调整改造，就可变成乙类商品市场对外招商，或者变成一个大杂烩的综合市场对外招商；或者转手给其他投资人，由于市场商铺"三合一"是"标准化"的，转手相对比较容易。

正是由于商家和市场投资人都喜欢，因此，"三合一"市场的生命力极强，生生不息。

然而，"三合一"市场的问题也是很显然的。首先是消防隐患严重。这已经为无数批发市场的灭顶之灾和无数鲜活生命的代价所证明了

的。其次是严重影响了批发市场的发展。交易方式仍停留在原始的对手交易上，无法采集准确实时完整的交易信息，使市场难以为客户提供更多的增值服务，如引进第三方物流为客户进行统一的物流配送服务，从而降低客户高企的物流成本；如为客户提供融资服务或融资担保，方便客户融资并降低其融资成本，以培育客户做大做强。第三是交通管理难度加大。在交通高峰时间段，交通拥堵无法改善，而在暑假期间，批发市场的小孩剧增，陪带的老人也明显增多，市场内的交通事故增多，市场压力加大。

但是，由于商家和批发市场的短视，由于政府的不作为或不当作为，致使"三合一"市场不断诞生，这时，政府这只"有形的手"不应该无所作为。现有的批发市场建设审批机构如商务、规划、消防等政府部门，要借助审批的手段，有所作为，确保批发市场各功能区如交易区、仓储区、停车区、加工区、餐饮区、住宿区、办公区等既相对独立又通过场内科学合理的交通循环系统予以关联。如上述相关部门和相关行业协会以及批发市场的有识之士一起，草拟各专业或综合批发市场的建设规范，并公开在社会上征求意见，一旦经过法定程序成为政府规章，任何部门、任何人员，都应严格按照规定办理，不得以种种理由和借口徇私情，再让"三合一"市场出笼。这个最为重要的关口守住了，这就从源头上消除了消防安全最严重的隐患。

当然，批发市场在不再建设"三合一"商铺的同时，也应当多为市场商家着想，建设安全、实用、廉价的家庭型集体型住宿房和个人住宿房及其仓库，并提供全面周到、便捷温馨的专业服务，降低市场商家及其相关服务人员的经营成本和生活成本，营造"市场就是你的家"的良好氛围。

二、杜绝液化气，从市场入口检查开始

对于新建市场而言，只要如前所述，商务、规划、消防等相关政府部门严格把关，相信不会再有新的"三合一"市场产生。但是，现有大量的批发市场，不可能推倒重来，因为水产市场、农产品市场关系民生，天天不可或缺，停止交易，推到重建，必然影响百姓生活。同时，

推到重建，市场损失动辄数千万乃至数亿元，市场商家的损失也很大，利益调整分歧很大，极难达成共识，没有可行性。

那么，现有"三合一"市场如何如何消除隐患呢？

我们知道，"三合一"市场最大问题就是商家在窄小的商铺内生活、经营、存储所经营商品及其相关包装物。根据以往批发市场火灾的通报，火灾的元凶往往是液化气。批发市场商家使用的液化气，其来源五花八门，有牌无牌、本地外地、有经过检查的有未经检查的，总之，良莠皆有，安全没有保证，再加上不当使用或粗心使用，安全隐患更大。因此，杜绝液化气，将最大限度消除消防隐患。

杜绝液化气，很多市场采取上门检查的办法，但是，一个大中型批发市场，客户往往成百上千，加上住宿房，液化气更多，客观上检查工作量相当大，加上市场商家往往不予配合，为了规避市场检查，刻意藏匿，既增加了检查的难度，更增加了潜在风险，这种办法，成本很大，效率很低，效果很差。

如何解决？从市场入口检查开始。一般批发市场，在市场入口处，都配备一定数量的保安，市场应当从岗位职责角度，赋予这些保安查检液化气的责权，查看得见的装在"肉包铁"的电瓶车、摩托车上的液化气，更查藏在"铁包肉"的各种车内的液化气，将液化气拒之市场门外，这种方法，不用增加新的成本，就可轻轻松松解决问题。

但是，解决问题不能一厢情愿，只考虑市场本身而不为市场客户着想，市场不为客户着想，客户也一定对市场缺乏忠诚度，一旦批发市场间重新洗牌，客户有选择空间，客户一定会离你而去。

客户使用液化气，有的是为了方便，有的是为了吃上可口的饭菜，也有的是为了省钱。基于这些因素，批发市场应当设立 24 小时营运的食堂。这食堂可以由批发市场自己经营，也可通过社会公开招标，由餐饮公司设点经营。后者应该更专业、更规范、更有效率，革除自己经营的高成本、低效率等积弊。外包后，由市场方牵头，成立由市场方、商家代表、外包餐饮公司三方组成的伙食管理委员会，经常对菜肴和点心的品种、质量、口味、数量、价格以及服务态度等进行讨论，提出改进意见。只有让大家吃得方便、吃得实惠、吃得放心、吃得有味，客户才会遵守市场禁用液化气的规定，市场才能从根本上杜绝液化气，从而消除批发市场极大的消防安全隐患。

在设立 24 小时营运食堂的同时，可以为客户统一配置电磁炉，方便客户自己烧个汤做个菜，让他们保持一些个性化的餐饮习惯。

三、杜绝电线私拉乱接，从统一布线开始

一些水产市场，由于方法不当和疏于检查管理，导致商铺和住宿房电线私拉乱接现象严重，乃至触目惊心：有的纵横交错犹如一张张大大小小的蜘蛛网；有的悬挂在空中肆意随风飘荡；有的使用"三无"劣质电线；有的小马拉大车，用载流量较小的电线连接大功率终端电器；有的使用"三无"劣质拖线板或超负荷使用拖线板，等等情况，不一而足，这给消防安全埋下了严重的隐患。

对于这种情况，有的市场麻木不仁，有的市场抱侥幸心理，更多的市场则采取突击检查以应付上级和消防、安监等部门的检查。

然而，一个较大规模的市场，商家动辄几百上千，检查工作量很大，而且非交易时间和交易淡季人员不在无法入室检查的情况也时常有，检查遗漏在所难免。另外，电线私拉乱接现象比较普遍的话，客户难免会滋长"法不责众"的消极思想，整改难度也大。

如何解决？从统一布线开始。批发市场应从制度层面，严格禁止商家或住宿人员擅自拉接电线，有需求，向市场物业管理部门提出书面请求，对所使用电器的内容和用电功率一一具体注明。市场物业管理部门上门现场勘查，在符合市场用电规定的前提下，根据使用需求，设计线路走向以及电线规格，并据以制作图纸、核算材料和施工价格，经客户书面认可并缴清费用后，在规定的时间内按图施工并交付客户验收使用。线路图和用电设施清单一则作为物业档案存档，二则作为以后检查依据。客户如有增加用电器具或调整线路走向的，则应重新提出书面请求，市场物业管理部门按照审批流程重新办理。

批发市场相关部门，应依据线路图和用电设施清单作不定期检查，如发现客户在线路图之外私拉乱接电线的、超出客户申报的用电器具的，责令客户当场改正，如拒不改正的，则予切断电源。

如此管理，检查的针对性强，检查标准客观具体明确，操作性很强。同时，这样规范处理，对预防消防隐患堵塞管理漏洞、通过信息系统自动分析比对及时发现偷电行为，都有着很大的现实意义。

四、杜绝擅自隔断房间，从严管住宿人员开始

有些批发市场的住宿房出租后，市场方疏于管理，结果，承租人为降低自身的租赁成本乃至以此谋利，擅自对承租房进行简易改造，用不符合消防要求的建材，将一间房分隔成若干间"房中房"后私自出租，形成"群租房"，这会导致外来人口管理的真空，形成社会治安管理的死角，更重要的是给消防安全留下了巨大的隐患：增加住宿人员，必然增加用电量，一旦超过原来设定的用电负荷，就有可能引发事故；增加住宿人员，必然导致私拉乱接，极易引发事故；擅自隔断形成的房中房，将房间变成"迷宫"，一旦发生火灾，将人为加大逃生的难度，推高人员和财产损失程度。

如何解决？从严管住宿人员开始。管好了住宿人员，也就管好了住宿房。许多批发市场，只管物业出租，疏于人员管理。客观上，一个较大规模上千家商家的批发市场，晚上的住宿人员一般可能达到二、三千人，有老有少，有男有女，遇到学生放假，住宿人员更多。总而言之，批发市场外来人员数量多、来源广、流动大、成分复杂，本身就是一个小社会，管理难度较大。但是，我们可以多管齐下，通过以下方法，对市场住宿人员实现有效管理。

一是通过市场商家和业务外包方进行管理。市场里的住宿人员有四种对象：一种是商家本身，他们一般住在自家商铺内（"三合一"）；第二种是商家雇佣的员工，有的是亲戚，有的是老乡，有的是通过社会化招聘来的。这类人，一般是由商家出面向批发市场租赁住宿房；第三种人是市场外包业务如装卸、保洁、保安、物业维修的工作人员，这类人，和前一种一样，由业务承包商出面向批发市场租赁住宿房；第四种人，是为市场的经销商和来市场的采购商利用黄鱼车进行短驳装卸服务的黄鱼车夫，他们是一群没有组织的"散兵游勇"，他们一般以个体身份向市场租赁住宿房。第一种人，相对比较稳定，且自身的行为控制能

205

力相对较强，管理比较容易，只要做好登记即可，但"三合一"的情况要予以清理；第二、第三种人，我们可以通过商家和业务承包商进行管理，在他们向市场提出租赁申请时，按市场的要求提供住宿人详细、真实的信息，如出现住宿人信息不真实、擅自增加住宿人数量、住宿人变化不报告、住宿人违反社会治安规定和市场相关管理规定等问题的，市场应视情况对提出住宿申请的商家和服务商作出相应处理，直至取消住宿资格；第四种人，市场可结合黄鱼车营运许可并比照上述第二、第三种人办法予以统一管理，一旦出现违反住宿管理规定的，取消黄鱼车营运资格。这种管理方式，对商家和业务承包商以及"散兵游勇"的黄鱼车夫，具有一定震慑力。

二是通过信息化进行管理。对集中住宿楼的住宿人员发放 IC 卡，进入住宿楼须刷卡才能进入，严禁无卡人员进入，同时，在住宿楼入口加装监控，对一卡多刷或一刷多进行为予以及时处理。同时，市场应将市场住宿人员的详细信息及时输入信息系统，并开放接口给当地派出所，实现实时共享，由派出所予以信息比对，发现问题，确保治安安全。

在这同时，还必须加强市场进入管理。对没有市场核准建筑装修改造而运进的建筑装修材料的，一律禁止入内，这样可以杜绝"房中房"的出现。同时，对运进市场的睡床，保安要跟踪到最后落脚点，严控通过增加睡床而增加人员，从而杜绝"群租房"的出现。

相信通过上述多方面的努力和加强日常的相关检查，水产市场的消防安全形势会得到很大的改善。

本文发表于《新安全·东方消防》2014 年第 7 期

上海水产市场如何提高竞争力

改革开放以来，我国水产业在捕捞、养殖、加工、流通诸方面发展迅速，水产品总量、养殖量、远洋捕捞量、进口、出口、渔民总数、渔业从业人员总数、渔船总数等八项指标，位列世界第一，其中，我国水产品总产量 2013 年达到 6172 万吨，连续 25 年居世界第一，我国的水产养殖数量更占世界养殖总产量的 70%。

水产品产量的提高，加上消费观念更加重视健康、美味、安全的需求，以及消费能力的提升，消费者对水产品的消费量持续攀升，原先水产品消费较少的广大北方地区，水产品的人均消费量近几年增幅超过了习惯吃鱼的南方地区。

巨大的市场需求，推动了水产流通业的发展。作为连接水产品生产和消费主渠道的水产批发市场，近年来各地的建设方兴未艾，一些大型综合农产品批发市场，也加大了水产品批发的比重。

在传统水产批发市场发展的同时，以减少流通环节、提高流通效率、降低流通成本、强化消费者主体地位的新兴水产品流通渠道和方式不断出现，发展势头远远超过传统流通渠道和方式，传统水产批发市场面临较大的现实挑战。

面对水产品流通出现的新情况、新挑战，上海水产市场如何利用我国以及上海的相关优势，以变应变、以快变应慢变，提升上海水产市场的竞争力，是摆在上海水产流通业一个重要而紧迫的问题。本文试图就此作些探索。

一、上海水产品流通现状

上海水产业历史悠久。"沪"是上海的简称，史料记载，"沪"为上海古时用于捕鱼的竹制渔具，后演变为江名，演变为地名，最后演变为现在上海的简称，可见上海是以水产捕捞"立市"，其历史之悠久和对上海的意义可见一斑。而从水产品流通角度看，上海的历史同样可圈可点。距今80年前的1934年，国民政府在上海复兴岛兴建了上海鱼市场，这是中国当时设施最完善、交易量最大的水产市场。

上海水产品交易量大。上海水产品交易量在全国处于领先地位，据上海水产行业协会资料，2013年上海水产品交易量140万吨，其中，上海本地消费量100万吨，集散量40万吨。

上海水产品来源丰富。国内货源，海产品，遍及中国所有沿海省份：台湾、海南、广东、广西、福建、浙江、江苏、山东、辽宁等。淡水产品，以江苏、安徽为主，湖北、江西、广东、福建为辅，台湾、四川、新疆、黑龙江等地做些品种上的补充。进口货源，遍及全球，其中，以海产品为主，淡水产品为辅，淡水产品主要从东南亚国家进口。

上海水产市场是上海水产品流通的主渠道。目前上海的水产品，80%左右由产地进入批发市场交易，20%左右由产地直接和菜场、超市、专卖店、网店交易。总体上，批发市场还是水产品流通的主要渠道，但所占比重的下降呈趋势性、加速度变化态势。

上海水产品流通形式。上海水产市场，通常面向菜场、超市、专卖店、网店、大单位伙食团、大饭店宾馆，但也面向终端消费者，实行"批零兼营"。不同等级的批发市场，批发与零售的比重各不相同，等级越高，零售比重越低，但总体而言，随着水产品价格的节节攀升，零售的比重呈现不断提高的趋势。而菜场、超市、专卖店属零售环节，主要面向小单位伙食团、小饭店、终端消费者。水产网店，有B2B面向单位做批发的，但主要是B2C面向终端消费者做零售。

上海水产市场数量多。目前，上海的水产市场数量，是8+2+2，即8个专业水产批发市场、二个水产批发有一定规模的综合农产品批发市场，二个新建专业水产批发市场。8个专业水产批发市场为：杨浦区的东方国际水产中心，普陀区的铜川市场、百川市场、利民市场，浦东新区的恒大市场，宝山区的江阳市场、江杨市场，闸北区的沪太市场。二个水产批发有一定规模的综合农产品批发市场为：浦东新区的上农批，松江区的浦南市场。二个新建专业水产批发市场为：浦东新区的新鲨凌，崇明县的横沙渔港。

上海各水产市场的经营特点。除没有正式运行的二个新建专业水产市场外，上海各家水产市场经营各有特色：东方国际水产中心是综合性水产市场，水产品类型齐全，其中，冻品、贝类、冰鲜有优势；铜川市场和百川市场也是综合性水产市场，水产品类型齐全，其中，活鲜、干货有优势；利民市场规模较小，以二手冻品为主；上农批则是农产品市场，其冰鲜有一定优势；沪太市场主要经营10来个淡水活鲜产品，所经营的品种有优势；恒大市场、江阳市场和江杨市场，也是综合性水产市场，恒大市场基本上是属于二手市场；浦南市场以农产品批发为主，所经营水产品基本属于二级批发，或农贸市场性质。

上海的水产经销商数量多，大多是夫妻老婆店。上海的水产经销商规模在三千家左右，从经营方式看，20% 为公司制经营，80% 为个体家庭方式经营；从经营场所看，98%~99% 在批发市场内经营，1%~2% 在批发市场外经营，他们中的大多数在条件较好的办公楼经营，且主要从事直接的进出口业务。

二、上海水产市场面临的问题和挑战

上海水产市场面临的问题和挑战，总体而言，是内忧外患。何谓内忧？自身素质不高。何谓外患？外部要求提高，新的流通渠道和方式渗透挤占。具体而言，表现在以下六个方面。

1. 市场数量过多分布不合理

上海现有十家水产批发市场，数量明显过多，造成相互间的低端无序竞争，市场的盈利能力不强。上海八家专业水产市场中，在 2000 年前投入运行的铜川、百川、恒大、沪太市场，由于营运早、竞争弱，土地均属农村集体资产，未计投资成本或投资成本很小，同时，市场硬件设施较为简陋，总体建设成本较低，故盈利能力较强。而在 2007 年及其之后开始运行的东方国际水产中心、江阳市场、江杨市场、利民市场，或投资较大或未能成市或二者兼而有之，均没有给投资方带来预期收益。市场数量过多造成无序低层次的激烈竞争，进而影响市场的相应投入，留下许多消防、食品、生产、交通、治安等方面的安全隐患。同时，上海水产市场的分布又及其不合理，南北严重失衡。如果以上海的延安路高架为上海的南北分界线，上海现有十个水产市场，北部有七家，南部只有三家，如果将东部浦东新区的二家和西部松江区的一家剔除，七家水产市场都集中在北部，而严格意义上的上海南部一家都没有，这样严重不合理的布局，加剧了上海北部水产市场间的无序竞争。

2. 市场内部格局不合理

上海八家专业水产市场中，内部多呈兵营式摊大饼布局，导致土地利用率低、商铺位置好坏不均，管理难度大成本高等问题。而办公经营、仓库、住宿"三合一"的标准商铺，加上经营过程中产生的许多违章搭建，遗留了严重的消防、治安等安全隐患。另外，市场主要功能缺失，如大型冷库，只有东方国际水产中心、江阳市场、江杨市场三家有；如广告位、展览展示区、加工区、餐饮、娱乐和面向市场内部商家和打工者的小超市、食堂、沐浴理发等服务性小店，许多水产市场都没有专门的考虑。这些市场主要功能的缺失，导致水产市场经营模式的简单，除租金和停车费外，没其他像样的收入来源。而内部交通环流设计不当或缺乏停车场，更造成内部交通拥堵，影响市场形象和交易效率、交易秩序。

3. 经营管理简单粗放

绝大部分水产市场，在市场初期，主要的工作就是招商，而招商，往往很少做全面深入的市场调研和分析，很少做详细的招商方案，不是以多赢的服务争取客户，而仅仅以老套的租金优惠挖其他市场的客户。一些水产市场的成市，带有很大的偶然性。水产市场如果成市后，日常工作就是收取租金、续订合同、场地清扫、维护交通及交易秩序、物业维修，也就是说成市后水产市场的基本工作与物业管理公司的工作没有多大的差别。而水产市场的收入来源也相当单一，主要就是租金，包括商铺、办公、仓库、住宿的租金，还有就是停车费；装卸、保洁一般都是外包，故也形不成收入源；许多市场，将物业维修业务外包，故这部分也形不成收入源。水产市场的另一个问题就是对市场商家的经营情况不了解：商家货哪里来到哪里去、销售品种、销售价格、销售数量、物流如何解决、融资如何解决、广告宣传推广如何做……总而言之，水产市场既不知，也不问，更不管，组织化程度很低。殊不知，许多增值服务业务，就蕴含在上述信息中，你掌握了信息就掌握了商机。上海水产市场，身处上海而体现不了上海的水平，一定程度上也是上海的悲哀。

4. 管理团队难以适应变化

水产市场，虽然是一个传统的行业，但在知识经济时代、信息化时代，水产市场不能置身事外而"倚老卖老"，应该和其他所有行业一样，与时俱进、开拓进取、以变应变。但这一切，都取决于"人"，所谓"人不变道亦不变"。然而，上海水产市场的中高层管理团队，总体而言，存在年龄普遍偏大，与外界有实质意义的经营管理学习交流不多，跨界交流更少，知识层次和知识结构也不尽合理，由此带来观念保守落后，视野狭窄，因此，对水产市场面临的危机，要么无法洞悉，要么无能为力，往往拒绝信息化管理，拒绝新的商业模式，拒绝新的交易方式，拒绝开展市场、客户、第三方多赢的各种增值服务，一味固守粗放落后的"脚踢踢毛估估"经营管理方式。

5. 食品安全管理不严

多年来，我国食品安全事件频出，水产品也不例外，孔雀石绿、甲醛、双氧水、氯霉素、黄粉、红粉等在水产品养殖、加工、运输、流通过程中违法使用情况时有发生。作为水产品流通主渠道的水产市场，自然也是食药监等相关部门的监管重点。根据要求，水产品追溯将作为水产品安全管理的重要内容予以推进，但是，上海水产市场目前粗放的管理方式以及较大的管理成本，势必严重阻碍水产品追溯工作的实质推进。

6. 水产品流通渠道落后

我国水产品流通方式至今比较传统落后，近年来，以减少流通环节、提高流通效率、减低流通成本为目的的水产品流通变革向广度和深度展开，这也是现代水产品流通发展的方向。水产品流通变革主要体现在两个方面：一是产销直挂。目前水产品生产（捕捞、养殖、加工）到终端消费者，现在中间的的流通环节有许多，而实现产销直接对接，流通环节大幅度减少。二是网上销售。一些水产生产商、进口商、批发商，有的自建网站，有的通过淘宝、天猫、京东、一号店等大型电商平台销售水产品，特别是冻品、干品和存活能力强的活鲜如大闸蟹等水产品。据不完全统计，目前，开展网上销售水产品的商家有四千多家。产销直挂和网上销售等新兴流通渠道逐渐挤占水产市场流通比重，给水产市场带来较大挑战。

三、上海水产市场发展的优势

上海水产市场虽然在发展过程中存在一些问题，面临一些挑战，但上海具有许多优势，支持上海水产市场的升级转型。

1. 水产品消费量大

水产品消费量大，与上海的人口规模、收入水平、消费习惯有关。据上海统计局的数据，2013 年底，上海的常住人口达到 2415.15 万，每平方公里人口数量达到 3809 人，人口规模和人口密度位列全国各城市之首。上海 2013 年的人均可支配收入为 43885 元，比全国平均数 26955 元整整高出 62.8%。加上上海人饮食习惯上对水产品比较偏爱，"无鱼不成宴"，上海的水产品消费量名列前茅。据上海水产行业协会统计，2013 年上海水产品的消费量达到 100 万吨，按上海常住人口统计，人均水产品消费量达到 41.4 公斤。

2. 地理位置优越

上海位于我国东部沿海，从南北向而言，上海又居于中部。由于水产品主要产地以沿海为主、以南方为主，上海这样的地理位置，有利于水产品通过上海向北方、向中西部辐射。上海的水产品集散优势，全国没有其他城市能够超越。另外，通过正规报关进口的水产品，上海口岸占地也比较大，即使通过边贸大量进入中国市场的水产品，一部分也通过上海向北方、向中西部分流。

3. 第三产业发达

近年来，上海推进产业升级转型，大力发展第三产业，上海的产业结构发生重大变化。据上海统计局资料，2012年上海第三产业增加值占GDP比重首次突破60%的重要水平线，2013年，上海第三产业持续发展，第三产业增加值达到13445.07亿元，同比增长8.8%，占上海当年GDP21602.12亿元的比重提高到62.2%。上海日益发达的第三产业，如信息产业、金融业、物流仓储业、内外贸、电子商务、餐饮娱乐等业态，为水产市场的升级转型，或提供第三方服务支持，或提供配套服务，或共生共荣相互推动。

4. 人才优势

上海是国际性大都市，商贸发达，科技先进。上海的四个中心建设，吸引了国内及其港澳台乃至于国外的各路英才，他们都希望在上海的快速发展中实现自己的价值、实现自己的梦想。据上海市统计局公布的上海市第六次全国人口普查系列分析资料显示，截至2011年，上海每十万人中具有大学文化程度的为21892人，在全国主要城市中名列前茅，也就是说，上海是一个名副其实的人才高地，是一个巨大的人才储存库，水产市场要实现转型升级所必需的经营人才、管理人才、IT人才、金融人才、电商人才、物流人才等各种专业各种层次的人才，应有尽有，他们将有力地推进上海水产市场的快速发展。

四、上海水产市场如何提高竞争力

1. 压缩水产批发市场数量

上海水产市场，目前在运行的十个，新建未运行的二个。在运行的十个中规模大的也就是广义的铜川市场（含百川市场、利民市场）和东方国际水产中心，其余的或规模较小，或品种较少，辐射半径有限。随着产销直挂和网上销售等流通方式的崛起，水产市场流通比重下降将是必然趋势。根据上海目前水产品交易的实际情况，以及冷链物流这几年的快速发展为水产市场扩大辐射范围提高交易量创造良好条件的背景下，两个水产市场就可以满足上海的水产品流通需求。2013年8月，上海市人民政府公布了《上海市食用农产品批发和零售市场发展规划

(2013年—2020年)》，其中对专业水产市场，明确规定：上海只建设东方国际水产中心和江杨水产市场二个专业水产品批发市场。如果政府严格按照规划，结合城市建设改造，逐渐压缩水产市场数量，就能确保上海水产市场的运行既合理竞争又规范有序。

2. 改造水产市场格局

现有水产市场内部格局，大都不尽合理，功能也不齐，环境更是不如人意。如果配合《上海市食用农产品批发和零售市场发展规划》的实施，就要对水产市场内部格局按照"功能齐全、布局合理、人车分流、环境整洁"的要求，合理建设停车区、住宿区、仓储区、加工区、办公服务区、休闲区、交易区（冻品干品、鲜活、冰鲜贝类分类设区）等各功能区，同时，合理设计内部交通环流，为水产市场的升级转型创造条件。

3. 调整水产市场商业模式

目前，水产市场的商业模式很简单：建市场、招商、收租金。由于经营方式简单，收入项目单一，水产市场的盈利能力不强，经营风险较大。上海的水产市场中，老市场尚能盈利，而新市场大多亏损。如果水产市场调整经营思路，与第三方合作，为市场客户和外来需求者提供水产品专业推广和广告宣传，为市场客户提供统一的物流配送和融资中介担保等增值业务，就可在原有租金、交易费、停车费、物业管理费等收入项目的基础上，增加宣传推广收入、广告收入、物流中介收入、融资中介担保收入等收入来源，形成多方面增量的收入来源，提高水产市场的经营效益。

4. 全面实施信息化管理

水产市场，大多与外界特别是跨界跨行业交流较少，管理比较粗放，在"脚踢踢毛估估"的落后思维指导下，很少采用社会上基本普及的相对较为先进的管理理念、管理方法，在规范管理和细节管理等方面着力不够，以致形成较多管理真空。如果水产市场全面实施信息化管理，特别是在财务管理、经营资源管理（商铺、摊位、冷库、仓库、码头、场地、停车位、办公房、住宿房、广告位等）、客户管理、合同管理、存货管理、水电管理、收费管理等方面实施信息化管理，并通过计算机系统对各种管理内容实行高度集成交叉自动比对，就可以大大提高管理效率、降低管理成本，消除管理盲区，有效堵塞管理漏洞，最大限度防止"跑冒滴漏"，从而提高管理的有效性和执行力，达到提高市场竞争力的终极目的。

5. 开展对外合作和连锁经营

上海是一个国际性超大城市，地理位置好，第三产业发达，各种层次各种专业的人才荟萃，水产品的消费能力和集散能力强，水产品的货源优势强，因此，上海水产市场的转型升级具有较好的基础和较强的优势。如果我们充分利用这些有利条件，通过管理输出和市场对接等方式，与外地的水产市场开展合作；通过资产并购、承包、租赁等多种方式，到外地发展连锁经营，就可以大大增强上海水产市场的竞争力。

6. 建设水产品电子商务交易平台

中国的电子商务发展速度，超过了人们的预期。以阿里巴巴为例，它从 2009 年开始，在每年 11 月 11 日的光棍节当天，开展网上促销，当年实现销售 0.5 亿元，用了短短五年时间，到了 2014 年，狂飙到 571 亿元。而中国的电商规模，据中国电子商务研究中心数据，2009 年为 3.7 万亿元，2014 年预计可达到 13.4 万亿元，2013 年，中国的电商规模就已经超过美国，位居世界第一。

中国的跨境电商，由于得到政府的大力支持，进入发展快车道。据商务部统计数据，中国跨境电子商务交易额，2011 年约为 1.6 万亿元，2012 年约为 2 万亿元，2013 年突破 3.1 万亿元，2016 年预计将增至 6.5 万亿元。

我国由于在水产品总量、养殖量、远洋捕捞量、进口、出口等指标上均位列世界第一，因此，发展水产品跨境电子交易，前景很好。2014 年 11 月 2 日，中国 – 东盟海产品交易所在福州开业，这是我国首家跨境电商平台，农业部、外交部、福建省相关部门领导和中国—东盟中心秘书长均参加开业仪式本身，表明政府对水产品跨境电子交易的支持。

如前所述，上海第三产业发达、水产品消费能力和集散能力强，上海的城市基础设施比较完善，上海具有人才优势，上海的水产经销商数量多且集中，他们来自全国主要的水产产地，上海拥有自贸区先行先试的政策。同时，我国至今已对外签署自贸协定 12 个，涉及 20 个国家和地区，其中的韩国、澳大利亚、新西兰、东盟、巴基斯坦、智利、秘鲁等国家和地区，都和我国有频密的水产品贸易。若干年内，我国与这些国家的水产品进出口将实现零关税，水产品进出口交易量将急遽增加。因此，上海建设同时面向国内和国际二个市场的水产品电子交易平台，可以获得更多更好的配套支撑和人才支撑，可谓天时、地理、人和，而上海建设同时面向国内和国际二个市场的水产品电子交易平台，从微观的角度，是为了提高上海水产市场的竞争力，从宏观的角度，就是实现习近平总书记 2014 年 5 月 10 日在河南考察郑州市跨境贸易电子商务服务试点项目提出的"买全球卖全球"的目标，增强配置全球渔业资源的能力。

　　本文虽然说得是上海水产市场如何提高竞争力，其实，同样适用于全国的水产市场，同样适用于广义的农产品批发市场。

　　本文发表于《上海商业》2014 年第 12 期

水产批发商，路在何方？

2015 年，水产批发商经营情况相当不理想，很多批发商的销售收入或盈利锐减，只及 2014 年的三分之一甚至二分之一。展望 2016，宏观经济下行的局面短期内不会有所改变，水产批发上游环节——捕捞、养殖、加工的成本将依然刚性增长，而水产品的销售价格无法全部或部分消化所增长的成本，因此，水产批发上游环节将更多地呈现撇开批发商直接和零售商挂钩，乃至通过网络销售直接面向终端消费者的趋势，因此，2016 年，对于绝大多数水产批发商来说，形势将更为严峻，日子更为艰难，批发商面临不进则退的境地。

基于上述原因，本文从水产批发商的发展和目前面临的困境入手，分析其产生困境的原因，在此基础上，探寻水产批发商的出路。

一、水产批发商的发展

我国的水产批发商，是伴随着我国水产品流通体制的改革开放而出现的。

解放初期，水产品实行代购代销。1956 年，水产品实行计划控制，全国建立统一的水产供销系统，实行严格的统购统销。1978 年广州率先破冰，将当时最为紧俏的河鲜杂鱼从派购商品划到三类商品，产销见面，随行就市，按质论价。上海则在 1979 年以设立贸易货栈的方式，逐步改变严格的水产品统购统销政策。从此，水产批发商这个行当在社会上逐步出现。

1984年中共中央以中发【1984】1号文件明确提出，鲜活产品要尽量放开，以活（搞活）促产。1984年的1月5日—14日，当时的农牧渔业部在广州召开全国城市水产品产销广州会议，会议围绕如何解决大中城市吃鱼难的问题，研究改革水产供销体制、搞活水产品市场等问题。会议介绍并肯定了广州水产市场放开的做法，会议确定了水产供应的"一保二活三管"的原则，就是保证平价鱼供应水平，放手开展议购议销，把市场搞活管好。1985年3月11日，中共中央、国务院更是联合在解放以来第一次单独为水产业发出《如何放宽政策、加速发展水产业的指示》，指示明确规定水产品价格全部放开，实行市场调节；明确规定产供销、渔工商、内外贸可以综合经营。

水产批发商在20世纪70年代末期开始萌芽，如果说在1985年前属于半地下半公开状态的话，那么，1985年3月最高层明确水产品流通完全市场化后，水产批发商的经营活动就完全公开化了。

30多年来，水产批发商在市场完全自由、开放的情况下，靠自身努力，完全走向了市场化，基本形成了交易主体多元化、经济成分多样化、组织结构自由化、资本积累自有化的局面。

水产批发商在这30多年中，在水产品流通的集散和承上启下、水产品需求信息的传递进而促进生产环节产品结构的调整、水产品市场的供求平衡、水产品的价格形成、带动农民就业、水产品仓储物流的发展等方面，始终发挥着不可替代的职能与作用。

我国的水产批发商，经过30多年的努力，有些已经做到相当的规模：有的直接向国外成规模的进口，成了一手水产进口商；有的向仓储物流业发展；有的向水产养殖业发展；有的则向水产加工发展；少数的向水产批发市场方向发展。但是，毋庸置疑，上述企业在水产批发商中是少数，更多的是中小规模的，他们中的大部分以个体经营为主，从业人员文化程度较低，年龄也偏大，接受新事物的能力较低。现在，新一代年轻的80后、90后上来了，改变了水产批发商的年龄结构和文化结构。他们对水产品流通面临的变化有理性的认识，也更容易接受或采用新的营销方式。水产批发商的来源，就产地而言，一般都来自本地，小城市销地也大都来自产地，而一、二线城市的水产批发商，如上海、北京、广州等地，则来自"五湖四海"：浙江、江苏、福建、广东、广西、安徽、辽宁、山东、湖北、江西、四川等地，再加上少数本地人。

我国水产批发商的类型，根据市场实证调查，大致分为四种类型：

家族型，基本是父子、夫妻或兄弟间一起做生意，目前市场中家属型批发商最多。

合伙型，基本上以亲戚、朋友、同乡等出资、入股或以劳动者身份加入等构成，市场上这种类型的批发商数量明显少于家属型批发商。

公司 I 型，一般是合伙型批发商做大后成立公司，并相对规范运行的水产批发商。这种批发商，其实和上述合伙型并无多大差异，只是运作更加规范些。

公司 II 型，是完全以现代企业制度设立并运行的水产批发企业。这类公司目前在市场上最少。

就竞争力而言，其实和类型没有多大关系，而是和"一把手"有关，根据实证调查，四种类型里都有由小到大发展的很好的案例，这种做得好的批发商，他的"一把手"一定是手段灵活、懂得管理、善于交流的人。

二、水产批发商面临的困境及其原因

水产品市场化初期的水产批发商，生意比较好做，挣钱也比现在容易得多。原因有很多，主要是当时体制内的人不愿意下海做"个体户"，更不愿意做又脏又累又臭的水产个体户，所以竞争很少。另外，当时我国道路交通条件、通信条件较差，产地和产地、产地和销地、销地和销地的交易量、交易价格等信息存在不对称、存在时间差，批发商很大程度上就是以此获取较大差价。

现在，情况发生天翻地覆的变化，首先，人们的观念发生了很大的变化，不再歧视"个体户"，而政府更在号召"大众创业、万众创新"，基于水产品消费数量的上升和就业难多种因素，投入到水产品流通的个人和企业也更多，水产品批发生意竞争更激烈。同时，由于国家持续投入巨资建设跨省、市、县、镇乡的道路交通，最重要的是互联网和智能手机的迅速发展普及，交易信息不再有不对称和时间差。只要你想了解，商家和消费者只需动动手指，瞬间就知道水产品行情，因此，利用信息的不对称或时间差赚取丰厚利润的机会，已经永远成为历史。

水产批发商在经过多年的"顺风顺水"后，现在，面临着前所未有的困境，面临发展乃至生存的门槛。有的是老问题，有的是新问题；有的原先是小问题，现在发展成了大问题；有的是外部原因造成的，也有自身原因造成的；这些困难主要有以下几个方面：

1. 餐饮业不景气

近年来，餐馆酒店业绩滑坡。根据中国行业咨询网上的信息，中国星级酒店 2011 年到 2014 年的利润分别为：61.43 亿元、50.46 亿元、-20.88 亿元、-59.21 亿元，四年间的效益逐年下降。另外，根据中国烹饪协会和中国饭店协会提供的数据，在经历了 2013 年的寒冬后，2014 年全国餐饮业收入的增速终止了连续三年下滑的颓势，餐饮收入达 27860 亿元，大众餐饮有增长，而高端餐饮则下降 6%，人均消费较下降 20%。2015 年，全国餐饮收入实现 32310 亿元，继续 2014 年的增长势头，但根据大众点评网的公开数据整理，2015 年，一线北上广深四个城市，较 2014 年餐馆数量增幅达 72% 以上，但四个城市的餐饮结构均发生了很大变化，就是正餐的比重下降。而小吃、快餐等低端消费的比重上升，表明店均营业额和餐馆利润率在下降。据业内人士分析，2016 年，餐馆的竞争将比以往更激烈。由于正餐比重的下降和餐馆对成本控制的加强，餐饮企业抱团采购提高话语权，如由 300 家餐饮酒店企业联合发起，采购规模超 5000 亿元、数万家区域优秀餐饮品牌加盟的万众 e 新众美联餐饮酒店 B2B 云采购平台的上线交易，对水产品批发商而言，销售将更困难，利润空间将更小。

2. 宏观经济下行压力加大

从 2008 年美国的"次贷危机"以来，世界经济没有真正走出低谷，反而危机程度逐步蔓延加深。我国经济也由高速增长变为中速增长，股市又很不景气，导致消费者消费意愿不够强烈，消费者对价格更加敏感，消费也更具理性。因此高端水产品的销量明显下降，高端水产品的价格泡沫消失，从而给水产批发商带来更大的压力。

3. 经营成本快速上升

由于通货膨胀和水产批发市场整治"三合一"、拆除违章建筑，同时，各级政府对水产品安全越来越重视，检查力度也不断加强，媒体、自媒体、互联网对水产品知识的宣传也更加普及和强化，消费者对水产品品质的鉴别意识和能力也大大提高，这些都加大了批发商的经营成本，包括用工成本、住宿成本、铺位租金、仓库租金等快速上涨，也给水产批发商的经营造成了很大的困难。

4. 流通环节减少

流通环节的减少，是基于两方面的原因，一是产销直挂比重的增加，二是网络销售比重的增加。

由于通货膨胀，人工成本、租金成本、饲料成本、燃料成本、物流成本等基础成本高涨，导致养殖、捕捞、加工成本提高。在宏观经济下行和消费低迷的背景下，生产商（养殖、捕捞、加工）很难将上涨的成本全部转嫁给批发商，于是，生产商产生了将水产品流通环节扁平化的内在驱动力，撇开批发商，直接和大型零售商（连锁超市、连锁餐馆、大型中央厨房、大型单位伙食团、精加工厂商）等交易，甚至直接在网上面对终端消费者销售，而电子商务的本质上就是要消灭多层的流通环节。这样，原来的多道中间批发商被切割，以化解日益高涨的成本压力和提振低迷的销售形势。

水产品流通环节减少的结果，就会导致大批中小批发商消亡，从而产生一批规模型的捕捞、养殖、加工、销售一体化的全产业链水产企业，导致水产品流通效率提高、水产品质量提高、水产品零售价格降低。水产品流通环节减少的结果，对社会而言，是进步，对消费者而言，是实惠，但对水产批发商特别是实力弱的中小水产批发商而言，绝对不是好消息。

5. 融资难融资贵

这是个影响水产批发商发展的老问题。由于多数水产品批发商进货，不管是从捕捞者、养殖者、进口商或上道批发商手中进货时，基本上是一手钱一手货，如有赊账的，账期也较短。但销售时，总有赊账，特别是面对大客户，如连锁超市、连锁饭店，账期一般较长，因此，批发商的商品采购流动资金占压过多，这在做水产冻品的批发商中，因为禁捕期的关系，更需要大额的流动资金。

水产品大都实行对手交易，不通过银行，银行不知道他们的交易规模。水产品交易为了规避税收，除对方一定要，一般不开发票；销地市场的水产批发商很少有本地人，所以在当地很少有大额固定资产可供银行抵押。基于上述原因，水产批发商一般通过民间借贷解决经营所需资金。

据互联网微金融资产交易平台微金所发布的《中国民间利率市场化报告》，2014年前三个季度，用于批发和零售行业的贷款占比最高，标明行业的自有资金偏低，对贷款的依赖度高。报告称，对16个省和直辖市调查，所调研地区民间借贷平均利率达27.14%，持续居高不下。据实证调查，上海地区水产批发商的借贷利率一般在12%~18%，这样的高利率，提高了他们的经营成本，严重影响他们的发展。

6. 自身素质不高

一些水产批发商，做了二三十年的生意，但是，几十年一贯制，停留在"搬砖头"的水平上，交易方式落后，大都至今还采取"一手交钱一手交货"的对手交易模式；营销方式落后，要么就是关系营销这一套，要么依靠批发市场这个平台自然带来的客源。在互联网技术突飞猛进的当下，很多批发商不会开展网络销售，也不会开展品牌营销，社会的进步、技术的进步，在很多水产批发商那里很少体现，以致严重制约了他们的发展。

三、水产批发商的出路

面对严峻的水产品营销形势，水产批发商不进则退，不可能侥幸生存下去。应该有所作为，而不是如以前几十年那样，以不变应万变。"天不变道亦不变"，现在，"天"变了，我们面临的销售形势变了，这水产品营销之"道"一定也要跟着变，才会有出路。

1. 收缩战线以小做大

零售商和批发商一个最大区别就是零售商品种强调多、全，批发商品种少、强调精。今年由于生意难做，有些批发商将产品线做长，希冀"东方不亮西方亮"，但，这是一条错误的道路。由于做长产品线需要更多的实力，包括资金实力、渠道实力等，这对绝大部分水产批发商来说不具备条件。那么，最可行的就是做精，就是在经营品种上不要铺得太开，做几个自己在货源或销售渠道等方面有优势的品种，在少数几个品种上做大、做强，做出自己的经营特色。

2. 电子商务以网做大

电子商务，从 1998 年 3 月我国第一笔互联网网上交易成功，到 2015 年双 11 一天，阿里巴巴旗下各平台总交易额达到 912 亿元，我国的电子商务发展速度超过世界上所有国家。目前，网上销售水产品的渠道增加，有大型综合电商平台，如天猫、京东、淘宝、一号店、亚马逊等；有垂直类电商平台扩展为综合类电商平台的，如当当网等；有大型连锁商业超市开出的综合类电商平台，如苏宁易购、国美在线、飞牛网等；有大型物流配送公司和大型食品类企业也开出的食品类电商平台，如顺丰优选、中粮我买网等。它们各自都有几十家到几百家不等的水产商家在上面销售水产品。再有大型水产批发市场或水产贸易等企业兴办的垂直类水产电商平台，如舟山国际水产城、中国水产行业网等。另外，利用微信中的微店、APP、朋友圈、公众号等销售水产品，也逐渐流行起来。企业自建网站更是较早出现的销售水产品的方法。有的水产经销商则综合运用多种方法开展水产品销售。

水产品网络销售红红火火，有多种原因：我国电子商务大环境包括移动电商日益成熟，我国冷链物流配送快速发展，我国水产品包装化、标准化程度以及加工水产品比重提高，水产品网上销售相比传统线下销售具有便捷、性价比高、品种丰富、服务辐射范围广等很多优势，加上水产经销商队伍的年轻化。这些因素，都促成了水产品特别是附加值较高的加工品、冻品和自身生存能力较强的活鲜水产品在网络销售上的长足发展。这是一个趋势，任何人违背了趋势，就会在新一轮的水产品流通洗牌过程中被淘汰。

3. 品牌营销以品做大

水产品品牌比工业品少，散装产品更是"三无产品"（无生产日期、无生产厂家、无质量合格证）多，这是一个客观存在，出现这种现象的原因很多，有主观的，也有客观的。主观原因主要是品牌是高大上的东西，而水产品商家层次相对较低，品牌意识不强；客观原因是因为水产品加工、包装比重低，同时，做品牌是要花钱的，而许多水产品的附加值较低等情况，都影响了水产品品牌化程度。

现在，水产品品牌明显增多，京东商城上，光海参一个品种，就有135个品牌，目前，在电商平台上的活跃度和销量较高的水产品品牌有上百家。水产品 品牌增加的原因很多：消费者食品安全意识的加强、水产品加工包装比重的提高、政府对"三无产品"打击力度的加大、水产品网络销售的兴起等因素，都导致水产品的品牌建设出现了可喜的变化，有品牌的水产品比重日益增加。

品牌，是企业的符号，也是产品品质的符号。品牌营销，要真抓实干，不能玩虚的，才可能在激烈的市场竞争中做大做强。品牌品牌，要有品有牌。有品无牌，是很难让消费者记住的，很难让消费者成为回头客的，很难做大，现代社会，同类商品琳琅满目，酒香也怕巷子深；有牌无品，古代尚有"好事不出门坏事传千里"，在互联网时代，在自媒体时代，一旦品质不行，企业如同多米诺骨牌一样，有可能全线崩溃。

4. 向上延伸确保货源

对于水产品贸易而言，确保货源，特别是确保优质的货源，是做大做强的前提。如何确保优质货源？最好的办法就是向上延伸，和上游环节的捕捞、养殖、加工企业合作。合作方式有多种，可以根据自身的实力和对方的实际情况而定。

包产、包收。这种合作对象主要针对养殖、捕捞。双方可以合同方式，规定有关的收购价格事项、收购数量以及物流等内容，保证收购数量和品质，以获取更好的收益。这一般适合于有资金实力和稳定的销售渠道的大批发商，以确保其在市场的稳定销售和市场份额。

建立合资企业。这种合作对象也主要是养殖户、捕捞户。这种方法，本质上和前一种相同，只是合作的程度更进一步，这样，优质货源和市场份额将有更大的保证。

委托加工（OEM）。这种合作对象是加工企业的。据中国渔业年鉴资料，2014年水产加工企业数量为9663家，水产品年加工能力为

2847.24 万吨，我国的加工能力发展很快。水产批发商可以借力使力，在充分的市场调研基础上，选择适销对路产品，选择合适的水产加工企业，委托加工，这样，不需要投资，也没有风险。

5. 向下延伸拓展零售

对于小批发商而言，由于实力关系，上述有些方法并不适合自己，应该量力而行，更多的向下延伸努力拓展零售市场。小批发商由于资金实力有限，一次进货量不可能多，因此，进货价格较大中型批发商要高，这样，其销售价格没有优势，团购或零售商不可能是他们的主要销售对象。与其如此，倒不如主动放弃团购或零售商，而是集中精力做零售，通过低成本的网络销售，直接为终端消费者服务。

6. 抱团取暖合作做大

水产批发商，绝大部分是中小型企业或个体经销商，小舢板很难抗大风浪，面对更加艰难的营销环境，抱团取暖合作做大，是比较务实的策略。这里，有两个层面意思：一是紧密型合作，二是松散型合作。前者是几家中小规模的批发商一起合作成立公司，发挥各自的长处，规范经营。后者是共同进货，提高议价能力，提高谈判筹码。

理想很丰满，现实很骨感。面对困难的形势，水产批发商的洗牌在所难免。如何克服困难，积极主动迎接挑战，创造条件化解不利因素，是摆在每一个水产批发商面前的难题。机会，永远青睐勤奋者和智慧者。

本文发表于《中国水产品》2016 年第 2 期

上海最大铜川海鲜市场将成历史，谁将成为新一轮行业洗牌最大收获者？

上海水产市场的上一轮洗牌是由 2007 年初江浦路市场整体搬迁到东方国际水产中心引发的，直至恒大的冰鲜市场、十六铺的海蜇市场、秦皇岛路的贝类市场、国泰的淡水活鲜市场的客户悉数被东方国际水产中心收入囊中。

由于铜川市场比起当年的江浦路市场，体量要大许多，客户档次也高许多，因此，其他水产市场本轮抢占铜川市场原有客户的竞争也要比当年激烈许多。

上海铜川路水产市场，这只从 2005 年开始挂起的"靴子"终于将要在 2016 年 10 月 31 日落地了。20 年前的 1996 年 10 月，由新长征集团晋园实业有限公司在当年简陋的铜川路两旁的农田上投资建造而后成为上海最大交易最活跃的海鲜批发市场，将要成为历史。

根据普陀区官方公布的资料，铜川路的水产市场包括铜川水产市场、百川综合市场和利民冻品市场三部分，占地约 206 亩，建筑面积 163800 平方米，经营范围包括活鲜、冰鲜、水发、干货、冻品、酒店用品、调味调料等。市场总摊位 2400 多个，中小冷库近 300 间，停车场 7 个，仅注册经营户就达 1350 户，涉及就业人员 2.5 万余名。

铜川路水产市场自 1996 年开办以来，对拉动周边经济，特别是保障市民供应作出了历史性贡献。但是，铜川路市场违法建筑现象严重，环境脏乱差臭，交通拥堵无序停车等问题突出，消防安全隐患和治安压力一直处于高位，市场大部分位于高压线下，安全隐患严重，对居民生活造成严重影响是群众感受最直接、最不满意的地方。市场关闭将大幅改善区域消防、治安、交通、环境等各方面存在的问题，进一步改善居民生活质量。

因此，关闭铜川路市场，是城市发展的必然。

由于铜川路市场体量很大，很多方面都对这块"肥肉"垂涎欲滴，都想吞食，于是，已有的市场、新建的市场，都瞄准了铜川市场的客户。由于铜川路市场的优势在于活鲜，而活鲜相对水产冻品、干品、小包装而言，对市场的依赖性较大。因此，上海的各个相关市场，使出浑身解数争抢铜川路市场的客户。

本文就由此引发的上海水产市场重新洗牌及其对上海水产品流通带来的影响，做一些分析。

一、铜川市场关闭前的上海水产市场格局

铜川市场关闭前，上海的专业水产市场有八家，即铜川市场、百川市场、利民市场、东方国际水产中心、江阳市场、江杨市场、恒大市场、曹安沪太市场。

铜川市场有大概念和小概念之分，小概念就是指铜川水产市场，而大概念是指铜川市场、百川市场、利民市场三个市场，因为这三个市场地理位置上在一起，特别是铜川市场和百川市场，更是你中有我我中有你。同时，这三个市场，是共享一个"爹"，它们的"公爹"是真如实业公司。

这八个市场中，"分工"明确。

1. 铜川市场，以活鲜为主，特别是海活鲜在上海是首屈一指，无人能及，还有大闸蟹的批发也是独占鳌头。

2. 百川市场，规模比铜川市场小许多，干品、酒店用品、调味调料是它的优势，其余的和铜川市场没有很明显的区隔。

3. 利民市场，建成时间在铜川三个市场中最晚，它基本上专业做冻品，除水产冻品外，还有牛羊肉冻品。作为水产冻品，由于商家实力、规模大多有限，所以在上海只是一个二级市场。

4. 东方国际水产中心，相对而言，除海活鲜批发外，是一个综合性程度较高市场，尤其在冻品、贝壳、冰鲜、海蜇这四个水产类型或品种上，都处于一级批发的地位。

5. 江阳（杨）市场，江阳市场是 2006 年时专门为铜川市场关闭而建的民营市场，铜川市场迟迟不拆，因此，该市场所招商家基本以零售为主，而且所经营内容也杂。因时间拖得太久，江阳市场有点力不从心，因此，将部分地卖给上海蔬菜集团，该集团在江阳市场边建了江扬市场。

6. 恒大市场，地处浦东，位置有点偏，虽商家实力较弱，但品种比较齐全，是一个典型的二级批发市场。

7. 曹安沪太市场，定位明确，也没有什么"野心"，就做好以"四大家鱼"为主的十来个淡水活鲜产品，就这些产品而言，由于交易规模较大，也是个一级批发市场。

二、铜川市场关闭引起上海水产市场的洗牌

上海水产市场的上一轮洗牌是由 2007 年初江浦路市场整体搬迁到东方国际水产中心引发的，在上一轮的上海水产市场洗牌中，显然，东方国际水产中心是大赢家。

参与本轮竞争的市场，理论上来说，有东方国际水产中心、江阳市场、江杨市场、恒大市场、曹安沪太市场，以及专门为参与本次竞争而新建凌海市场、华金市场，共七个市场。

但是，恒大市场、曹安沪太市场、东方国际水产中心由于各自的原因，或部分参与，或参与力度不够，或不想参与。

浦东的恒大市场，由于地理位置不理想、市场扩展没有空间、交易规模不大，基本上属于上海的二级专业批发市场，因此，这次它对铜川市场关闭似乎没有多大兴趣。

曹安沪太市场在今年上半年已搬到嘉定的嘉安公路 3333 弄而成立嘉燕市场，嘉燕市场基本沿袭了曹安沪太做淡水活鲜，而且也主要做淡水活鲜中的"四大家鱼"等十来个品种，嘉燕市场目前的规模除曹安沪太市场原 50 来家商户外，在搬迁的过程中已吸纳了铜川市场的 10 多家

淡水鱼客户。

目前，该市场希望趁铜川市场关闭的机会，与江苏的上海水产商会洽谈将铜川市场的 20 来家小龙虾客户吸纳到嘉燕市场。应该说嘉燕的定位明确，要求不高，在铜川市场关闭过程中不想分一杯羹，只想吃一颗糖。

而东方国际水产中心，2008 年底成市后，1100 多商铺的市场，至今一直空着近 100 个不到的商铺。由于缺乏对外发展的物理空间，由于空余商铺分散且位置不好，如不花大力气进行商铺的归并整合搞内部"动迁"，对铜川市场的客户，特别是对东方市场想要的铜川市场海活鲜客户而言，是没有任何吸引力的。

如果剔除恒大市场、嘉燕市场、东方国际水产中心，铜川市场关闭对其客户的竞争，基本上是在江杨市场、江阳市场、华金市场、凌海市场等四个市场间展开，也可以说是"四狼抢食"。那么，这"四狼"中，哪头狼最强势，哪头狼又稍弱些呢？

华金市场，位于青浦华新镇华志路 555 号，占地 200 亩，商铺数量 1200 个，其中，70% 的商铺由市场控制，其余的由市场向产权人回租后转租给商户。现招的商家中，60% 为活鲜，其余为冻品、小包装和南北货。

华金市场的优势在于交通便利，特别是对做集散型市外大批发的商家而言，这个优势更明显。同时，该市场离开上海西郊国际农产品市场只有一公里左右，如果考虑到同系统的大型成熟市场——江桥农产品市场可能将搬到西郊国际市场这个因素，华金市场和西郊国际能相互"借光"，形成一站式优势。当然，华金市场的不足也很明显，就是当时建造时没有很好的整体规划，另外，回租的产权房以后在经营管理上可能会有一定的麻烦。

江杨市场和江阳市场这二个相邻的市场，都是为铜川市场关闭而建，特别是后者，在 2008 年时就基本建成，许多铜川市场海活鲜客户租下了商铺，并花了大本钱做了装修，建了鱼缸和暂养池，后来因为铜川市场迟迟没关闭，商家空关了多年商铺，即使在经营的，也是以零售为主，形同放大了的农贸市场。商家和江阳市场都蒙受了较大的损失。

在多家竞争铜川市场客户的市场中，江杨市场和江阳市场的优势是准备充分，冷库等配套设施也比较齐全，另外，江杨市场的1300个商铺，加上江阳市场的1700个商铺，具有较大的规模优势，而且，两个市场和相邻的江杨农产品市场，形成一站式采购优势。

但是，这两个市场的劣势是交通。由于活鲜交易的时间集中，活鲜又对时间要求较高，特别如活虾等，它们的附加值高又容易死亡，交通拥堵将对这两个市场是个很大的考验，需要在经营时间上作出调准。另外，江阳市场原有规模不大，因为铜川市场的关闭，突击建设了许多商铺，可能是时间紧张，规划上没有较多的考虑，进去有点像个大迷宫，如和原有商铺经营内容没有做很大的区域化调整，也没有很好的路标引导，也将成为它的一个短板，同时，这也可能成为政府打击拆除违章建筑的重点。

凌海市场位于浦东外高桥，有300多个商铺，主打高端冻品和高端海活鲜，在四个市场中，它的优势在于建设档次比较高，有配套的面向市场客户的大食堂，不追求建筑密度，市场内部空间较大，给人干净整洁的感觉。凌海市场要求入驻客户和它的"高大上"匹配：入驻商家公司化运行，市场结算做到电子化。但是，凌海市场的地理位置不理想：做一手活鲜，离开空港较远；对中心城区辐射，离市区较远；做零售，周边居民太少；做海鲜餐饮吸引人气，它只有一个市场自营的酒店，难以做到"百花齐放"而吸引人。而且，它只有300多个商铺的规模，显然较小，批发市场很大程度上是以规模获取优势的，因此，规模太小也是它的短板。还有，凌海市场周边来往的都是大型集装箱卡车，给人比较压抑的感觉。

在本轮上海水产市场的重新洗牌中，谁收获最大？谁收获最小？谁损失最大？谁将逐步边缘化？诸如此类的问题，有的可以在2017年春节以后就有答案，但更多的需要一段时间。

上海新增水产市场的商铺数量是4500多个，而铜川市场本身的商铺只有2400个，满足率只有53%，因此，上海水产市场的重新洗牌，从时间上来说，不会随着铜川市场2016年10月31日的关闭而结束，从范围来说，也不会仅仅在华金、江阳、江杨、凌海四个市场间进行，而必然会在上海所有的水产市场间展开。因此，在相当一段时间内，上海所有水产市场间的竞争会很激烈。招商工作对新市场还是老市场，都将是一个长期的过程，而且，市场处于不同阶段，招商的策略也是不同的，更重要的是我们不能为招商而招商，而应以全方位的优质服务和高标准的严格管理，吸引新客户，留住老客户，否则，市场就没有竞争力，而一个没有竞争力的市场，终将为客户所抛弃。

三、上海水产市场洗牌对上海水产品流通的影响

本轮上海水产市场的重新洗牌，对上海水产品流通的影响，由于政府不预做规划，完全是通过"市场化"来竞争，从现有情况看，总体上可能负面的因素要大些。

1. 上海水产品流通整体竞争力下降

铜川三个市场的规模，在上海是最大的，商铺数量有2400多个，关闭前最大，关闭后也没有一个能超过它的。同时，铜川市场的经营品类在上海也是最齐全的。另外，它的注册登记商家有1350家，由于水产商家很多是夫妻老婆店，不注册，实际经营的商家应该大大超过注册经营户。由于上述原因，铜川市场赢得了上海水产名片的称号，虽然，它的含金量由于环境卫生、安全问题、交通问题等有所污损，但在海活鲜、大闸蟹、干品等方面的集散辐射能力，全国有名，在上海更是无人能取代。

现代社会，由于生活节奏和工作节奏很快，对"一站式"或"一门式"服务的需求提高，同时，由于获取信息的多样化和便利化，价格很透明，这样，对水产市场而言，也就是说要样样都要有、样样都便宜，这样，就要求批发市场既要提高综合化程度。又要提高规模化和专业化程度，而铜川市场关闭后，其商家分散到江杨市场、江阳市场、华金市场、凌海市场这几个水产市场后，这四家中的哪一家都很难满足上述要求。显然，这对上海水产品流通的整体竞争力而言，是不利的。

2. 水产商家风险加大

面对四个水产市场的竞争，有些水产商家一下难以判断哪个市场会胜出，哪个水产市场会输，于是，无奈中，采取多头押宝的办法，同

时在几个市场拿商铺，但最后总有市场输，总有市场赢，这对水产商家而言，意味着风险的增加，意味着成本的增加。

3. 水产市场间不规范竞争加剧

前面说到，总共有 2400 个商铺的铜川市场关闭，而华金市场、江杨市场、江阳市场、凌海市场这主要参与"抢食"铜川市场商家的商铺有 4500 个之多，也就是说僧多粥少，有的吃得饱，有的吃不饱，或者大家都只吃得半成饱，因此，有的为了多吃些，去拉铜川市场以外的客户，事实上，这样情况也早已经出现，而且还将继续。那么，上海水产市场的重新洗牌必然在上海所有的水产市场间进行，而不局限于"四狼"间，也就是说上海所有的水产市场，不管是新市场还是老市场，都有风险，特别是所经营的水产品附加值比较高、一级批发商比较集中的老市场，更是"四狼"觊觎的重点目标。由于上海的水产市场，经营管理大都处于粗放型的阶段，因此，相互间为争取客户而展开的竞争，更多的会采取低层次的租金价格竞争，更多的是放任客户的不规范经营行为，这样，上海的水产品流通将难以向高端发展，水产品的安全也可能难以保证。

4. 突击形成的市场不一定适合做水产市场

铜川市场要关闭的消息，虽说了 10 多年，但正式公布关闭决定距离关闭时间一年都不到，于是，有的在原有基础上突击扩建商铺，有的将原来不是做水产的市场改为水产市场，类似情况，无疑降低了水产市场的标准，如缺乏污水处理厂，如缺乏专门废弃物的处理设施，如缺乏冷库，如缺乏严格区域划分的住宿区而形成新的具有消防隐患的"三合一"市场，等等，使作为国际化大都市的上海，水产市场的档次低于许多外地二级的省会城市，这不能不让人扼腕叹息。

5. "小工"变老板不利于市场规范化

铜川市场的关闭和很多市场的招商，给一些原先给老板打工的小工有了机会，有些脑子好的小工，在老板手下做了几年，对这个并不复杂行业的业务了然于胸，对客户也比较熟悉，于是，乘着这次机会，到新市场租个门面，分立门户独立干，干些搬搬"砖头"的买卖。由于我国的水产品流通相对还是粗放型业态，如果不是做一级批发，所需资金也不多，门槛不高，使得"小工"变老板成为可能，但这和水产品流通环节"扁平化"或"去中间化"的大趋势相背离，更重要的是它可能会使上海水产品流通的秩序变得混乱，"小工"变成的老板，往往会干出短斤缺两、假冒伪劣、以次充好的事情，加大市场监管难度，不利于市场规范化。

本文发表于《海鲜指南》2016 年 8 月 24 日

中国水产批发市场走向何方

看到这个标题，很多水产批发市场的管理人员也许会不以为然，甚至以为是笔者的哗众取宠，但是，水产批发市场在平静的水面下，酝酿着巨大的变化。

20世纪的改革开放，使水产品由计划经济的统购统销走向市场化，于是，水产品由"奢侈品"逐步变成"日常食品"，于是，水产批发市场应运而生，并成了水产品流通的重要一环。以上海为例，水产批发市场，经历了水产贸易货栈、马路水产市场、专业水产市场的三个发展阶段。那时的水产批发市场，在水产品流通中的地位相当高，基本上100%的水产品是通过水产批发市场分流出去的，而现在，水产批发市场的作用在弱化。据中国水产品流通与加工协会常务副会长兼秘书长崔和2016年5月在厦门召开的全国水产冻品行业大会上的演讲，目前，仅有60%的水产品是通过水产批发市场分流的，而且，这个比例还在继续下降。

水产批发市场在水产品流通中的地位下降，究其原因，有的是社会和技术发展导致，是趋势性的，如流通环节的"去中间化"、销售的网络化等因素；有的是自身沿袭几十年的传统做法创新不足导致的。水产批发市场地位的下降，从社会的角度说，是一种进步、一种发展，而对具体的水产批发市场而言，面临交易量和批发商减少、面临运行成本刚性增长而出租率、收入不增反降的局面时，绝对是一件痛苦的事情，但是，如果能化危为机，以互联网＋的思维，创新狭隘经营思路，改变粗放管理模式，开拓增值服务手段，水产批发市场才能在已经来临的水产品流通变革和水产批发市场间激烈的竞争中立于不败之地。

本文就水产批发市场的嬗变及其原因和发展策略，作相应的探讨。

一、水产批发市场的发展演变

水产批发市场是我国由计划经济走向市场经济的产物。计划经济下，由于水产品的供应严重不足，因此，水产品流通实行严格的统购统销政策。1978 年底中共十一届三中全会的召开，使水产品流通体制的改革成为可能，水产批发市场得到了快速发展。1978 年全国水产类城乡集市成交额仅为为 5.2 亿元[1]，而 2008 年，全国亿元以上规模的专业水产市场就有 111 个[2]，2014 年，全国亿元以上规模的专业水产批发市场增长到 150 个，它们的成交额更是高达 2808.8 亿元[3]。

具体以上海为例。1979 年以后，从上海水产局下属的上海市水产供销公司所辖批发部、南市区副食品公司水产经营部、宝山县水产供销公司批发部成立 6 个水产贸易货栈开始，随着群众渔业（我国渔业经济结构中，集体渔业、合作制渔业和个体渔业的总称，是相对于当时的国营渔业而言）的发展，捕捞量增加，沿海和长江沿岸省份进入上海市场的鱼货也相应增加，在黄浦江沿岸的杨浦、黄埔、虹口、浦东、奉贤五个区县，如雨后春笋般冒出了许多水产贸易货栈。1996 年，是上海水产贸易货栈的历史高峰期，达到 74 个，形成国营、集体、个体但以个体为主的三方共存的局面[4]。

水产贸易货栈，就是利用渔船停靠码头后，由货栈老板，也就是码头业主或承租人包销渔船上的鱼货，包销价格由货栈老板和船老大商定。最初，由于通信不便，船老大对行情了解滞后或了解不全，在定价上，货栈老板有明显优势，随着移动通信工具的出现和近海渔业资源的衰减，船老大逐渐获得定价优势。货栈老板取得鱼货后基本就地批发销售，销完后再和渔船老板结账。当年的水产贸易货栈，就是现在水产批发市场的前身或雏形。

1985 年，以中共中央、国务院 1985 年 3 月 31 日发布的《关于放宽政策，加速发展水产业的指示》为标志，明确水产品由计划经济的统购统销转变为市场经济的购销全面开放，为水产业发展创造了一个宽松的市场经济环境，我国水产市场得以快速持续发展，在沿海地区建成了一大批年交易量超万吨或交易额超亿元的核心水产品交易市场。重点的大城市由于人口密集、自身销量大，加上交通便利，有些也建立了适合本地特点的集散型水产品专业市场。

上海正是在这样的背景下，稍迟于水产贸易货栈，许多水产马路市场应运而生。水产贸易货栈和水产马路市场有几方面的差别：

一是地理位置差异。水产贸易货栈均在黄浦江沿岸码头，而马路市场一般处于居民区，如上海当时的胶州路市场、铜川路市场等。

二是举办主体不同。水产贸易货栈有国营有集体的，但更多是个体的，而马路市场虽然也有个体的，如当时也在铜川路上的沪西水产市场，是由河南人独资举办，其余大都为街道或乡村兴办的，如铜川市场、十六铺市场、胶州路市场等。

三是规模不同。水产贸易货栈的规模一般都较小，一个码头，一般就是一个水产贸易货栈，大一点的码头，甚至同时共存几个水产贸易货栈，而马路市场的规模比水产贸易货栈要大好多，摊位小的有几十个，大的有几百个。

四是经营管理规范性不同。水产贸易货栈多为个体经营，串照借照乃至无照经营的也有很多。有些货栈老板，违规违法经营，当然也毫无管理可言：开白条逃税者有之，实行"三包"（包吃、包住、包娱乐）并以色情手段拉拢船老大争取货源者有之，雇佣打手强抢热门鱼货者有之，对外来贩鱼者抢收"地界费""保护费"者有之……而马路市场多为集体经营，经营管理相对规范，如当时的永安路黄鳝批发市场，由黄浦区工商局主管，聘用协管人员91人，分卫生、治安、秤手、结算、接款、送货、司机、信息、管理等工种，并制定了"协管员岗位责任""交易守则""卫生公约"等管理制度，由于经营管理的规范和服务的优良，多次被评为文明集市，1992年更被评为全国文明集市[5]。

1997年以后，上海的水产贸易货栈大幅度减少，原因很多：近海渔业资源的衰减，水产贸易货栈没有污水处理、冷库保鲜等设施，水产贸易货栈对环境卫生和交通的负面影响，上海的经济发展速度加快，黄浦江沿岸单位的经济效益提升码头所属企业纷纷收回码头发展主业，水产贸易货栈违规违法的经营和管理混乱等。同时，上海的国营菜场纷纷改制或承包经营，上海较规范较有规模的水产市场也逐步形成。20世纪90年代末期，上海有铜川路市场、四平路市场、曹安沪太市场、江浦路市场、恒大市场、沪西市场、秦皇岛路市场等专业水产市场。那时，水产批发市场在水产品流通中的地位很高，将近100%的水产品，通过水产批发市场流向农贸市场的零售商，进而流向千家万户。

本世纪初，上海的城市建设驶入快车道，2008上海世博会更是有力的推动了上海城市改造。一些水产市场关闭，一些水产市场新建。目前，上海有专业水产市场8家：铜川市场、百川市场、利民市场、东方国际水产中心、江阳市场、江杨市场、恒大市场、曹安沪太市场，而随着真如副中心的建设，普陀区的铜川市场、百川市场、利民市场将在2016年10月底关闭，届时，上海的水产市场将会洗牌。宝山区的江阳市场和江杨市场可能成为最大的受益者，另外建成近2年的浦东外高桥的凌海市场也将多少会有收获。

从改革开放以后上述上海水产市场的发展看，经历了水产贸易货栈、马路水产市场、专业水产市场的三个阶段。从低标准来看，是有进步的，但以较高的标准看，现在的专业水产市场，除了规模大些、品类多些、管理规范些、硬件设施好些外，在交易方式、结算方式、服务内容、收入构成等重要方面，近40年来，没有多大的变化，这和上海这个的超大型国际化城市不相称，也没有跟上日新月异的社会科技变化。当然，正因为如此，上海的水产市场具有更大的发展潜力。

二、水产批发市场地位在下降

改革开放政策和我国三十多年的经济高速发展，使水产批发市场获得了快速发展，数量增加、规模扩大、档次提高。水产市场成为水产品生产环节（捕捞、养殖、加工）和流通环节间不可或缺的桥梁和纽带，成为水产品的集散市场，从而在促进水产品生产、搞活水产品流通、满足消费者饮食多样性的需求等方面，作出了很大的贡献。但是，水产批发市场现在面临在水产品流通中的地位逐步下降和投入产出比逐步下降的问题。这些问题的产生，是多方面原因共同作用共同影响的结果。

1. 流通环节扁平化的影响

通货膨胀，使人工成本、租金成本、饲料成本、物流成本等基础成本高涨，导致养殖、捕捞、加工成本呈刚性增长。在宏观经济下行和消费低迷的背景下，生产商（养殖、捕捞、加工）很难提价将上涨的成本全部转嫁给批发商，于是，生产商产生了将水产品流通环节扁平化或去中间化的内在驱动力，跳开批发商，直接和大型零售商交易。这里所谓的大型零售商，有连锁和大型超市、餐馆，大型中央厨房和大型单位伙食团，精加工厂商等。这样，将原来多道中间批发商切割掉，以化解日益高涨的成本压力。

水产品流通环节扁平化的结果，导致许多以临时少量"串货""搬砖头"为特征的大量小批发商难以生存，纷纷退出批发市场，同时也因此产生一批规模型的捕捞、养殖、加工、销售一体化的全产业链水产企业。这样的结果。必然会带来水产品流通效率和水产品质量提高、水产品零售价格相对稳定等结果，而这样的结果，对社会而言，是进步；对消费者而言，是实惠；对小批发商而言，是灾难；对水产批发市场而言，水产批发商的数量会减少，这将会严重影响水产批发市场经营设施的出租率和租金水平，从而，从根本上影响水产批发市场的经济效益。

2. 电子商务的影响

1999 年，普遍被称为中国电子商务元年。自那时开始，中国的电子商务发展迅速。下列三组数据足以反映我国电子商务的发展速度、发展规模以及在我国商业零售中的地位：根据前瞻产业研究院的报告，2015 年，我国网络销售额达到 18.2 万亿元，比 2014 年的 13.5 万亿元增长 34.8%[6]，另外，中国互联网络信息中心 (CNNIC) 发布第 37 次《中国互联网络发展状况统计报告》显示，截至 2015 年 12 月，我国网络购物用户规模达到 4.13 亿，较 2014 年底增加 5183 万，增长率为 14.3%[7]，而据国家商务部网站公告，我国 2015 年的社会消费品零售总额 30.1 万亿元，也就是 2015 年说的网络销售额已经达到同年社零额的

60.5%[8]。

2012年，顺丰优选、亚马逊中国、淘宝、本来生活、京东商城等大型电商平台，生鲜食品陆续上线，因此，2012年被称作是中国生鲜电商元年。虽然生鲜类食品对于物流配送要求极高，冷链物流成本较高，但由于政府的大力支持和消费者对食品安全等方面的要求提高，生鲜电商依然持续发展。据中商情报网报告，生鲜电商的交易规模2013年130亿元，2014年约260亿元，2015年约在400亿元，未来5年可以达到千亿元的市场规模，年增速基本上是翻番的幅度[9]。

在此背景下，作为生鲜品的水产品网上销售，同样发展迅速。如全国水产冻品联盟（上海）理事会副理事长单位的上海衡丰水产贸易公司，这是一个40多人的公司，线上线下都做，其中，近20人专门从事电商，2015年的网上销售额达到5000多万元。随着冷链物流的发展，随着熟悉电子商务的80、90后水产经销商的增加，随着习惯网上购物的80、90后的消费能力的提升，随着大型电商平台对水产品更加重视等多方面因素，在电子商务冲击下，水产品多层次的批发体系将得到革命性的变化，许多中小批发商将无法抗拒，以中小批发商为主体的批发市场，将会流失较多客户，这样，出租率会下降，租金水平也将很难上涨。

3. 客户低端化的影响

水产品有冻品、干货、冰鲜、活鲜、贝类等几种类型，活鲜、冰鲜、贝类，由于保鲜或保活的时间短要求高，一次性进货量小，进货后一般需要在短时间内销售，因此经营这几类水产品的商家对批发市场的依赖性相对较高；而冻品和干货，进货后销售时间长，一次性进货量大，经营冻品和干货的商家都需要压货，因此特别是经营冻品的商家，要有一定的资金门槛，实力相对活鲜、冰鲜、贝类要大。同时，冻品大都标准化包装，比起活鲜、冰鲜、贝类要明显干净，而且，冻品比起活鲜、冰鲜、贝类，配送要求低，因此也更多地通过规范的第三方进行配送。

由于冻品商家的上述特性，相对而言，对租金的承受能力较强，对自身形象和批发市场形象的要求较高，再加上他们获取信息的能力较强渠道较多以及交易方式的多样化，他们中大的商家，或为了提升自身的形象，或不满水产市场"脏、乱、差、臭"的形象，或二者兼而有之，从水产市场搬迁到环境良好的地方经营。这样，本来就是大商家少的水产市场，留下来的更多的是中小冻品商家和冰鲜、活鲜、贝类商家，而这些批发商更多的倾向于批零兼营甚至以零售为主，批发和零售的比重呈现此消彼长的情况，水产批发市场出现集贸市场的低端化的趋势，环境和形象将更不理想，租金水平当然也将更难提升。

4.政府对水产市场要求提高的影响

现在的各级政府，对消防安全、生产安全、食品安全、环境保护等方面，要求更高更具体。

消防安全隐患，在很多水产批发市场，主要表现住宿、仓储、经营三种功能混合设置在同一空间内的"三合一"商铺比比皆是，市场建设不符合消防要求、违章搭建、违章改造、使用不符合消防要求的建材和装潢材料、电线私拉乱接和"小马拉大车"、电线老化、擅自使用液化煤气钢瓶、擅自使用大功率电器等现象较为普遍。2015年天津港"812"重特大火灾爆炸事故以后，各级政府对消防隐患较多较大的批发市场严格检查、重拳整治、严厉处罚。

生产安全，主要是指有冷库的水产批发市场而言。有些批发市场的冷库，建设年代久远，制冷设备和制冷技术老旧，日常的改造维护投入又不够；有些批发市场的冷库，虽然建设时间不长，但操作管理制度不健全、对操作人员培训不到位，同样存在一定的安全生产隐患。

食品安全，是政府常抓不懈的工作，而一些水产批发市场，在食品安全方面投入不够。很多水产批发市场，没有专门的检测室、检测部门和检测人员，能安排专职人员做做甲醛类快检和现场查看有没有用"红粉""黄粉"美容的水产品，已是比较"负责"的水产市场了，至于水产品追溯工作，由于客观上有一定难度，投入也较大，更是一直难以落地实施。

环境保护，水产批发市场由于经营的特性，特别是冰鲜、活鲜和贝类以及水产品在加工过程中，容易产生污染物和废弃物。在热天，这方面的问题更严重，再加上有的水产批发市场，前期没有投资必要的污水和废弃物处理设施设备，雨水、污水、废水混合并随便排放；日常管理中，没有"门前三包"之类约束商家随便丢弃杂物等行为的管理措施，也没有配备足够的人力及时清扫路面和经营场所，导致一些水产批发市场的"脏、乱、差、臭"问题比较常见和突出。

政府对消防安全、生产安全、食品安全、环境保护等方面要求的提高，特别是加大整治"三合一"和拆除违章建筑的力度、加大对水产品安全及其溯源的重视力度、加大对环境污染的整治力度，客观上导致水产批发市场经营效益的下降。

5. 交通和冷链物流发展的影响

近十年来，我国的交通事业得到前所未有的发展，高速公路主干网由"五纵二横"发展为"六纵六横"，覆盖到除西藏以外所有的一、二、三线城市；高速铁路网基本上已覆盖到所有的省会城市和部分地级城市；民航机场建设，已建成覆盖全部省会城市和部分地级城市。同时，近几年，由于社会的需求和政府的推动以及物联网的发展，我国的冷链物流业务也得到快速发展。

上述情况，优化了水产品流通的路径，缩短了水产品物流时间和成本，使长距离、跨区域、大规模的水产品流通成为可能。如海南岛的海鲜产品，24 小时内可以配送到北京的千家万户，这就为产地直接向中小城市供货、为生产方和大型零售方直接对接、为开展电子商务等创造了更有利的条件，结果就是压缩了水产品集散市场数量和水产品流通的中间环节，最后导致水产市场的交易量和批发商的减少。

6. 大鳄强势杀入水产业的影响

综合《中国证券报》官网和其他网站消息，2016 年 4 月 6 日，联想控股和澳大利亚知名海鲜世家 Kailis 家族联手，打造联想海鲜产业集群。根据协议，联想控股与 Kailis 家族联合投资成立 KB Food 集团。在这个新成立的公司中，联想控股在 KB Food 集团持股 90%，Kailis 家族持股 10%，而 Kailis 家族将其持有的澳大利亚海鲜市场领导者 KB SeaFoods 公司及其全资拥有的 Kailis Bros 公司、National Fisheries 公司以及其新西兰和亚洲业务的资产整体注入到 KB Food 集团，借此，联想控股意图成为亚太乃至全球海鲜产业领导者之一。同时联想控股也宣布将以此合作为基础，持续投入资源打造联想控股海鲜的捕捞、养殖、加工、流通的全产业集群[10]。

这样的消息，对水产市场而言，绝对不是利好，因为类似联想控股这样的大鳄杀入水产业，他们在流通环节上，绝对不会依托水产批发市场，而是利用自己的资金、资源等优势，另起炉灶，而一些水产流通企业，会依附于他们，因此，一旦这样的大鳄多了，一定会在相当程度上弱化水产批发市场的作用和地位。

7. 水产批发市场自身存在的问题

水产批发市场自身存在很多问题，也阻碍了水产批发市场的发展，降低了水产批发市场的地位。总体而言，水产市场自身的问题，可以概括为以下五个方面：

其一，硬件设施差。许多水产市场建设，过于短视、过于现实，强调少投入、快产出，特别是早期建设的水产市场，缺乏冷库等冷藏设施，停车场地不足，道路不够宽敞，商铺也较为简陋，看上去就像一个集贸市场。

其二，管理水平低。处于信息化时代，很多水产批发市场，管理依然如几十年前，依靠传统的职能管理模式，而不是更加科学的流程管理模式，没有办公自动化（OA），更没有客户资源管理系统（CRM），以致人浮于事、效率低下、成本高企、跑冒滴漏等现象普遍，这在一些国企控股的水产市场问题更加突出。

其三，经营手段少。我国当下的水产批发市场，由于经营手段缺乏、交易方式落后，主要依靠市场的硬件设施获取收入，目前的收入来源主要只有两块：租金（商铺、摊位、住宿房、办公房、仓库、冷库、加工场地等经营资源）和停车费，这样，一方面导致市场增收的潜力不大，另一方面也导致市场的抗风险能力不强。

其四，服务内容弱。目前，许多水产批发市场的服务，基本上仅仅停留在低层次物业服务的水平，只是做一些拉拉电线网线、修修电灯、补补路面、做做保洁、管管交通等工作，无法满足客户高层次、多样化的服务需求。

其五，从业人员层次参次不齐。根据全国城市农贸中心联合会对全国农产品批发市场人力资源状况的调查，副总以上的管理者学历普遍较低，专科以下比例高达 80%，也严重缺乏市场规划、电子商务、食品安全管理、冷库管理等方面的专业人才[11]。

三、水产批发市场的发展策略

面对流通环节扁平化、电子商务、客户低端化、交通和冷链物流发展、业外大企业强势介入、政府对水产市场要求提高等因素以及水产市场自身存在的问题所导致的水产市场在水产品流通中地位的降低和投入产出比的下降，应该说水产市场的压力很大，形势严峻。如此局面下，水产批发市场将走向何方？总而言之，应该以变应变、开拓创新，具体应从以下六个方面加以努力。

1.规范或调整内部布局

我国很多水产批发市场，市场内部布局几十年不变，很不合理：商铺是摊大饼式的，以致铺位间档次好坏差异很大，给招商带来困难，同时，给市场交易方式和结算方式的转变带来极大困难；不同类型水产品混杂，提高了市场卫生环境治理的难度和成本，也增加了采购者的时间成本；市场"三合一"现象十分普遍；餐饮店和交易区没有区隔乃至混杂，餐饮环境不理想。诸如此类情况，在水产市场比比皆是。

建设新水产市场，我们希望遵循以下原则：为市场经营业务的多元化和经营方式的创新转型创造条件，为水产品安全和实现可追溯创造条件，为实现全市场的统一结算创造条件，为实现市场消防安全、生产安全、治安安全和交通安全创造条件。对老市场，在可能的条件下也应按照上述原则作必要的改造。

理想的水产批发市场，起码要做到功能齐全、布局合理、人车分流、环境干净整齐。停车区，货车、轿车、助动车自行车分区停放；住宿区，对外封闭，家庭房、男女集体宿舍分类管理；仓储区，冷库为主，配备适量的普通仓库，用于储存干制水产品、休闲水产品、海蜇等不需冷冻的水产品以及泡沫箱、纸箱等包装用品；办公区，市场办公、客户服务、客户办公等分别设置；休闲区，餐饮、娱乐归类合并设置。

理想的水产市场，最大的亮点，就是交易区。交易区，根据水产品的不同特性，采用合并同类项的方法，设置三个交易区：鲜活交易区，冰鲜贝类交易区，冻品干品加工品交易区。

不管是什么类型交易区，每家商户的基本配置是统一的，这就是：商家招牌、统一规格的 LED 及其统一格式的显示内容（品名、产地、规格、计价单位、单价）、电子秤、打印机、刷卡机和扫码器、电脑、桌子、椅子。除上述统一的基本配置外，不同类型的交易区，也有一些差异化的配置。

冻品干品加工品交易区，其中经营冻品的商家配置统一的冰柜，用于陈列商品，方便采购者选择。同时，每个商家还配置统一的 1-2 吨的小型装配式冷库，便于采购者现场提货。经营非冻品的商家则配置统一的陈列柜以及一定体量的小型普通仓库。

鲜活交易区，每个商家配置统一的鱼缸，用于活鲜出样，方便采购者选择，同时，每个商家还配置暂养池，便于采购者现场提货。暂养池，区域上将海水鱼和淡水鱼分开。

冰鲜贝类交易区，每个商家配置统一的陈列柜，用于冰鲜或贝类出样，方便采购者选择。同时，每个商家还配置一定面积的空地，用于堆放冰鲜或贝类水产品，便于采购者现场提货。由于冰鲜和贝类水产品水多且较脏，味道较重，该交易区对通风排风的要求较高，对地面易冲洗和防积水以及排水的要求较高。

每个交易区都应设置第三方物流配送服务台，方便大批量采购或不现场提货的采购者。

2. 加大餐饮娱乐旅馆业务发展力度

水产市场特别是大型销地水产市场，水产品数量多、品种规格齐全、新鲜、价廉，市场也大多批发零售兼营，人流量很大。上述特点，对水产市场发展餐饮业来说，具有极大的菜肴成本、品种、品质、客源等优势，再加上餐馆在经营上采取水产市场里特有的代加工方式，提高消费者的信任度，因此，很容易成功，而餐饮的成功，对水产市场的培育和繁荣，意义很大：可推高人气增加销售，同时也提高市场的社会知名度；可带动市场娱乐旅馆业务发展，餐饮、娱乐、旅馆，本是形影相随的"朋友"，禁酒令后三者关系更密切，补台不拆台；可促进招商提升租金水平。

除此之外，水产市场发展餐饮、娱乐、旅馆业，将充分利用市场的经营资源。商铺，是水产市场的主要经营资源，但商铺之外的经营资源还有很多，如办公房、停车场、住宿房等，随着餐饮娱乐旅馆业务的成功开发，带来人流量和车流量的提升，除提高商铺出租率外，还提高了水产市场其他经营资源的利用率。

另外，还可推动市场腾笼换鸟。任何水产市场，起步时招商的压力最大。一般说来，客户对新市场都有一个了解的过程，犹豫、观望在所难免。大客户、优质客户，由于对市场的选择考虑因素多、条件要求高、内部决策流程复杂周期长，因此，虽然一般新建水产市场都会将招商重点放在大客户和优质客户上，但效果往往并不理想难以如愿。因此，水产市场开业初期，为了提高出租率和市场人气，招商时，往往大小不拘，"抓到蓝子里就是菜"，市场初期招来的客户中，小客户、劣质客户、投机客户多，而大客户、优质客户少。水产市场餐饮娱乐旅馆业务的成功开发，能为市场带来较高的人气。市场的商业机会多了，交易量提高了，客户对租金的承受能力相应提高，市场就可以通过租金这个杠杆，腾笼换鸟，淘汰一些不能随着市场成长而成长的小客户、劣质客户和投机客户，定向吸引大客户和优质客户。

水产市场开展餐饮娱乐旅馆业务，餐饮、娱乐、旅馆、水产经营，形成四者良性互动相互促进的和谐关系，对水产市场的推动作用非常大，而开展餐饮娱乐旅馆业务，是水产市场多元化发展战略的一个很好的切入点，也是提高市场的综合竞争力的有效途径。

3. 乘势发展零售业务

近年来，我国道路建设和公共交通事业发展很快，终端消费者到水产批发市场也比较方便，而水产市场的水产品，比起菜市场、超市等零售场所，在品种规格、新鲜度、价格等方便，具有较大的优势，加上水产批发市场中的小批发商由于生意难做，于是，主动做起零售业务，这就给水产市场带来了新的契机——有计划乘势发展零售业务。

零售业务，给水产市场带来了更多的人气，但也给水产市场的管理增加了不少难度和成本，如交通的压力、停车的压力、交易秩序管理的压力、保洁的压力等，管理不好，市场内出现交通拥堵和交通事故的概率上升，消费者对水产品质量、乱标产地、短斤缺两、食品安全等问题投诉的概率上升，大批发商对市场管理服务的满意度下降。

零售业务对水产市场的影响，利弊都有，但如果加强管理，发展零售业务一定是利大于弊。具体来说，应该划出专门的场所开展零售业务，地方要封闭，场内建设标准化固定摊位，主要针对市场内商家招商，开市收市时间固定，收市后场内所有货物清场，电源切断，大门关闭，以绝安全隐患。有条件的话，可以开出一些定线路、定时间的班车，以方便、吸引消费者。这样，我们可以很少的投入和成本发展起零售业务，但获得了增加市场人气和租金收入、扩大市场影响等良好效果。

4. 开展电子商务

对于电子商务，著名企业战略执行专家姜汝祥博士，从社会学角度给出了他的定义，"电商是基于互联网行为对不合理的市场结构的冲击和再造"。他认为"工业革命所创造的传统商业，依赖三个基本的空间要素：租金、渠道与广告。这三大要素堪称'三座大山'。在传统的商业生态下，任何一家企业想要进入市场并获得发展，首先就要越过这'三座大山'"。而"电商是代表着消费者利益的市场力量，基于互联网特别是移动互联网的手段，正在打破传统商业的'空间逻辑'，让租金、广告、渠道这'三座大山'不再成为商业发展的利润"[12]。因此，电子商务包括水产品的电子商务，是趋势，不管你喜欢不喜欢，都将蓬勃飞速发展。

上述分析，对于以租金为主要收入的水产市场，在电子商务冲击下的发展走向，有一个基本的判断：抱残守缺，固守传统的经营管理模式，水产市场的萧条没落，只是时间问题。

前文所述，由于冻品加工品比重增加冰鲜减少、冷链物流发展、熟悉电子商务的 80、90 后水产经销商增加、习惯网上购物而又比较"懒"的 80、90 后的消费能力提升、大型电商平台对生鲜类的水产品更加重视等因素，水产品的电子商务近几年得到了较快的发展，对此，水产市场要有忧患意识。要知道，以网上营销为主的水产经销商对水产市场的依赖性是较低的，他们随时有可能会离开市场，一旦这样的商家数量一多再想办法，恐怕已经晚了，因此，水产市场要未雨绸缪，在电子商务方面多作思考和积极行动。

水产市场开展电子商务，有一定的优势：市场客户数量多，招商基础好；二是有实体市场作依托，社会诚信度较没有实体市场的电商平台要高；三是大部分水产品的附加值比较高，消化物流配送成本没问题；四是水产品消费量大；五是水产市场和民生密切相关，政府支持，媒体关注，报道量大，社会知名度高。

但是，水产市场开展电子商务，又有一定的劣势，最大的莫过于经营管理能力的低下和人才的缺乏。因此，水产市场开展电子商务，可以有几种方法：第一种就是以自己的优势和资源与大型电商平台合作，第二种是引进第三方电子商务公司，第三种是有实力、有人才、管理能力较强的水产市场也可自建垂直类电商平台。但第三种投入多、风险大，不提倡。

5. 实行电子统一结算

实施电子统一结算，对水产批发市场来说，意义很大，有即期意义，更有获取交易大数据可以此开展很多高端增值服务的更大的远期意义。

电子统一结算的即期意义，对于水产批发市场而言，可以提高交易效率、降低交易成本、扩大交易规模、减少交易纠纷、增加经营收入等。一个很实在的案例，苏州南环桥同发水产市场，规模并不大，占地面积只有75亩，商铺400个，商家250家，主要经营的是水产品中附加值较低的淡水鱼，同发市场仅在交易最具规模的"四大家鱼"中实行电子统一结算，向上下家各收取1.5%的交易费。2015年，同发市场的经营收入达到5000多万元，其经济效益比我国一线城市的水产批发市场都要好。

电子统一结算的远期意义，可以获取市场交易的关于交易商家、商品及其规格、产地、销地、渠道等大数据，并对这些大数据进行分类统计和深度挖掘，形成有价值的报告，一方面销售给有需要的单位，如国内外水产生产商（养殖、捕捞、加工）、水产进口商、国内大型水产批发商和零售商、相关科研院校等，引导生产、流通、科研，另一方面，可以根据各商家的经营情况，和相关第三方一起，为市场商家提供相应的高端增值服务，如金融、物流配送等服务。水产市场通过这些努力，可以解决客户困难、增加凝聚力、扩大收入来源、提高社会影响。

然而，实施电子统一结算，有多方面的困难。首先，水产市场沿袭几十年一贯制的摊大饼式的商铺格局，增加了实施难度；其次，几十年一贯制的对手交易这种落后的交易方式，涉及习惯的改变，也增加了难度；其三，一些市场领导对电子结算根本不了解，甚至将电子统一结算和电子商务混为一谈；其四，水产市场 IT 人才严重缺乏；最后，一些水产批发商或不希望让人了解真实的交易情况，或怕以后因此而多交税而对电子统一结算有一定的抵触。

但是，随着政府对水产品追溯工作要求的提高，水产市场开展电子统一结算有了一个很好的切入点，可以从以下五方面入手：一是以政府要求水产品溯源作为突破口，借助政府的力量强势推进，再辅以技术手段，带动电子统一结算；二是和专业第三方 IT 公司合作；三是以大宗水产品交易，带动电子统一结算；四是和银行或担保公司合作给实行电子统一结算的商家提供金融服务；五是按本文"规范或调整市场内部布局"所述，将开放式的商铺改造成封闭的交易区。当然，在同城水产市场处于重新洗牌阶段，实行电子统一结算，有可能会导致客户的流失，因此，宜谨慎从事。

6. 为客户提供高端服务

1）信息服务

商家入驻批发市场，一个重要的原因是为了获得新的客户，增加商业机会，但是，由于一些客观和主观的原因，商家通过批发市场获得的新客户越来越少。

客观上，以前的通信不发达，也没有网络，加上水产品活、鲜等特性，供应商和采购商一般都到水产市场获取信息、比较价格、完成交易，因此，各方对水产批发市场的依赖性较强。但现在，通信、网络、资讯发达，各方可以很容易了解获取全面、及时、详细的水产品供需信息和价格信息，这种情况下，批发商，特别是冻品批发商，从水产市场中获得的新客户必然减少，他们更多的是通过老朋友、老客户以及自己做广告、或从网络、专业聊天群获得，供需双方通过 PC 或智能手机，几秒钟内完成交易，完成款项支付，完成配送安排。

对此，水产市场要通过多种方式为市场客户做好信息服务，让他们觉得市场在为他们服务，而且这种服务对他们来说是有价值的。

一种是假如市场已实施电子统一结算的话，可以将由此获得的供需信息进行整理分析后提供给市场客户。

第二种是建立网站，市场客户可以上传自己的供需信息，市场可委托 IT 公司开发应用软件，将客户上传的凌乱的即时供需信息做统计分析归类整理后发布到网站乃至市场客户的手机上。

第三种是建立微信聊天群，客户可以在群里发布自己的供需信息。聊天群可以有多种，如本市场水产品分类的聊天群，本市场和外地市场水产品分类的聊天群，本市场和外地水产协会、商会及旗下会员的聊天群，本市场和餐饮企业的聊天群等。

2）产品展示推广服务

作为销地水产批发市场，特别是大城市水产批发市场，由于消费量大，再加上集散能力强，各产地包括国外的政府、协会（商会）、批发市场、大生产商和贸易商，都高度重视，经常主动前来做沟通交流。销地水产批发市场可充分利用这一有利条件，邀请到市场进行产品推广展示服务，并将他们介绍给市场中有实力的客户，使其成为代理商、经销商。

同时，水产批发市场还可以将市场中客户所经销的新、奇、特水产品，邀请餐饮企业、相关科研院校等，并透过各级各类媒体进行深入报道，向消费者进行宣传，扩大市场影响、增加水产品销售。

3）经营管理培训服务

水产批发商，除少数 80、90 后文化层次较高外，大都学历较低，接受新事物的能力较低，交易方式是对手交易，营销方式是关系营销和等客上门，管理基本上无从谈起，更多的是处于家庭作坊式阶段，总之，水产品市场化近四十年间，中国社会发生天翻地覆的变化，而水产品流通依然故我，很多水产批发商对新形势、新趋势没有足够清醒的认识。水产市场应从水产品流通面临的困难及其原因、水产品营销新手段、水产品的品牌管理、水产企业的资本运行等方面，对市场的水产批发商进行培训，使他们适应新的形势，提高竞争力。

水产批发市场自改革开放以来成绩斐然，但仍然滞后于社会的期待。水产市场所应具备的功能，除集散功能外，价格发现功能、结算功能和信息处理功能，大都没有发挥出来。我们现阶段的水产市场，仅仅是放大规模的农贸市场，经营、管理、服务各方面都比较落后，与国外水产市场相比，差距很大；与我国其他领域、行业所取得的进步相比，水产市场的发展非常缓慢。社会的进步、观念的进步、科技的进步，在水产市场很少体现。特别是处于信息化时代，各方面的变化很大很快，水产市场更应该未雨绸缪，以变应变，以快变应慢变，才能立足，才能生存，才能发展。

本文虽然针对水产批发市场，但对广义的农副产品批发市场，具有同样的意义。

注释

【1】《中国市场统计年鉴》1995版，国家统计局贸易外经统计司编，中国统计出版社，P578
【2】《中国农产品批发市场行业通鉴》（1984-2014），全国城市农贸中心联合会编，中国农业科学技术出版社，P4
【3】《中国商品交易市场统计年鉴》2014版，国家统计局贸易外经统计司、中国商业联合会信息部编，中国统计出版社 ,P4
【4】《上海渔业志》,《上海渔业志》编纂委员会编，上海社会科学院出版社，P230
【5】《上海渔业志》,《上海渔业志》编纂委员会编，上海社会科学院出版社，P231
【6】http://mt.sohu.com/20151230/n433003527.shtml
【7】http://finance.chinanews.com/it/2016/01-26/7732902.shtml
【8】http://www.gov.cn/xinwen/2016-01/20/content_5034714.htm
【9】http://www.askci.com/news/chanye/2016/01/25/114542itc6.shtml
【10】http://www.cs.com.cn/ssgs/gsxw/201604/t20160407_4941959.html
【11】《中国农产品批发市场行业通鉴》（1984-2014），全国城市农贸中心联合会编，中国农业科学技术出版社，P10
【12】《移动电商3.0》，姜汝祥著，中信出版集团，P10-P14
【13】参考资料：《中国水产品流通六大趋势》，作者，王德才，刊《中国批发市场》2016年第四期。
【14】参考资料：《水产批发商，路在何方？》，作者，王德才，刊《中国水产品》2016年第二期。

本文发表于《中国批发市场》2016年第10期

水产市场需要"革故"才能"鼎新"

　　水产市场有过辉煌。20 世纪的改革开放，使水产品由计划经济的统购统销走向市场化，于是，水产品由"奢侈品"变成"日常食品"，水产批发市场应运而生，成为水产品生产者和消费者之间不可或缺的桥梁和纽带，成了水产品流通的枢纽。

　　然而，由于外部的原因和自身的不足，水产品从改革开放初期的几乎 100% 通过水产批发市场分流，掉到现在的 60%。即便如此，水产市场面临的外部环境比以前更加严峻，由于产销直挂、流通环节扁平化或去中间化、营销手段的网络化、由于政府对消防安全、生产安全、食品安全、环境保护等方面对水产市场要求更高更具体，由于成本和汇率上升、渔业资源减少等因素带来的水产品价格高涨等原因，导致市场批发商减少、批发商低端化、市场运行成本增加等，形成新的压力。

　　面对困难，水产市场需要"革故"，才能"鼎新"，才能前行。

　　何谓水产市场的"故"？"脚踢踢毛估估"的粗放型经营管理模式，日常管理就是物业管理、交通和停车管理、收费管理，不以脏乱差臭为耻，以为水产市场能收的也就是租金和停车费，以为对手交易天经地义，以为电子统一结算难以实现，以为搞 B2B 电商平台是天方夜谭……

　　面对严峻的外部压力，水产市场必须大刀阔斧"革故"，告别过去惰性的经营管理理念和做法，与时俱进、开拓创新，利用城市建设改造带来的水产市场搬迁重建这样难得的有利契机，在硬件上建设上使市场内部布局更加规范合理，去除"三合一"给市场带来的严重消防隐患，也为市场新的经营、服务模式和软件建设创造条件，同时，引进高素质的经营管理人才，在业务发展多元化、服务内容高端化、管理工作信息化等方面着力。特别是在互联网"+"时代，在大多数批发商经营困难的情况下，水产市场应当以批发商为中心，多为批发商着想，为批发商做经营培训，为批发商实施新型营销方式，如 B2B、B2C、O2O 等提供便利，为批发商融资、降低融资和物流成本提供便利，为批发商推广产品提供便利，因为只有批发商发展了，才有市场的发展。

在辞旧迎新之际，我们期待着水产市场"革故"之后的明天更美好！

本文发表于《水产前沿》2017 年第 2 期

二大集市关闭，
上海水产市场版图重构

2016 年 10 月 31 日，有上海水产名片之称的铜川市场关闭后，上海水产市场乾坤大挪移，重心由普陀区转向东北，上海的东北角成了名副其实的"水产角"：宝山区泰和路铁城路口的江杨市场和江阳市场、杨浦区军工路上的东方国际水产中心、浦东外高桥江东路上的凌海市场、嘉定方泰嘉安公路上的嘉燕市场，另外，算不上"东北角"的体量也不大的上海其余的两个水产市场，分别是浦东杨高南路的恒大市场和沪南路上的上海农产品中心批发市场。

在这个版图中，水产重镇自然是位于宝山泰和路江杨北路上紧挨着的江杨市场和江阳市场。这两个市场，在 2008 年开业但一直没有成市。铜川市场关闭前，两市场抓紧扩建改造，达到 3000 个商铺的规模，比铜川市场关闭前的 2400 多个还多出 25%，是名副其实的上海水产市场"巨无霸"。2016 年上半年，这两个市场就成为水产经销商青睐的对象，目前，这两个水产市场的商铺炙手可热，位置好的档口，转让费高达上百万元。

军工路上的东方国际水产中心，2007 年开业，2008 年底就已成市，有 1100 多商铺，其冻品在上海乃至在全国都是一块闪闪发亮的"金字招牌"，另外，贝类和海鲜小品种海蜇也是独步上海，近海冰鲜则和上海农产品中心批发市场平分秋色。铜川市场关闭，对东方国际水产中心，目前还看不出有什么影响。

外高桥的凌海市场，是专为铜川市场关闭而新建的水产市场，2016年9月底开业，有300个商铺，规模较小，客户来源于铜川市场和上海其他水产市场。这些客户大都有试探的性质，属于狡兔的第二窟或第三窟，市场成市，就扎下根，否则，就赔上首付租金和装修费，撒腿就跑。目前客户入驻交易状况和人气不是很理想，还有部分商铺没有装修。凌海市场冻品半年免租期和活鲜一年免租期到期时，凌海市场是否继续免租、客户是去是留，是一个观察的最好窗口。

嘉定方泰的嘉燕市场，面积约150亩，目前，淡水鱼交易区占地20余亩，除原沪太市场经营鲫鱼、鳊鱼、花鲢鱼、青鱼等四大家鱼为主的50多家商家外，还吸纳了铜川市场的10多家淡水鱼客户，以及20多家高端海活鲜的广东水产经销商。这20多家海活鲜商户，原先已在青浦华新镇与上海最"高大尚"的农产品批发市场——西郊国际市场一路之隔的华金市场开始装修，但大规模掘地装修，遭到当地居民的反对，华金市场终于以失败告终。于是，被华金市场"耽误青春"导致无处可去的以金泰为首的高端海活鲜客户，无奈中来到了嘉燕市场。然而，因为市场的地理位置等种种原因，这些高端海活鲜商家的销售状况很不理想。据了解，金泰等已在年前入驻江杨市场。

浦东杨高南路上的恒大市场，规模不大，但市场水产品类型比较齐全，由于市场扩展没有空间，同时，自身受违章建筑的困扰，因此，它对铜川市场关闭没有抢食的兴趣。

浦东沪南路上的上海农产品中心批发市场，依然是维持近海冰鲜水产这一类型，虽然当时它也希望在铜川市场关闭过程中分一杯羹，但客观上江杨市场和江阳市场相比，地理条件和规模条件不理想，因此，也没有什么收获。

总体而言，铜川市场关闭，最大的赢家，无疑是江杨市场和江阳市场，嘉燕市场和凌海市场有所斩获，而上海东方国际水产中心、恒大市场、上海农产品中心批发市场则维持铜川市场关闭前的状况。

铜川市场关闭的鏖战硝烟刚刚散去，恒大市场马上又将关闭，上海水产市场间的竞争又起波澜。

恒大市场 2016 年 1 月中还在循规收费，而浦东新区政府 2017 年 1 月 25 日发文要求，恒大水产市场要在 2017 年 2 月 15 日起停水停电整体关闭，并在 2 月底拆除。上海水产市场又将掀起不大不小的风波。

对于恒大市场的关闭，上海的水产市场，谁会关心？而恒大市场的商家"情系何方"？最后，这些商家又将"花落谁家"？

理论上，上海所有的水产市场，都会关心恒大市场的关闭，毕竟，400 左右的商家，这块蛋糕不小啊！没有谁会视而不见。然而，各市场的情况不一样，表现出来的态度也不一样。

江杨市场和江阳市场，由于规模大，人气高，生意好做，应该是双方各自的最佳选择。然而，恰恰因为这些，成为最不可能的结合。江杨市场和江阳市场，本身已经完全饱和，市场方已无空余商铺出租，只是一些眼光超前又有办法的商家手上尚有少量商铺，他们之前多拿了些商铺，待价而沽，收取高额的转让费，而这样的转让费是恒大市场的商家所难以承受的。因此，江杨市场和江阳市场，对恒大市场的关闭不会关心，而恒大市场的客户也去不了江杨市场和江阳市场。

凌海市场，现有规模小，人气不旺，很需要恒大市场这 400 家商户入驻，否则，它的发展前景很渺茫，而恒大市场客户对远离居民区的凌海市场大都不看好，目前也只有为数不多的恒大市场客户与凌海市场签订了意向书。

嘉燕市场，由于地理位置偏僻，周边单位和居民数量较少，而恒大市场的商家大都是二级批发商，销售对象以终端消费和酒店配送、团购为主，嘉燕市场显然不是理想的选择。

恒大市场另择地建设，这个可能性几乎为零。一则恒大市场主办方没有这方面的考虑，二则听说有人在浦东航头择地建设，但地方太偏僻，规模太小，且恒大市场的几十家淡水活鲜经营户已经入驻上海农产品中心市场，使这可能性更难以实现。

目前，上海农产品中心市场将停车场改建成 118 间商铺，恒大市场的 40 多家淡水活鲜已入驻进市场并开始正常经营，剩余的商铺，也已全部签约。同时，它也可能扩建水产二期，希望进一步扩大水产类经营规模，弥补原先这方面的短板。

东方国际水产中心,2008 年底成市后,100 间左右商铺一直没有租出,2016 年拆违后,还剩下 70 间左右空铺。就地理位置和交通便利性、市场成熟度和社会影响力、市场规模、配套设施等方面而言,东方国际水产中心的优势明显,应该是恒大市场商家最好的选择。恒大市场有几十家冻品客户,而冻品本身是东方国际水产中心的强项,如果后者在招商策略上就以冻品客户为主,则可进一步强化东方国际水产中心的冻品优势。这样,恒大市场的冻品客户和东方国际水产中心可以获得双赢,达到两全其美的效果,如果再进一步,东方国际水产中心和同为上海水产集团旗下的就在东方国际水产中心边的油库以及距离只有 2.3 公里的上海龙门食品公司三家整合,优势的倍增效应则将更大。

客观而论,恒大市场关闭,其商家竞争中,上海东方国际水产中心和上海农产品中心市场,条件最好,可以分享恒大市场关闭的成果,而一直在争取恒大市场客户的地处浦东新区三林镇上南路 5588 号的喜地农贸市场,因为有违建,一直说要拆迁,因此能否一"喜"到底,还有待持续观察。

上海水产市场,改革开放以后,从带有水产批发市场雏形的水产贸易货栈诞生以来,大大小小经历过多次调整变化,总体上来说,有几个明显的特点:数量由多到少,规模由小到大,地域由中心城区向城郊转移,类型由专业性向综合性转变。虽然上海现有的水产市场,经营模式依然粗放、收入来源依然单一、市容市貌依然不尽人意,但是,上海水产市场的每一次调整,都带来了或多或少的进步。

那么,上海水产市场的这种变化和上海水产市场版图重构,对采购商和上海市民、对上海水产市场会产生什么样的影响呢?

水产市场的集中度提高,首先,方便了"一站式"或"一篮子"采购。购买者可以往一个方向,在一个市场,河鲜、海鲜一次买全,国产水产、进口水产一次买全,活鲜、冰鲜、贝类、冻品、干制品一次买全,买水产时,将烹饪水产品的调料买全,而不需要为了水产品跑几个方向,跑好几个水产市场。其次,提高了购买者的识别能力。一个市场动辄有上千家商家,同一个品种,少则几十家、多则几百家在做。我们常说，不怕不识货就怕货比货。市民可以充分地选择和比价，买到自己满意的性价比较高的水产品，更为重要的是现在水产品也有许多"李鬼"和质量问题，购买者在充分的选购过程中，练就自己的一双"火眼金睛"：不被坑、不被蒙、不被宰。

对上海水产市场来说，集中度提高，意味着规模化经营，对提高水产市场准入门槛有好处，对改善水产市场低层次竞争有好处，对降低水产市场的单位运行成本有好处。

恒大市场关闭后，除凌海市场前景相对渺茫外，上海水产市场的版图重新划定，也许会有一定的稳定期，但是，由于上海现有的水产市场仍有一定的不合理因素存在，如布局不合理、卫生和环保投入不足，同时，水产市场人流量、车流量大，上海又是寸土寸金，仓库、住宿、办公、经营浓缩在较小的空间，安全隐患，包括消防安全、生产安全、食品安全、交通安全、治安安全样样存在。如果政府提高安全、卫生、环保等监管要求，如果政府提高违章建筑和"三合一"整治力度，如果相关区域生态建设和城市改造进展加快，如果江杨市场和江阳市场产生"磁吸效应"，上海的水产市场，将不用多久，又会迎来一波洗牌。

本文发表于《上海画报》2017年第3期

水产市场的命运和出路

水产市场有三类水产品：活鲜、冰鲜、冻品及其加工品。贝类分别包含在活鲜、冻品和加工品内，少量在冰鲜中。有三类综合的市场，有某类专业的市场。一般来说，超大城市多水产综合市场，中小城市多综合农批市场；销地多综合市场，产地多水产专业市场；水产专业市场多冰鲜市场和活鲜市场，如沿海城市多冰鲜市场，内陆城市多活鲜市场，前者如舟山水产城和宁波水产市场，后者如苏州南环桥的同发水产市场。冻品市场，如上海东方国际水产中心，以冻品为主，兼营冰鲜和活鲜。

至今，水产市场依然是水产品流通的主渠道，但活鲜、冰鲜、冻品，三种市场，前途命运不一样。

活鲜市场，特别是淡水活鲜市场，在可预见的时间内，依然可以活得潇洒，因为淡水活鲜的附加值低，要确保活鱼到家，电商的配送成本无法承受，只有活鲜中耐活的高端水产品，如大闸蟹、甲鱼，特别是进口活鲜，如龙虾、帝王蟹、珍宝蟹等，B2B、B2C 等生鲜电商和新零售会来分食。

冰鲜，因为河鲜多吃活，因此冰鲜市场就是海鲜的冰鲜市场，很多产品的价格较高，为了降低物流成本和确保水产品的新鲜度，许多电商，如每日优鲜、京东到家、盒马鲜生等采取不设置中央仓储的分布式电商模式，即直接在离消费者最近的地方设置仓库，生鲜电商完全可以确保鲜货到家，而且像超级物种、盒马鲜生等高端超市＋生鲜餐饮这种模式，从水产品的生产端（捕捞、养殖）到终端消费"一网打尽"，B2B、B2C等生鲜电商和新零售模式冲击着冰鲜市场。冰鲜市场短期没问题，但前景堪忧。

冻品及其加工品市场，由于冻品及其加工品相对来说包装比较规范，将明显受生鲜电商B2B和B2C的影响，同时，冻品需要的资金量比活鲜和冰鲜要大得多，一些大商家产销一体化趋势明显，再加上冻品中很多都是低端产品，在大城市，由于取缔违法居住和违法经营等原因，这些产品的消费者和销售者大大减少，加上冻品市场现在很少给批发商带来增量客户，冻品批发市场的压力日趋增大：冻品市场的小客户正逐步减少，冻品批发商的用工量明显减少，有的小型冻品市场正沦为仓储和配送基地，等等。

市场的这些变化，都是趋势性的。据中国水产流通与加工协会的权威资料，我国亿元规模以上的水产批发市场及其水产摊位数，均在2012年达到高峰，以后逐年减少。2012年为160家和105609个，到2015年为145家和86884个。四年中，亿元规模以上水产批发市场减少了15家，减幅为9.38%，而水产摊位减少18725个，减幅更是惊人地达到17.73%。可怕的是这个趋势还在发展，不可逆。所以，水产市场所能做的，只能顺势而为：利用价格和新鲜度的优势，发展餐饮；利用猪牛羊、鸡货、水产各类冻品的整合趋势，综合经营，减少商家经营成本，方便采购商"一站式"采购，增加采购商数量；冻品市场发展冰鲜和活鲜业务，尽可能延续"生命"；和生鲜电商主动开展合作，以自己的客户优势获得双赢。

本文发表于《海鲜指南》2018年2月15日

中国水产品流通新趋势

在新技术、新方法、新工艺的引导下，中国水产品流通从各个环节、各个方面，正以异乎寻常的速度发展。总体趋势，转向产业链整合，转向压缩中间环节，转向直接面对消费者的零售端。本文试图从水产品新零售取代电子商务而崛起、实力企业整合水产产业链、连锁超市水产品销售比重明星增加、小型水产品连锁社区店悄然兴起、水产品流通走向品牌化、水产品中食品化比重提高、水产批发市场主体作用逐渐弱化、销地市场中小批发商逐渐边缘化八个方面做些探讨。

一、水产品的新零售将取代电子商务而崛起

据《人民日报》报道，我国 2013 年的生鲜电商仅为 126.7 亿元，到了 2017 年，达到了 1391.3 亿元，年均增幅 200%，其中，2017 年生鲜电商销售的水产品占比近 10%[1]。生鲜电商的发展速度惊人，电商发展模式也呈现多元化，如 B2C、B2B、O2O 等。

由于生鲜电商市场有巨大的市场空间，因此，许多企业还在投入到生鲜电商中，促进了生鲜电商包括水产品电商的发展，但是，生鲜电商企业及其融资的增幅和前几年相比，回落幅度很大（数据见下图[2]）。

生鲜电商新成立企业数量和融资情况

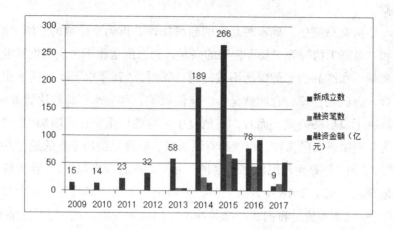

原因在哪里？新零售的崛起。

水产品电商由于存在诸多难点，如产品非标准化、物流成本高、传统农批市场的竞争、供应链不稳定、仓储资源不均匀等，一些企业在这方面想办法，如"以鲜代活"法，就是将水产品作为加工品的原料，形成标准化产品在生鲜电商和市场中流通。但是，由于关键的物流配送"最后一公里"没有解决，问题还是没有根本解决。

2016年10月的阿里云栖大会上，马云在演讲中第一次提出了"新零售"概念[3]：未来的十年、二十年，没有电子商务这一说，只有新零售。纯电商时代过去了，"电商"会成为传统概念，未来会是线下、线上、物流结合的"新零售"模式。换言之，新零售，将终结电子商务。

新零售，是对商品的生产、流通与销售过程的升级改造，进而重塑业态结构与生态圈，并对线上服务、线下体验以及现代物流进行深度融合的零售新模式。这种商业模式的变革往往基于新技术应用产生的，其中移动支付的快捷和普及、大数据分析、人工智能、智能设备的应用，是这场新零售运动的底层技术和基础设施，它使得线上和线下的融合出现了极大的可能。

线下、线上、物流真正结合而且普及了，未来越来越多的水产品会没有一层层的中间批发商，而直接从捕捞商、养殖商、加工商到卖场乃至终端消费者，中间渠道全部都不见了，企业和消费者将同时从中获益。

从盒马鲜生，到永辉超市的超级物种，再到家乐福的"渔夫厨房"和"极鲜工坊"等"新零售"的兴起，物流配送将不再成为生鲜电商的瓶颈，水产品的保鲜保活不成问题，届时，"新零售"线上线下相互配合，店就是仓库，仓库就是店。仓储前置，部分水产将解决暂养问题，解决了最后一公里，而且，基地直接采购的比重也在不断加大。"新零售"更贴近居民消费，也就越有话语权，它将以前所未有的速度发展。

2017 年是阿里巴巴"新零售"元年，在这股春风下，"新零售"遍地开花。到了 2018 年，线上各类平台更是加紧布局线下，在未来的几年中，"新零售"将向水产冻品冲击，向冰鲜发展，同时也向中高附加值活鲜推进，不断蚕食传统水产批发的份额。

二、实力企业整合水产产业链

现在，许多水产企业在整合水产产业链。全产业链概念源于本世纪初的中粮集团，它提出了打造"从田间到餐桌全产业链粮油食品企业"的新战略，随后，众多水产大企业也纷纷效仿中粮，开始打造全产业链。由于水产的全产业链涉及第一、二、三产业，难度很大，没有实力的企业无法实施。

总体上看，当今许多实力雄厚的企业，包括业外的风投企业、综合性大企业和房地产企业，看好水产品的刚性需求和高频消费，看好巨大的市场前景和现在没有垄断者、以后也很难出现垄断者的情况，于是投巨资于水产业。

大企业投资水产行业整合产业链的方式，一般有四种：

第一种如联想集团投资海外海鲜业务，整合产业链，从源头到终端零售"通吃"。2016 年 4 月 6 日，联想控股和澳大利亚知名海鲜世家 Kailis 家族联手，同时，又通过旗下现代农业和食品产业投资平台佳沃集团，控股收购青岛国星，打造捕捞、养殖、加工、进出口贸易的联想海鲜全产业集群[4]。

第二种是 2018 年 5 月永辉超市入股国联成第二大股东，也就是零售商向上游厂商发展,上游厂商市场渠道下沉。国联水产和永辉超市的强强联合将最大程度实现双方利益的最大化。对国联水产来说,使这个中国最大的海产品养殖、加工、销售企业之一的企业能够借助生鲜连锁零售领域的巨无霸永辉超市超强的渠道优势,实现企业水产品销售的放量增长和市场占有率的提升,增强"国联水产"品牌知名度;对永辉超市来说,与国联水产的合作可进一步增强公司的生鲜供应链优势,有助公司整合品类供应商,进一步提升重点单品差异化竞争力、品类定制化能力和毛利空间,当然,也有助于提高永辉超市的市场知名度[5]。

第三种是水产大企业,在原有业务链的基础上,或一头拉伸,或两头拉伸。水产业在全产业链布局做得比较好的如獐子岛集团,它是我国上市海洋食品企业中产业链布局最为完整的企业,集育苗、养殖、加工、贸易、冷藏物流、客运、休闲渔业于一体[6]。

第四种如全国民营百强企业的南京福中集团,投资"小6水产网"和"中国蟹库网",以线上水产交易平台为依托,打破原有的"农民养殖——多级商贩转手——水产批发市场——超市菜场——各类消费群体"的链路,建立"农民养殖——水产电商小镇——水产交易平台——各类消费群体"的新的水产产业链,解决了传统水产业养殖盲目、多级转手、损耗过高、养殖户收入无保障、水产市场脏乱差等问题,实现传统水产业的转型升级。目前,小6水产网已经在中国多个省市建设了水产电商小镇,在300多个城市设立办事处,3万多家原产地水产养殖户、企业以及超过8万家的批发商、大型连锁超市、连锁餐饮酒店上线交易[7]。

由于大企业整合产业链,于是,原有的中间批发环节变得多余,一些中小批发商经营日益艰难,甚至难以为继。

三、大型综合型连锁超市水产品销售比重明显增加

目前国内的大型综合型连锁超市经营生鲜商品已日渐普及,生鲜食品已成为超市的王牌。

以前,由于超市经营追求高大上,现在,超市中原来高毛利的百货、服装、化妆品等被电商抢走,高档商品被精品店抢走,而食品饮料类被专业店、便利店等抢走,最重要的是现在有消费能力的80后、90

后、00 后以及精明主妇、网购达人、数字中产崛起，而老龄顾客逛商场的兴趣不高，他们逗留商场时间减少，导致商场总体客流量下降、客单额下降。

另一方面，消费者对水产品的美味和健康的追求、消费者收入的增加、水产品养殖数量的和进口数量的增加导致一些水产品价格下降等，水产品的消费量提高很快。

因此，超市为适应消费需求的转变以及提高超市经营利益的目标，提高了水产品，特别是毛利较高的中高端海鲜商品的销售比重。

大型综合型连锁超市经营水产品，虽然价格竞争优势并不明显，但由于大型超市的商品的集成度高，有百货、食品、服装鞋帽、化妆品、家电、日杂用品、蔬菜、水果、肉类、禽类、蛋类、水产品等，而水产品的品种又很丰富，有河鲜、海鲜，有中端产品，也有高端产品，从消费者出发的商品组合满足了消费者方便快捷、一次性购足的购物需求，同时，大型综合连锁超市所经营的水产品在新鲜、卫生、安全和高质量上容易获得消费者信任，加上生鲜销售区卫生、良好的购物环境和严格的商品管理、时尚的消费引导，因此，水产品销售呈日益增长趋势。

在这方面，永辉超市走在了前面。它的生鲜和加工是最重要收入，是永辉超市的"招牌"，生鲜及加工占主营业务收入的比重逐渐增加，2015 年、2016 年和 2017 年占比分别为 46.04%、47.10% 和 47.56%，占主营收入的近半壁江山[8]。

大型综合型连锁超市的进货渠道，部分是向产地包括境外直接采购，部分是向大的批发商采购。大型连锁超市增加水产品经营比重，由于其购物环境比传统农贸市场好得多，必然影响到部分对价格不敏感客户的采购选择，减少了传统农贸市场的水产品销售量，这样的结果，对许多面向传统农贸市场销售的中小批发商来说，也相当不利。

四、小型水产品连锁社区店悄然兴起

大型综合零售衰退：百货店、大卖场等大型综合零售业态的衰退，将是一个长期化的过程，未来日常消费就发生在居所附近的社区，而社区消费是高频、刚需、价低、易损类型。社区店是最接地气、最接近消

费者，因而也最有活力，因此，今后零售的主战场在一定在社区店，社区零售的小型生鲜超市和便利店一定会有大发展。

社区生鲜零售发展必然经历自由市场、农改超、专业生鲜店、品牌与连锁四个阶段，而社区店现状是货品不稳定、缺乏现代经营理念、服务无标准。

社区店的面积一般不大，在 50~200 ㎡ 之间，主要品类是生鲜，很多店将毛利率较高的中高端水产品作为主打商品。社区生鲜店一定是"小而专"。

社区店一般开在大的小区里，或者开在菜场里，租金相对比较低廉，客流比较稳定。

社区店的定位大都基于对门店方圆 3 公里范围内竞争对手的相关内容的调研以及顾客消费能力消费偏好确定。社区店的标准和商品配置，也因社区档次的不同而不同。

社区店的业务模式是基于移动互联网的生鲜采销及高效配送平台，它是以用户为中心的会员运营＋数据管理＋基于强大 B2B、B2C 的供应链管理＋互联网的运用＋品牌力量。

社区店的模式有多种：

鲜驿达模式。隶属利安新鱼商务科技（上海）有限公司，为上海横沙国际渔港自营平台——鲜驿达水产专柜。选址原则：离市区较远的成熟高端社区或大型超市中选取市区成熟的高端超市；产品选择：先期有 60 多种精品海鲜、河鲜及其海鲜礼包，其中包括一手进口的波士顿龙虾、刺身级冰鲜金枪鱼、三文鱼、生鱼片寿司等中高端水产品，也兼顾日常需求产品，追求高品质，通过线上订单、线下专柜（水产前置包）或专业物流公司进行配送。目前，年礼包数已超过 15 万个 [9]。

品骏生活模式。唯品会在广州悄然布局了生鲜社区店"品骏生活"。该店由唯品会旗下全资物流公司品骏控股负责，首店于 2017 年 10 月 28 日在广州市海珠区 1285 号开业。据悉，目前品骏生活已经开了 4 家，均位于广州。品骏生活的定位是通过在居民区周边铺设线下店铺打造品骏社区邻里中心。其开店目标是 2018 年开设 200 家，未来三年要开 10000 家。目前店内经营的商品包括海鲜水产、新鲜果蔬、肉禽蛋品、熟食烘焙、速食冷藏等[10]。

生鲜传奇社区加盟连锁店模式。定位：根据社区房价选址，将客户群锁定在 25~65 岁，年收入 8 万元以上，家庭餐饮支出在年 2 万元以上，以中端商品为主，进口商品为辅，突出商品的性价比。运行 3 年，现有门店 50 家[11]。

永辉生活便利店模式。采取"标品生鲜 + 便利店 + 线上运营"模式，主打"家门口的永辉"，对标"一公里生活圈"，门店一般开在中高档社区周围，生鲜经营占比在 50% 以上[12]。

由于社区店可以满足顾客在便利、安全、服务、购物环境等方面的需求，因此，社区店将是零售分支中发展最迅速的一种业态。

五、水产品流通走向品牌化

工业品大多有品牌，而水产品，有品牌比较少。

出现这种现象的原因很多，有主观的，也有客观的。主观原因主要是品牌是高大上的东西，而水产养殖、捕捞、加工商家层次大多较低，品牌意识不强，同时，做品牌是要花钱的，而在许多水产品附加值较低的情况下，也影响了水产商家做品牌的积极性。客观原因在于水产品根据形态，分为冻品、加工品和干制品、冰鲜、活鲜。以前，水产品销售中，冰鲜、活鲜、冻品的销售量最大，也就是说水产品散装商品多，大包装商品多，小包装、预包装商品少，大都以散货和大包装方式销售的水产品，许多属于典型的"三无产品"：无生产日期、无生产厂家、无质量合格证，因此，根本谈不上品牌销售。

现在，这种状况正在改变，水产品品牌明显增多。目前，在电商平台上的活跃度和销量较高的水产品，都有品牌。水产品品牌增加的原因很多：如消费者食品安全意识的加强、水产品加工及其小包装、预包装比重的提高、政府对"三无产品"打击力度的加大、水产品网络销售的兴起等因素，当然，最主要的，还是商家特别是规模大、实力强的商家和年轻人当家的一些商家，对品牌在争夺市场、促进销售中的作用有了认识。这些因素，都导致水产品的品牌建设出现了可喜的变化，有品牌的水产品比重日益增加。

销量大的商品，如虾仁，由于销量大，也有一定的加工比重，且没有季节性销售因素，商家都愿意在这类商品上投资做品牌、做宣传，在京东商城销售的虾仁一个品种，就有197个品牌。

销量虽然不是很大，但利润很高的商品，而且，随着消费者购买力的提高，销售潜力看好，如海参，京东商城上，光海参一个品种，就有244个品牌。

原来以鲜活销售为主，现很多加工成即食类食品销售的，品牌增加明显，如以前大多没有品牌的小龙虾，现在就有152个品牌。

有些商品，即使是价格大众化，加工的比重也很少，且大多以冰鲜或冷冻方式销售，但消费量大，许多商家也很重视，因此注册品牌也有许多，如带鱼有132个，养殖黄鱼有159个。

鲜活商品中，不容易死，同时利润较高的商品，又适合网上销售的，品牌集中度也相当高，如大闸蟹，有191个品牌之多，甲鱼，也有40个品牌。

根据上述京东平台上的统计数据，我们得出几点结论：一是销量大且附加值较高的水产品，如虾仁、小龙虾之类，品牌集中度较高；二是不容易死亡且附加值较高易于网上销售的鲜活水产品，如大闸蟹、甲鱼，品牌集中度较高；三是消费量大的水产品，如带鱼、黄鱼等，品牌集中度较高；四是利润特别高的商品，且大部分适合网上销售的干品，同时，又有价格比较实惠的即食类加工品的，如海参，品牌集中度较高；五是特色产品，如臭鲑鱼，一个地方饮食色彩很强的品种，居然也有21个品牌，品牌集中度也可以。

如果我们再进一步总结的话，就水产品品牌集中度的差异，可以得出以下结论：按水产品类型分，精加工品、一般加工品、干品、初加品、未加工冻品、冰鲜、活鲜，品牌集中度呈梯次下降；按水产品价格论，由高到低，品牌集中度也呈梯次下降；按水产品包装与否分，小包装、预包装、大包装、散装的，品牌集中度呈梯次下降[13]。

六、水产品中食品化比重提高

水产品的食品化，是通过水产品的深加工实现的。

据记载，希腊人在公元前 10 世纪就能制作干鱼、咸鱼和熏鱼，中国在公元前 6 ~ 前 5 世纪的《周礼》中已有了关于鱼类干制和腌制的记载[14]。当今社会，人们在生活方面都提出了更高的要求，营养、保健、美味、新鲜成为饮食时尚，同时，当今社会又是快节奏的时代，由于工作和生活节奏的加快，"懒人"也越来越多，消费者对快速消费的要求提高，于是，在科技进步大背景下，水产品加工、包装技术有了很大的发展。据中国渔业年鉴资料，水产加工企业数量，2000 年 6922 家，2016 年 9694 家；水产品加工能力，2000 年 9,338,513 吨，2016 年 28,491,124 吨[15]，我国水产加工厂数量和加工能力均呈快速增长趋势。

水产品加工能力的提高，为水产品的食品化创造了良好的条件。在消费需求的引领下，水产加工品比重不断提高，水产品食品化趋势日益明显。

目前，食品化水产品主要有以下几类：即食类水产食品，原来只是传统的如鱼松、鱿鱼干等多为零食类休闲水产食品，现在，更多作为菜肴的开封即食水产品（冷盆），如秘制青花鱼、全籽籽乌等；类即食水产食品，就是微波炉加温或隔水蒸的即食类水产食品（热菜），如熟虾仁、日式巴沙鱼、海参、烤鳗、蒜蓉粉丝扇贝、蒜蓉蒸虾、秘制鲥鱼等；简单烹饪型水产食品，是开封后直接在锅里简单烹饪的半成品类水产加工品，如松鼠桂鱼、七星鲈鱼、泰国河虾仁等。其中，第二、第三类水产加工品近几年发展最快。

这些食品化的水产品，可以在食品店销售，可以在超市或便利店销售、可以在网上销售,，而不必通过水产市场流通。

根据中投顾问发布的《2016-2020 年水产加工行业投资分析及前景预测报告》，水产品加工趋势可概括为以下 5 个方向：一是方便化，二是模拟化，三是保健化，四是美容化，五是鲜活分割化[16]。

目前，好多水产加工企业，为了争取市场、为了获取较高利益，充分利用水产资源，采用新方法、新工艺、新技术，进行技术创新，重点开发具有一定超前性的高技术含量、高附加值的多元化水产医疗保健食品、功能食品、方便食品的深加工食品，以满足消费者不断变化的需求，水产品中的食品化的比重越来越高这是必然的趋势。

七、水产批发市场主体作用逐渐弱化

1985 年 1 月 1 日，中共中央发出《关于进一步活跃农村经济的十项政策》（中发【1985】1 号文件），文件明确指出要改革水产品统购派购制度，从 1985 起，水产品逐步取消派购，自由上市，自由交易，随行就市，按质论价[17]。于是，水产批发市场应运而生，并成了水产品流通的重要一环。以上海为例，水产批发市场，经历了水产贸易货栈、马路水产市场、专业水产市场的三个发展阶段。那时的水产批发市场，在水产品流通中的地位相当高，基本上 100% 的水产品是通过水产批发市场分流出去的，而现在，水产批发市场的作用在弱化。据中国水产品流通与加工协会常务副会长兼秘书长崔和 2016 年 5 月在厦门召开的全国水产冻品行业大会上的演讲，目前，仅有 60% 的水产品是通过水产批发市场分流的，而且，这个比例还在继续下降。

水产批发市场在水产品流通中的地位下降，有的是前面说到的社会和技术进步导致，如生鲜电商发展和新零售崛起、大企业整合水产产业链、水产品中食品化比重增加等因素导致水产市场中小批发商无法继续经营造成的；有的是水产批发市场自身沿袭几十年的传统做法创新不足导致的。水产批发市场地位的下降，从社会的角度说，是一种进步、一种发展，而对具体的水产批发市场而言，面临交易量和批发商减少、面临运行成本刚性增长而出租率、收入不增反降的局面，绝对是一件痛苦的事情。

市场的这些变化，都是趋势性的。据国家统计局国家数据网的权威资料，2012 年以前，不管是亿元规模水产市场数量，还是其摊位数量，都在逐年增长，2012 年达到了高峰，到 2012 年"党中央"的"八项规定"等要求实施，是个转折点，2013 年开始，市场数量减少 13.48%，而摊位数更是减少了 57.09%。

亿元以上规模水产市场数量及其摊位数[18]

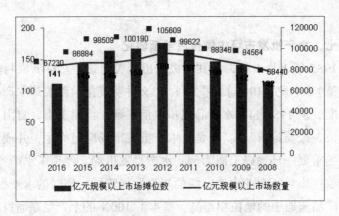

八、销地市场中小批发商逐渐边缘化

销地市场中小批发商逐渐边缘化、逐渐流失，原因是多方面的：

首先，销地水产市场的中小批发商的经营目前遇到了和水产批发市场同样的原因，因此，老客户在流失，而在市场内很难获得增量新客户。

其次，租金上涨。由于水产批发市场本身许多开支，如人工成本、维修成本等刚性增长，于是，"羊毛出在羊身上"，水产批发市场向商家收取的租金、物业管理费、停车费等逐年上涨。生意难做而各项费用增加，中小批发商压力很大。

第三，水产市场配合政府"三合一"整治，客户需要另外在市场外租房住宿，这部分开支增加不少。

第四，用工难。一方面，用工是租金等向批发市场支付费用之外最大的开支，商家为降低经营成本，于是，商家压缩用工数量、长期工改用季节工或临时工。另一方面，水产市场小工也难找，因为毕竟活脏活累不说，生活和工作环境差。这样的结果，导致商家的服务跟不上，反过来影响了商家的生意。

第五，子女不愿意"子承父业"。一些批发商，年纪大了，家里的子女嫌水产生意累，挣钱也不多，加上做生意环境脏乱差，也不是什么体面活，因此，老人做不动了，生意也就自然歇业了。

第六，回老家发展。有些中小批发商因为老家城镇化发展较快，带来了新的发展机遇，而销地的生意难做，于是，回家乡或做老本行，或改做其他生意。

一般说，销地水产市场规模大多比产地水产市场大，因此国家统计局的统计的亿元规模水产市场也多为销地市场，上面说到到亿元规模水产市场摊位数量 2012 年到 2016 年 4 年间减幅达 57.09%，每年减少14.27%，就是一个明确的趋势性的信号：销地市场中小批发商经营越来越困难，逐渐处于边缘化。

九、结语

综合上面的论述，中国水产品流通方式，正在作全方位的改变。可以想象，在不远的将来，大量中小规模的"搬砖头"水产批发中间商会逐步消失，大量中小型的水产批发市场也会减少，一批集养殖、捕捞、加工、销售产业链于一体的大型水产企业会成长起来，一批集餐饮、娱乐、住宿、旅游等于一体的干净、整洁的水产批发市场会诞生，线上线下相结合的水产新零售取代水产电商也只是时间问题，不断增加水产品销售比重的超市和社区店将受到消费者的青睐，没有品牌支撑的水产品会难以销售，水产品的食品化趋势将更令人期待。

让我们迎接令人鼓舞的中国水产品流通变革吧！

参考文献：

【1】《人民日报》2018 年 2 月 05 日
【2】腾讯网 2018 年 7 月 13 日：社区模式会成为生鲜电商的救命草吗？
　　　https://new.qq.com/omn/20180713/20180713A0AV5L.html
【3】360 百科·新零售
　　　https://baike.so.com/doc/24233116-25024913.html
【4】新浪财经 2016 年 4 月 7 日：首啖海鲜产业 联想控股投资澳洲 KB Seafoods
　　　http://finance.sina.com.cn/roll/2016-04-07/doc-ifxrcizu3728074.shtml
【5】东方财富网 2018 年 5 月 25 日：永辉超市入股国联水产成第二大股东
　　　http://finance.eastmoney.com/news/1354,20180525877775260.html
【6】中国渔业在线网 2016 年 1 月 27 日：水产全产业链迎来"黄金时代"
　　　http://www.yuye.tv/show-6-165-1.html
【7】AMT 企源 2017 年 9 月 20 日：小 6 水产网——打造水产生态产业链
　　　http://www.amt.com.cn/amtjdal/info_38.aspx?itemid=2356
【8】电商报 2018 年 4 月 3 日：重庆永辉 2017 年净利润 4.1124 亿元，生鲜加工收入最多
　　　http://www.dsb.cn/75896.html
【9】据利安新鱼商务科技（上海）有限公司提供资料

【10】腾讯网 2018 年 7 月 13 日：社区模式会成为生鲜电商的救命草吗？
https://new.qq.com/omn/20180713/20180713A0AV5L.html

【11】搜狐网 2018-06-21：小区门口的菜市场生鲜传奇，为何堪称中国社区生鲜第一店！
http://www.sohu.com/a/237026304_762514

【12】电子商务建设专家网 2018-07-15：便利店：下一个美团式生活服务平台
http://www.shopxx.net/article/content/201807/1573/2.html

【13】"水产品走向品牌化"一节中引用数据均来自京东商城，数据均截止 2018 年 7 月 20 日

【14】互动百科：水产品加工
http://www.baike.com/wiki/%25E6%25B0%25B4%25E4%25BA%25A7%25E5%2593%2581%25E5%258A%25A0%25E5%25B7%25A5&prd%3Dso_1_doc

【15】《2000 中国渔业统计年鉴》、《2017 中国渔业统计年鉴》

【16】食品科技网 2016 年 6 月 6 日：中国水产加工行业发展趋势分析
https://www.tech-food.com/kndata/detail/k0205611.htm

【17】中国农业出版社 1999 年 12 月：《中国渔业五十年大事记》P206

【18】中华人民共和国国家统计局国家数据网：
http://data.stats.gov.cn/easyquery.htm?cn=C01

本文发表于《上海水产》2018 年第 6 期

将水产市场开到中心城区

在中心城区开水产市场，不是脑子进水了，就是弱智。

多年前，地方政府为了集聚人气，为了提高就业率，为了税收，为了……大力支持开办水产市场。现今，水产市场，环境脏兮兮，味道臭烘烘，地上水满地，秩序乱糟糟，加上就业的大都是外来人口，社会治安、消防安全、食品安全、生产安全、交通安全等隐患比比皆是，一些地方政府巴不得将它搬开。从消费者的角度，水产市场由于环境嘈杂和脏乱差，许多人避之唯恐不及，将水产市场开到干干净净的"高大尚"的中心城区，怎么想的？再加上水产市场，车水马龙，中心城区本来交通就拥堵，这样岂不是更加不堪？

以上海为例，改革开放以后，具有水产市场雏形的水产贸易货栈，都开在上海最热闹的黄浦江沿岸，以后的几个水产市场，如宁海东路市场、秦皇岛路市场等，也都是在中心城区，以后，随着城市的发展建设和改善市容市貌的要求，搬迁到相对偏僻的四平路和当时周边还是一片农田的铜川路，之后，四平路市场关闭，而江浦路市场、秦皇岛路市场、十六铺市场、恒大市场、国泰市场等相继在 2006 年底以后陆续搬到更偏僻的军工路市场，铜川路市场则在 2016 年 10 月 30 日一夜之间全部搬到了江杨市场和江阳市场。

上海水产市场的搬迁线路，很明显的显示出"郊区化"或"偏远化"趋势，这不是上海的趋势，而是全国的趋势。人们都希望购物的便利，但更希望生活环境更宁静、更干净，显然，现在的水产市场做不到，于是，政府只能让水产市场搬迁，只能让它到更加偏远的地方。

然而，信息化，使我们今天能做到在中心城区开水产市场，这不是天方夜谭。

首先，信息化和物流配送业的发达，使我们能将大型的冷库、仓库、暂养基地和水产市场分流。水产市场只需放置用于少量采购和零售的水产品，冻品干品加工品交易区，配置统一的冰柜或陈列柜，同时，每个商家还配置统一的2吨左右的小型装配式冷库或小型仓库，便于现场提货；鲜活交易区，每个商家配置统一的鱼缸用于活鱼出样，同时，每个商家还配置统一规格的暂养池，便于现场提货；冰鲜交易区，每个商家配置统一的陈列柜用于出样，方便选购，同时，每个商家还配置一定面积的空地，用于堆放冰鲜水产品，便于现场提货。而大量的水产品，放在大型的冷库、仓库、暂养基地，如有大量订单，水产市场可当场发出指令，根据客户指定的时间送达指定的地方，水产市场如有缺货，也可下指令，要求物流存储基地避开交通高峰时间向水产市场补货。这样，零买者可以推着小车在水产市场里转悠，大宗采购人员可以背着双手在水产市场里转悠，选购水产品。这样的市场如同超市一般整洁，那个消费者不喜欢？那个采购人员不喜欢？

目前，受大资本产销一体化和全产业链的挤压、受B2B、B2C电商的影响，中小批发商生意越来越难做，在中心城区开出水产市场，他们可以批零结合，而以后的趋势是得终端消费者得天下，这样，中小水产批发商就可以有更大的腾挪空间。

中心城区的水产市场，人口密度高，销量大，周边的餐饮、娱乐单位多，可以形成水产经营、餐饮、娱乐一体化，形成良性互动相互促进的多赢关系，这是水产市场多元化发展战略的一个很好的切入点，也是提高水产市场综合竞争力的有效途径，"餐饮+超市"的盒马鲜生和超级物种等，一定程度上就是一种在中心城区的含水产市场在内的广义的农产品市场。他们行，在中心城区的水产市场，我相信也同样行！

本文发表于《上海水产》2019年第2期

老王说鱼 · 鱼市场流通探寻

2018 年中国水产批发市场 65% 批发商收获失望和苦涩

过去的 2018 年，是水产批发市场小批发商日子非常难过的一年，他们非常纠结。

水产批发市场有许多水产批发商，他们中有大的，有中的，更多的是小的。如果说将他们按金字塔结构排列，大的批发商是塔尖一点点，论比重，最多占 5% 左右，而小的批发商，则占了大头，在 65% 左右，中间部分也就是中等规模的水产批发商，占 30% 左右。

水产批发商，大的都是做进口生意的。他们的下家，大都是水产批发市场的中型批发商、大的连锁商超、大的连锁餐馆、大的单位伙食团、盒马和超级物种之类的新零售商家等。他们不依托水产市场，所以，他们的办公地方可以在中心城区的办公楼里，而小水产批发商，他们的客户对象是普通的饭店和商超、小的单位伙食团、农贸市场水产零售老板、个体消费者等，他们以群集的方式，盘踞在水产市场，希望有老客户、新客户的光临。

但是，这些 65% 的小批发商，在过去的 2018 年中，他们收获的，更多的是失望和苦涩。

2015 年以前，夫妻两人在水产市场租个零摊，一年总有 20~30 万元的收入，租个商铺，有资金投入的，一年有 50~100 万元的收入。而现在，前者一年只有 10 万元左右的收入，就是自己为自己打工，后者也就是 20~30 万元的收入。他们中，有的尽量压缩成本甚至倒贴着钱苦苦支撑着；有的老婆做小工或做钟点工去了；有的转回老家中小城市去做水产了；极少的去大的水产公司打工去了。

导致这种现象的原因很多：

——许多业外大企业看中水产品的刚性需求，携巨资进入水产业。他们做水产，有点像做股票，对一些高端水产品，如波龙、三文鱼、帝王蟹、银鳕鱼等，进行轮番炒作。有时一个月内水产品的价格像过山车一样，小批发商亏损严重，导致他们不敢囤货，只能"串货"，以致失去原有客户，只能挣些小钱；

——业内或邻近行业的大企业进行产业链转型及扩张。如上海清美，原来只是一家以豆制品为主的生产、批发、销售公司，现全方位转型升级为包含水产品在内的生鲜公司，并大规模扩张，2019 年达到 300 家，五年内达到 3000 家，届时，上海社区每 300 米内就有一家清美。如清美转型扩张计划成功，上海的许多小水产批发商和农贸市场的水产零售商都面临生存问题；

——国外企业布局中国。如越南巴沙鱼企业，和中国的大贸易商合作成立公司，撇开中间环节；

——生鲜电商和新零售的快速发展；

——连锁超市和饭店跳过批发商，产地直接采购的比重越来越高，加上商超的生意也在下滑；

——政府加大打击水产品走私力度，正关进口量增加，导致进口水产品的价格上涨，价格透明度也更高；

——2017 年，我国海鲜产量出现趋势性下滑，我国海鲜进口量逆转首次趋势性超过出口量，海鲜价格上涨；

——连锁生鲜便利店快速增长以及超市生鲜经营规模的扩大，菜场出现萎缩，主要供货对象是菜场的小规模冰鲜、冻品批发商和淡水鱼批发商经营更加困难；

——由于环保等因素，水产养殖面积减少，导致水产品价格上涨；

——水产市场根据政府要求清理整顿"三合一"，到外面租住宿房，在上海每年总要增加人均 4 万多元房租；

——水产市场的经营成本每年刚性增长，但"羊毛出在羊身上"，水产市场终将以租金、仓储费、物业管理费、停车费等方式转嫁到批发商头上。同时，批发商自己雇佣的小工工资、外面的住宿租金等也多少要涨点，这就使中小批发商的日子日益维艰；

——小批发商遇到小生意或零售生意，不用开票交税，是运气，但是做到大一点的生意，一般都要开票。这对小批发商来说，有喜有忧：喜的是能做到一笔像样的生意，忧的是在毛利微薄情况下要交高额的税收，有时，账算不过来，就失去生意；

——餐馆是水产品销售的主要渠道之一。由于政府的"五违四必"措施，许多外来人口被清理出去，再加上消费总体疲软，餐馆生意更加难做。餐饮消费减少，致使水产经销商的业务量减少，碰上餐馆关闭，坏账情况也时有发生。这对小本经营的小批发商来说，真是雪上加霜；

——无商铺销售的蚕食。无商铺销售，业内称作"对缝"或"戳狗牙"，就是有的人利用商业信息的不对称，为买家和卖家牵线搭桥，套取双方信用，买空卖空，从中赚取利差，或者从中拿佣金的人。做"对缝"的人，一般是有固定工资收入的较大水产公司的业务员，他们信息量大，信息对称，他们直接参与销售，却不负责售后。近些年由于生意难做，这种人成为代理商及经销商青睐的对象。

这些因素的叠加，大型中型的水产批发商日子都难过，小批发商更是被压得喘不过气来。

小批发商目前吞吐量少、大单接不上也不敢接大单、不具备做商超的条件、雇工能不雇就不雇能少雇就少雇，对此，他们现在很纠结：转行，隔行如隔山，很难；打工去，做惯了小老板，失去比生命还可贵的"自由"，不想；前景，短期看上去渺茫，长期如何，也不见得好。怎么办？从只为自己挣一份打工钱解决自己的就业问题以及店小经营灵活、不用压货等总体成本低的优势考虑，"混"着吧，听天由命，实在混不下去时再说呗。

本文发表于《海鲜指南》2019年1月12日

"鱼" 的遐想

　　鱼的遐想，是本人"这条鱼"关于"鱼"和"非鱼"的遐想，从中可以看出我涉猎还是比较广泛：有社会热点问题的，有企业管理的，有旅游的，花草树木的，有晨练的，有关于监狱的，有关于古文化等方面的散文和杂文。总之，遐想不少，趣味更多。

鲶鱼效应的是与非

曾有朋友笑说做企业难，做 IT 企业更难！做人难，做 IT 人更难！确实如此，当前如何使企业保持活力，已经成为 IT 经理人最为关注的问题。

然而，条条大路通罗马。我认为，引入"鲶鱼"不失为一个好办法。

"鲶鱼效应"的故事，想必很多人知道：很久以前，在挪威的一个海边小镇，人们靠捕鱼为生，因产出沙丁鱼而小有名气。由于每次出海的时间比较长，少则两三天，多则六七天，捕到的沙丁鱼有的死了，有的甚至烂了，活的沙丁鱼不多，而活的沙丁鱼品质鲜美，卖的也贵，因此，渔民们想方设法尝试着让沙丁鱼存活，但是无人成功，只能望"鱼"兴叹。一次，很偶然地，渔民知道将鲶鱼放进沙丁鱼舱里，可以使昏昏欲睡的沙丁鱼神经绷得紧紧的，快速在舱内游动。由于少量的鲶鱼担心沙丁鱼对自己发起攻击，忐忑不安，惶恐不已，不敢丝毫懈怠，而沙丁鱼又无法驱逐眼前入侵的对于环境的适应能力超强的鲶鱼，解除心头不快，于是，一路上，"两军对峙"，谁也不松懈。最后，"鲶鱼效应"的结果是鲶鱼救活了沙丁鱼，正所谓"有心栽花花不发，无意插柳柳成荫"。

鲶鱼，一种生性好动的鱼类，并没有什么十分特别的地方。然而自从有渔夫将它用作保证长途运输沙丁鱼成活的工具后，鲶鱼的作用便日益受到重视。沙丁鱼，生性喜欢安静，追求平稳。对面临的危险没有清醒的认识，只是一味地安逸于现有的日子。渔夫，聪明地运用鲶鱼好动的作用来保证沙丁鱼存活，在这个过

程中，他获得了最大的利益。

企业，一定意义上就是这样的渔夫。大多数企业由三种类型人员组成：一类是不可能缺少的精英，一类是埋头苦干的人物，一类是终日无所事事碌碌无为的人。如何减少第三类人，增加第一第二类人呢？由于一般企业人员长期固定，缺少新鲜感和竞争力，多数员工容易产生惰性。外来"鲶鱼"加入企业，从外聘用一些头脑聪明、干劲十足的年轻人，组成企业的主力军，甚至包括高管一级的重量级人物也位于其列，这样，可以制造一种紧张气氛，企业上上下下都有一种危机感，员工担心失去手中的饭碗，因而干起活来，格外有精神，企业也就有活力了，企业从中也得益了，这就是"鲶鱼效应"。

具体说来，"鲶鱼效应"就是刺激企业中的员工都活跃起来，积极参与竞争的一种负激励手段或措施。职场中的所谓"鲶鱼"，就是指优点和缺点都比较明显的那类人：他们大都有一技之长而自视甚高，有独立见解而固执己见，有工作热情而自说自话……在IT企业，这样的"鲶鱼"很多，由于"鲶鱼"的缺点和优点一样明显，如何控制其缺点彰显并激励其优点，就成为对经理人的一种考验。

考验一：经理人要"大肚能容，容天下难容之事"。

相对而言，"鲶鱼"一般都很有能力，故常伴随着骄傲自大，甚至"目无尊长"的特点，这一点，在IT企业尤为明显。IT是年轻人的天下，做IT的年轻人，往往不崇尚权威，看不惯倚老卖老。经理人只要能容忍上述缺点，对事不对人，就能最大限度释放他们的潜能。

考验二：经理人要讲究领导的艺术，把握好管理的度。

各种各样度的把握，可以说是一个"世界性"的难题。对团队中的"鲶鱼"，管理过紧，会限制其活力；管理过松，则会导致矛盾丛生，团队的协同能力下降。公司管理，没制度果然不行，但条条框框过多，也会损害员工的创造力，这就需要经理人有驾驭复杂情况和高智力员工的能力，得心应手把握好关乎企业成败的这个"度"。

考验三：要善于沟通和倾听。

沟通，这是两个最重要能力当中的一种，沟通对 IT 专业人士尤显重要。良好的沟通是双向性的事情，你来我往同等重要。IT 行业是锻炼你雅量的完美地方，因为这一行业需要沟通的时刻太多了。倾听，也相当重要。IT 企业的"鲶鱼"，大都感觉很好，有时很自以为是、自说自话，这时，倾听，是对他们必要的尊重，如果不愿倾听，那这条"鲶鱼"肯定会拂袖而去。在倾听的基础上进行沟通，效果会更好。

概括的说，"鲶鱼效应"在企业管理中，更多的是体现带动作用和激励作用。带动作用是"鲶鱼"们以自身较高的素质，以非权力领导力的方式来带动周围的人努力工作；而刺激作用则是"鲶鱼"的出现，势必会打破原有的平衡。他们自身的积极向上、领导对他们的关注支持等，会给团队的其他人带来压力，会刺激其他人的自尊心，造成比、学、赶、超的可喜局面。

但"鲶鱼效应"也是有阶段性的，它会随着时间的推移渐渐消失。如果一切复归平静，团队的创造力下降，可能新的"鲶鱼"又该登场了。

总之，"鲶鱼效应"是柄双刃剑，如果经理人对人的管理能力较差，对管理的悟性不高，就一定要慎用。另外，"鲶鱼效应"切不可多用滥用，否则，对团队的合作会留下隐患。

本文发表于《IT 时报》2005 年 6 月 23 日

我不为企业自建住房喝彩

房价连年上涨，"房奴"也成了流行词。对这重大的民生问题，上至中央领导，下到平民百姓，都给予了高度的关注。

近日，有人呼吁有条件的企业多承担一些社会责任，自建住房，提供给企业职工居住。要求企业对社会承担责任，是应该的。企业为社会提供丰富、优质、安全、环保、性价比高的产品，为社会提供更多的就业岗位，为社会慈善事业作出更多的贡献，既是企业的本分，也是企业应尽的社会责任。但是，让国有企业自建住房，这种做法弊端很多。

首先，国企不能擅自为自己提高福利标准。从媒体披露的建房企业看，都是实力很强的国企或者具有垄断性的国企，如铁路局、中石油、造船厂和钢铁厂等。一般的国企是没实力自建住房的。国企是用纳税人的钱设立的企业，理论上所有纳税人都是国企的"股东"。大型国企和垄断性国企，凭借国家赋予的特殊权力，利用社会公共资源进行经营活动，同时又以较低代价拿到土地并为其员工花钱建房，这类国企有权这样做吗？据财政部提供的 2008 年全国国有及国有控股企业财务决算报告，中央企业人均福利费支出为 3387 元，其中最高的企业人均福利费支出为 4.46 万元，最低的企业人均福利费支出为 149 元，人均福利费开支，最高和最低相差近 300 倍。大型国企凭借政策优势和行业垄断地位，有能力自建住房，为自己企业的员工解决住房困难，但是，大多数在市场竞争中经营困难的国企的住房困难的员工怎么办？更多的民营企业住房困难的员工怎么办？理论上是大型国企"股东"的住房困难的纳税人怎么办？。

其次，对民营企业产生"挤出效应"。中国民营企业，除极少数企业外，大都规模不大、实力不强、盈利能力较弱。因此，一般不会或没能力自建住房奖励给员工或为员工提供临时住房。然而，国家的税收，大多数是由为数众多的民营企业缴纳的，国民的就业，也很大程度上是由为数众多的民营企业解决的。中国的民营企业，较之国有企业，特别是大型国企或垄断性国企，经营环境差异很大。如果在住房政策上，再作这样的调整，客观上打击了民营企业，可能导致民营企业经营成本大幅度增加或无法吸引并留住人才而不能持续经营，国家税基税源收窄税收减少，社会失业人员增加，社会的创新能力下降，社会的稳定将受影响。

第三，攀比现象将导致政府财政不堪负担。大型国企能将全体国民的钱用来建设职工住房，以提高该企业员工的福利待遇，政府机关似乎更有理由也更方便直接在财政预算中切出一块用来建房，为公务员提供住房，否则，政府部门很难吸引人才、留住人才，公务员们的工作热情很难不受影响。如此，广义上"吃皇粮"的工作人员，如军人、警察、教师、医生等群体，也都有理由要求政府为他们提供住房，这样下去，政府财政将不堪负担。

第四，监管失灵滋生腐败。企业建房后的分房规定谁来制定？又有谁来监管以保证这些自建房落入中低收入的职工之手？政府房地产主管部门直接管理的经济适用房，尚出现了业主用作出租、炒卖的现象，作为没有明确监管主体或者没有明确监管与被监管关系或者没有明确监管内容的国企或机关事业单位自建住房，给政府监管带来很大的考验。有能力自建住房的大型国企，很多是"部级""局级"企业，地方政府房地产主管部门恐怕也很难监管。而监管失灵，必然滋生腐败，这也是为无数事实所证明了的。

综上所述，我不为企业自建住房喝彩。国家财政部在 2009 年 11 月 12 日发文强调：企业不得为职工建住房，支付物业管理费，这是正确的。因为大型国企自建住房，为自己企业的员工解决住房困难的这种做法，只是一小部分企业拥有自建权，只有一小部分人群能够享受到自建房，无疑是把属于社会所有的公共资源补贴给少数人，这在本质上是利用了国家的资源，为少数人谋利益，扩大了社会收入分配差距。这种做法有失公允，挑战了社会公平原则，也是住防制度改革以来的严重倒退！

本文发表于《联合时报》2010 年 3 月 2 日

为了罪犯的吃药

　　有的人，在人生道路上迷失了方向，走错了路，结果，走进了监狱。走进了监狱，失去了自由，但他依然是一个人。是人，总会生病，况且是老年人，或是已经有病的人，或是残疾人！

　　不久前，我参观了一座专门关押有病和残疾罪犯的监狱。

　　这座建于 2007 年 7 月的南汇监狱，清一色收押老、病、残罪犯，相对而言，对医疗的需求更大些，因此，发放药品、监督吃药，也就成为南汇监狱民警区别于其他监狱民警的一项重要工作。

　　我国的监狱，非常重视罪犯的疾病治疗。监狱内有简单的医院和诊所，会定期对罪犯进行身体检查的，还有心理测试。对于一些日常的疾病，像流感之类的，监狱非常重视，因为监狱罪犯的密度比较大，一旦被感染，对监狱来说也是一件麻烦的事。对于那种需要长期服药的人，监狱会与家属沟通协商用药方案，一些贵重药品，多数情况下，由罪犯家属提供，如果罪犯家属不愿意提供的，监狱就只能提供一些简单便宜的替代药物，因为监狱是校正改造机关，接受改造的单位，毕竟不是疗养院，更不是福利机构，疾病不是逃脱法律制裁的保护伞。

　　然而，罪犯的吃药，有着许多你想象不到的故事在这里每天发生着，于是南汇监狱民警的管理就有了"四心"特色：细心、耐心、用心和恒心。

比如，正常人吃药，自然没有什么问题，但面对罪犯、面对罪犯叠加老、病、残，吃药可不是你想象的那么简单。1500多号罪犯，90%以上需要吃药，每天光药，就要吃7000多粒。毛病

不同，药有种种，最忌搞错——同样的病，轻重不同、体质不同，药量也会不同；同一个人，今天的药和量与昨天的不同；不同的药，服药时间不同；最为极端的，一个罪犯，同时患有15种病，用药更是复杂，每天不同时间需要吃78粒各种药品。这些都是十分重要但又是十分琐碎而且又是日复一日的活儿，没有"四心"，能行吗？有的罪犯，年老糊涂，吃啥药？啥时吃？吃多少？一问三不知！有的罪犯，如同小孩，要哄着他们吃！有的罪犯，动作不便，要喂着他们吃！有的罪犯，消极厌世，要开导他们吃！更有罪犯，存有对抗心理，将平时应吃的药不吃，偷偷存起来一起吃，想达到自杀的目的，或故意搞出点事情，以宣泄自己的情绪。

凡此种种，都凸显了南汇监狱民警在执行刑罚与维护社会安宁上肩头所负职责的分量。为了罪犯的吃药，他们每时每刻以自己细心、耐心的行为，安排好罪犯的吃药，以此让罪犯感受政府的关心，化解心中的块垒，养成生理与心理的健康行为，从而促使其走回正确的人生道路。

我不知道我国所有的监狱是否都能做到这样。作为一个发展中国家，在社会上尚存在因病致贫、因病返贫现象的情况下，国家对失去自由、触犯刑律的罪犯，还是保障了罪犯的基本人权，对其尽了最大限度的人性化宽容，目的还是为了罪犯的改造，为了维护社会的稳定。所以，免费为罪犯提供了基本的医疗服务，南汇监狱只是一个缩影，它让我们看到了社会法治的文明色彩。

本文发表于《上海警苑》2014年第10期

监狱的炊场

监狱烧菜做饭的地方，叫做炊场，这是我去南汇监狱参观时第一次听到。听到不懂的就问，是我的习惯。1998 年开始玩上 IT 以后，虽然还"问"，但更多的习惯于"搜"，搜 Google，搜百度等，一来方便，二来收获更多，三来不失问答双方面子。但是，有些问题，网上搜不到，该问还得问，否则，也许你永远得不到答案。

带着"为什么监狱烧菜做饭的地方不叫厨房、后厨，或者食堂，而是叫炊场？"之类的问题，上网搜，没答案；查《现代汉语词典》，没答案；查《辞海》，没答案；查《汉语大词典》，还是没答案。于是，我问监狱的朋友，他们说是一直传下来的叫法，也不知所以然。一个从事监狱民警职业的远房堂兄给我的解释是：监狱内通常将犯人所在地称为场所，而监狱内犯人厨房吃饭的人多，场面大，因此叫炊场，引申为为犯人做饭的地方。堂兄说，这也是他的理解，对不对或真正的由来，他也不知道，因为 30 多年前他开始从警时就这样叫了，他还笑话我的书卷气。

于是，我不再纠缠名称，关注内涵。进入南汇监狱的炊场，谈震撼，显然是夸张，但惊讶，是真实的。

我惊讶它的整齐干净。窗是明亮的，地是干净的，操作台一尘不染，各种炊事用具有序归位，最重要的是空气是清新的，没有通常食堂有的油烟味和混杂的调味品味。这应该归功于监狱的管理能力，但也恐怕和炊场人员的罪犯身份不无关系吧。

我惊讶它的设备先进。从米面设备、肉食机械，到果蔬设备、烘培设备等，自动化程度相当高，超过社会上普通单位食堂的装备水平，这果然与它 1500 多囚犯用餐规模较大有关，更应该与炊场人员的罪犯身份有关。

我惊讶它的刀具置放。由于监狱炊场设备自动化程度很高，普通厨房使用频度最高的刀具，在这里反而有点落寞，颇有"英雄无用武之地"的味道。但是，自动化程度再高，也有搞不定的时候，所以，刀，在炊场还是不能少的。然而，刀，能切肉、切菜，也能伤人，况且使用刀的人是处于改造过程的罪犯呢。因此，监狱炊场的刀具是严格管控的，一个实用的办法，就是将各种有尖有刃的刀具，都用不长的铁链固定，使用刀具的罪犯既能正常干活，又没有可能用刀具作案伤人。这也是监狱炊场的一大特色吧。360 行，行行有特点，同样的烧火做饭的地方，监狱内外的区别不仅仅表现在炊场和厨房的名称上。

监狱的炊场，还体现在它的过年上。农历春节，大墙内外，皆有年味，然而，墙内的"年味"，似乎不仅仅是常人理解的"庆祝"而已。爆竹声中一岁除，中国人的"年味"总是伴随在种种庆祝的传统仪式中。墙外的人们张灯结彩、新桃换旧符，墙内的他们也有着独特的形式恭贺新春。这里虽然没有爆竹声声，但这里同样有春联、有"福"字，还有热气腾腾的饺子，为大墙里的新年增添了别样的风味。据管教人员介绍，平日里，监狱的服刑人员的饮食标准是一荤一素，对于这顿"年饭"，监狱的要求是"吃饱，吃热，吃卫生"。

炊场是监狱特殊的一角，虽说它与罪犯的吃吃喝喝连在一起，但实际上它关乎着罪犯的人道待遇和国家刑罚制度的进步程度。南汇监狱的炊场，让我看到了罪犯饮食的实际状况，也看到了上海监狱民警工作的真实努力——因为，创造合适的有关罪犯生活待遇模式的一切努力，对罪犯本人和对社会来说都是有益的和公正的。

本文发表于《上海警苑》2014 年第 11 期

初识"班房"

初到上海南汇监狱，真不相信这是监狱：偌大的广场，可以停放直升飞机，有漂亮的花坛，有飘扬的国旗，后面是红瓦白墙的五层楼房，大气而不奢华，庄重而不张扬，怎么看都像政府办公楼。但是，门口"上海市南汇监狱"几个大字，又明白无误地告诉你：这里是监狱。

监狱，似乎是近代出现的学名，而班房的叫法，则历史更悠久。从语义溯源上，班房是祖宗，监狱是子孙。班房原意是官衙或私人府第里的差役们值班或休息的地方，后来慢慢有了临时关押人场所的意思，进而便衍生出监狱的现代意义了。现在很多人，特别是年纪稍大的人，依然习惯将监狱叫做班房：吃官司、蹲班房。

年过半百，路，走了不少；事，经了不少；人，也识了不少；但，班房，还真是没见识过：既没有参观过大牢，更没有蹲过一天大牢，所有关于班房的知识或信息，所知很少，且多是看电影、电视、小说等所得，可怜的很，间接的很，感性的很。我的人生中，与班房有半毛钱关系的，也许是20世纪

七十年代末我求学时的一个经历，那件事情，极大的丰富了 18 岁刚从农村到城市的学生单纯的人生。

那是 1978 年夏季的一个傍晚，吃好晚饭，我和同学出门闲逛，碰上一个"买蛋女"或"换蛋女"的农村妇女——头扎土布，手挎竹篮。我同学家住市区离校不远，周一到周五住校，周六晚上回家住，周日晚上返校——那时可没有现在幸福的双休天，因此，粮票略有多余，一般会换几个鸡蛋，给处于发育期饥渴的身体补充些营养。可怜用自己牙缝里省下的少量粮票换几个鸡蛋，这在荒唐的年代也属于违法，是投机倒把行为——这是 80 后 90 后们无论如何都无法想象的事情。我是从乡下上来的，对鸡蛋见多了，也吃得不少，加上乡下的我，饭量也大，为省钱，周末也不经常回家，没有多余的粮票。那天我同学和"换蛋女"原始的以票易物正进行时，给经验丰富的联防队员抓了个现行，机警老练的"换蛋女"溜掉了，"菜鸟"的我们被带到了派出所。值班民警稍作问话后，将我们关进了留置室，那是间层高较高、窗户很小、窗户底部高过普通人的头顶让你看不见外面一点东西、面积仅有 10 平方米左右的小房间。好在我和同学二人关在一起还能说说话，如果单独关在这样的房间，我想，孤独和恐惧一定会折磨你，你一定会觉得度"时"如年。还好，一个小时左右，学校来人，我们便被接出了派出所的留置室——一个也许最接近原始班房意义的地方。学校倒是对对这种事情比较宽容，没有对我们做任何处罚。

缺乏起码常识的我，以为这应该与监狱差不多。随着知识的渐长，才知道关人的地方有很多，名称不同，性质迥异，除留置室、监狱之外，还有拘留所、看守所、劳教所等，不吃政法饭的，也很难确切说出它们的异同。

在南汇监狱，我看见了高墙，看见了电网，看见了荷枪实弹、眼睛装满了警惕的武警战士，办理一道又一道繁琐的手续，经过 N 道前门开后面关的过程，进入了监区：穿着清一色囚衣剃光了头的犯人，或干着糊信封、纸盒等轻松的手工活，或在宿舍相对或向前正襟跪坐着。总之，对囚犯而言，干必有指标，坐要有坐相，站要有站相，吃要有吃相，学习、吃饭、放风、睡觉等，都有精确的时间要求。这时，我真正意识到，这里真是监狱。

1986 年 3 月，全国人大常委会授权司法部，成立监狱立法起草工作小组。经过长期的调查研究和专题讨论，前后修改数十稿，历时 8 年多的监狱立法活动，最后于 1994 年 12 月 29 日经第八届全国人大常委会第 11 次会议审议通过，同日以中华人民共和国主席第 35 号令公布实施。以后，《中华人民共和国监狱法》经过 2012 年的修改，使用至今已有 6 年，虽然比以前有进步，但也暴露出一些问题，因此，也有人在推动《监狱法》的第二次修改。

现在，据说全国正式的监狱有 700 多所，监狱里的医疗条件和伙食条件都比较好，特别是在大城市的或其所辖的监狱，更是如此。

规范化、标准化，在一般的机关和企业，只是高效率的保证，只是管理追求的目标，而监狱是一个将罪犯隔离、集中起来执行，是以国家强制力为后盾的场所。监狱，由于社会的政治、经济、文化和法律的不同，不同国家的监狱在管理制度、教育方式和方法等方面也会存在着很大的差异，但是监狱具有的基本特点不会改变，这就是阶级性、惩罚性、封闭性。其中，封闭性是其最大的特点，就是由于工作对象犯罪性质复杂、犯罪手段多样，而且有过犯罪体验，思想意识及行为习惯都具有一定的反社会性和工作岗位的需要，高墙、电网、特殊设施必不可少。因此，除服刑人员的思想改造工作外，安全，是一切工作的出发点和归宿，而规范化、标准化，是确保监狱安全的前提和底线，具有最大的刚性，因此，监狱的一切硬件和软件，都最大限度围绕着规范化、标准化展开。也许，这就是监狱的主要属性之一吧。

本文发表于《人民警察》2015 年第 4 期

孤独的晨练

　　我是一个孤独的晨练者，从 2014 年的春节后开始，至今已有多年。期间，哪怕是三九严寒的冬天，早晨五点半不到，外面伸手不见五指，除节假日和双休天外，我每天按时起床，洗漱好之后，吃点隔夜在电饭煲上预约煮好的便宜又养生的杂粮粥，吃个苹果，六点一刻左右出门。

　　走出小区时人很少很安静，开车上了每天上班必经之路——中环上，路上的车辆不多，速度可以开得很快，很惬意，四十分钟就可以到离家近四十多公里我每天的晨练地——上海共青森林公园。同样的路，七点以后出发，需要加倍的时间，路堵，对急性子的我来说，心也跟着堵。

冬天的晨练，不像春、夏、秋天的晨练。共青森林公园本来地处偏僻，东濒黄浦江，西临军工路，周边的居民区离得较远，不像中心城区的公园，周边都是居民住宅，人口密度大，所以，早上七点，共青森林公园晨练的人不多。

在共青森林公园晨练的，95%以上是大妈大爷级的退休人员，锻炼的形式多为太极拳、广场舞、自由操、扇子舞、腰鼓舞、踢毽子之类，也有放风筝、打羽毛球、抖空竹、器材锻炼，等等。这些运动方式，一般以结伴为主。散步的，有三三二二的，很少有独自一个人的。我的晨练是快走带慢跑，一个人。

一个人的晨练是孤独的，尤其是冬天的晨练。晨练时，一路上难得碰上人，偶尔会超过前面一个二个人，偶尔会和对面过来的人照面，但那都是一会儿的擦肩而过，马上又形单影孤。这时，瑟瑟发抖的寒冷弥漫着包裹着你，使你更加孤独；踩在落叶上发出的哕哕声在空旷的树林中回荡，使你更加孤独；偶尔一声尖利的鸟叫声插向朦胧的天空，使你更加孤独；下雨的冬天，偌大的共青森林公园的更加空旷稀少，淅淅沥沥的雨抽打着雨伞发出的劈劈啪啪声，一股刻骨铭心的孤独感更是油然而生。

一个人的晨练又是丰富的。1956年在黄浦江滩涂上建成的苗圃，1982年扩建为现在的共青森林公园，很大，有1965亩，几十年间在上海的公园中，一直保持着体量上的冠军，各种各样的花草树木数不胜数。我每天在里面快走一小时，绕最大的圈也只能走上二圈。每天走，那里丘陵、草地、湖泊、溪流、密林、竹丛，心中早已烂熟，加上冬天人很稀少，眼睛的作用不大，有点"老马识途"的感觉，这时，脑子很空闲，可以想很多东西，可以宏观、中观、微观，可以具体、抽象，可以物质、精神，可以历史、现实、未来，总之，可以"天马行空独往独来"。这时，没有任何干扰，大脑洞开，一些创意、企划、思路、文章构思，也在这时形成，虽然它们没法和18世纪法国伟大的启蒙思想家、哲学家、法国大革命的思想先驱卢梭的《一个孤独散步者的遐想》相提并论，但也是敝帚自珍。

孤独，只是孤独者的孤独；孤独，只是权柄者的孤独；孤独，只是赢弱者的孤独；对无欲无求者，对内心强大者，他们的辞典里，并没有孤独。

晨练，清醒了大脑，开发了大脑；晨练，强健了体魄；晨练，坚强了意志。

我是一个孤独的晨练者，但我并不孤独，我更爱晨练，我很感谢每一天的这个时间，我很享受每一天的这个时间，我也很盼望每一天的这个时间。

本文发表于《新民晚报》2015年7月5日夜光杯副刊

"盼"出来的晨练

在上海共青森林公园的晨练，已坚持了多年了，除一年52周的104个双休天和7个节日的11个法定假日，243个工作日，再除去大雨之类恶劣天气，每天上午的7点到8点之间，我会准时在上海共青森林公园晨练。

一次，受同事的影响，去单位附近的上海共青森林公园锻炼，走在我前面一个老伯的收音机里飘出电影《闪闪的红星》中《映山红》的歌声。《闪闪的红星》，我第一次是在十四五岁时看的，看了几回，由于我这人有英雄情结，喜欢看战争、军旅、警匪题材的文学作品，同时，也喜欢该电影中《红星照我去战斗》《映山红》《红星歌》等歌曲，所以没觉得烦腻，加上那年月也没有多少片子可以看。于是，我放慢了脚步，品味着快乐女生黄英那高亢激越而又不乏柔情的风格，更由歌词"夜半三更哟盼天明，寒冬腊月哟盼春风，若要盼得哟红军来，岭上开遍哟映山红"中的一个"盼"字，我一下醍醐灌顶，产生了许多联想，明白了很多。我自认不是很笨，但坚持不够，毅力不够，所以人过半百，也没有多少成就。

任何人活着，都有所期盼。所谓盼，就是人的追求，抑或是一种目标、一种信念、一种希望，更甚或是思绪寄托、精神支柱。一个没有盼头的人，活着，是很可怜的，和行尸走肉也没有什么区别！少不更事之时，有父母为我们指引，渐渐地长大了，有了自己的主见，有了自己的生活，有了自己的盼，有了一个个鲜活的人生目标。人只要有盼头，才能坚持，才能做成事情、做好事情。只有一直不断为自己设计、规划一个个大大小小的"盼头"，人生才会丰富，才会有进取、才会有意义。

当然，我们设计"盼头"要量力而行，如果一味的好高骛远，"盼头"老是落空，人的自信心崩溃，某种意义上，比没有任何"盼头"的浑浑噩噩还不好。如果我们设计"盼头"时没有一口吃成个胖子的不现实的想法，而是"积小胜为大胜"的持续不断的设想，我们的每一天将充满阳光、充满快乐。

那么，我锻炼，期盼什么呢？为了身体健康，是我锻炼的最大动因、最大盼头。

这些年，我胖起来了，走楼梯开始感觉有点累了，看东西写东西时间不能太长了……总之，精气神不如以前了。当然，从生理规律上说，这也很正常，毕竟"奔6"的人了，身体不可能越来越好，但我还是期盼通过锻炼，使我的身体机能衰退得慢些，干事的精气神足些，以期在同样的时间里做事更有效率、更有质量而已。我可不会像古代许多帝王那样贪心、那样荒唐想"万寿无疆"：秦王嬴政统一六国后，想"万寿无疆"，派徐福带五百童男童女去海上求取长生不老药，结果毫无所获。同样，中国历史上，更有很多皇帝炼制仙丹以求长生不老，都毫无例外地一无所获。我不想"长命百岁"，虽然从现代生命科技的角度说人的寿命可以活的更长些。

锻炼，总要有地方，地方，总要有选择，我毫不迟疑地选择了上海共青森林公园。

我选择共青森林公园，一是看上了它的大。1956年在黄浦江滩涂上建成的苗圃，1982年扩建为现在的共青森林公园，很大，有1965亩，几十年间在上海的公园中，一直保持着体

量上的冠军，我在公园中慢跑快走一大圈，需要半个小时，丘陵、草地、湖泊、溪流、密林、竹丛应有尽有，绝对没有单调乏味的感觉。

我选择共青森林公园，二是看上树林的高大茂密。1956年的苗圃，1982年扩建成公园，也就是说里面的树木，最年轻的也要三十五六岁，有的要五十多岁了，接近我的年龄啦。树木花草品种又多，光大的树种就有白杨、广玉兰、白玉兰、银杏、杨树、柳树、香樟、榆树、棕榈和杉树、樱花树、枫树、柏树、松树无数种。林子高大茂密，草花品种更是无数，空气中负氧离子多，自然对身体有好处。

我选择共青森林公园，三是看上了它的顺道和离我工作单位近。我家在西南角，上班在东北角，路上单程就要40多公里，斜穿整个上海。6点半不到早出门，开车在中环上，路上车少，不堵，心也顺畅，40分钟不到就可以到离单位只有二公里不到的共青森林公园。同样的路，7点以后出发，需要加倍的时间。这样，我凭空就"挣"出了在共青森林公园锻炼的1个小时。

共青森林公园地处偏僻，东濒黄浦江，西靠军工路，周边的居民区离得较远，不像中心城区的公园，周边都是居民住宅，人口密度大，所以，冬天晨练的不多，而春、秋、夏天晨练人则较多。

冬天晨练，一路上难得碰上人，偶尔会超过前面一个二个人，偶尔会和对面过来的人照面，但那都是一会儿的擦肩而过。看着天空没有放亮面对几乎无人的茂密树林时不时产生一种莫名的恐惧时，看着因树叶凋零而显得丑陋的树木时，你最大的盼头就是希望冬天早点过去，马上迎来"草长莺飞二月天，拂堤杨柳醉春烟"的共青森林公园那令人神往的春天。

共青森林公园的春色很是浪漫，三月底时，"赤橙黄绿青蓝紫"已统统现身：白的有白玉兰、新含笑、喷雪花，黄的有金钟花、迎春花、结香，红的有桃花、海棠、山茶花、红叶李、变色枫叶，紫的有二月蓝，绿的有杨树、柳树，粉色的有樱花等。可惜的是春天给冬天和夏天共同"蚕食"了好多，真正晨练时让人心旷神怡的春天，我们享受得越来越少了，现在，怕是两个月都不到了。

夏天晨练，酷暑难耐，即使在共青森林公园中绿荫如盖的地方里锻炼一会儿，头上黄豆大的汗珠，便噼里啪啦掉在大石块铺出的路上，转眼就不见影子。眼睛老是给微咸的汗水骚扰，火辣辣的太阳炙烤在脸上烫烫的，弄得很不舒服，整个身体好像被人安置在一个偌大的蒸笼里，你躲无可躲藏无可藏。一个小时练下来，衣服像水里捞起来的，可以挤出很多水来，头发也像刚洗过似的。这时，你最大的盼头就是希望夏天早点过去，温润的清爽凉快的秋天早点到来。但同样可惜的是"冉冉秋光留不住"，秋天同样给夏天和冬天给"蚕食"了好多，秋高气爽的日子比以前少多了。

锻炼中，有希望季节随心变换的大盼头，更有许多小小的盼头。夏天，毒日当空，盼望能牵来一片乌云遮蔽它；高温环绕，盼望能引一阵风儿吹散它；冬天，盼望天空早点放亮；雨天，盼望龙王、天公施恩，雨停、云开、日出；雾霾天，盼望风婆婆助力，吹散雾霾，降低PM2.5，让我可以大口大口深呼吸共青森林公园特有的泥土芬芳和青草嫩叶的淡淡清香。

盼，是心中有理想、有希望，为了这些理想、希望，有的需要静静的等待，不能操之过急，比如季节的变换，自有老天安排，人力无法强求；有的需要努力，不可无所作为，比如在公园里上无片叶遮挡的空旷地遇到高温或下雨，只有加快速度，早点进入密林或亭子间才能遮荫挡雨。

每次锻炼结束，特别是大热天，我在精神上收获了一种自豪、一种成就、一种自信、一种坚强、一种耐心，更收获了一种好心情，每天精力充沛、神清气爽，浑身总有使不完的劲，重要的是，坚持了多年的锻炼，我在身体机能上收获了更多：体重轻了，腰身"苗条"了，走路快了，丰富的负氧离子也使我的脸色红润了。

我爱给我这些的共青森林公园的一丘一陵、一湖一溪、一花一草、一树一木。我很感谢每一天的这个时间，我很享受每一天的这个时间，我也很盼望每一天的这个时间。有时，双休天、节假日不到单位，我自然不去共青森林公园晨练，心中会生出一种淡淡的惆怅。我不知道退休后再也不到共青森林公园晨练，那种惆怅是否会更加强烈？

本文发表于 2015 年 6 月 5 日《东方城乡报》副刊

我在南京百家湖晨练

　　什么东西可以让人上瘾？毒品，相信这是 100 个人的共同答案，如果要排出三甲，等而下之的，非香烟、老酒莫属啦。如果要排出前十名，那就有点乱，分歧肯定大啦，这事搁在西方，也许要搞全民公投才能决高下了。

　　然而，这答案对我来说，很简单：晨练！

　　毒品，影视作品和官方宣传将毒品说成洪水猛兽，我认可，我怕，打死我也不会碰；香烟，抽，但那是场面上的活，需要的话，可以连续抽，但没人时或没有抽烟人时，我可以 N 天不抽一支烟，总之，我没有烟瘾，抽烟于我只是一种不是必需的交际方法而已，而且，由于高血压的缘故，我听了医生的叮嘱，现在已戒了。酒，年轻时，身体好，本钱大，加上遗传因素，量可以，而且可以喝混酒，最厉害的一次是"五中全会"：白酒、红葡萄酒、金奖白兰地、黄酒、啤酒。现在，年龄上去了，体质下去了，喝酒的动力消失了，加上"开车不喝酒喝酒不开车"的"禁酒令"，当年的"五中全会"成了"老黄历"，现在，场面上难以拒绝的话，也只是稍稍喝些红酒。

　　晨练，刚开始时，对我而言，除为了身体外，有一种自我强迫、修炼的因素，有一种锻炼自己意志、毅力的成分，但坚持了一段时间的晨练，我在"身"和"心"两方面获得了实实在在的好处，所以，现在的晨练，是一种愉悦，是一种享受。如果哪天起床，发觉有大雨或

PM2.5 爆表，不可以晨练，我内心真有一种遗憾、一种失落。现在，我真的晨练成瘾了，而且，伴随着出差，我将晨练带到了南京，带到了百家湖。

2015 年 6 月上中旬之交，我到南京参加商务部所属全国城市农贸中心联合会召开的会议，下榻地就是主办方安排的水晶蓝湾公寓酒店。酒店离百家湖不远，正常步行也就五六分钟。百家湖的水面面积约有 2500 亩，据传是明洪武年间所挖的人工湖，因当时湖边有百多人家，故取名"百家湖"。作为中国四大古都之一，有"六朝古都""十朝都会"美誉的南京，自然景观非常丰富，历史人文沉淀很深，百家湖虽有 600 多年的历史，在南京还是上不了榜排不上号，但这丝毫不影响我晨练的积极性。

百家湖边的晨练，让人心情格外好。六点左右，我开始了百家湖晨练。百家湖，湖面开阔、干净，视野相当好。湖边，一些自然生长的常见水生植物，如芦苇、香蒲、水柳、梭鱼草等，长得很是茂盛，也正值它们的开花季节，煞是好看：绿的叶托着紫的花是水柳，绿的叶撑着蓝的花的是梭鱼草，漂浮在水上的开着黄花的是水荷叶。日出时，太阳似烧红了半个湖面，脑海中立马进入白居易《忆江南》"日出江花红胜火，春来江水绿如蓝"的意境。她和湖边绿的叶、蓝的花、紫的花，和横跨湖心千米长的颇为壮观的白龙桥，和枝条婀娜疏密有致的垂柳倒影，相互辉映，一起渲染铺陈出一幅美丽的画面。在这样以水为主的美妙环境中晨练，和我一直在上海共青森林公园以树林为主的环境中晨练，各异其趣，也许是新鲜感和湖面开阔的缘故，百家湖的晨练真的很开心。

百家湖边的晨练，有开心，也有遗憾。

遗憾的是不能全程围着百家湖慢跑，而是断断续续的，这段可以，那段不行，得多次绕弯子，不爽。百家湖沿湖的土地，像香肠一样，被切开，出卖，价高者得好的位置，房地产开发商往往用来造别墅。好别墅，除了房屋自身的品质和良好的物业管理外，环境包括安全，是好别墅的主要元素。百家湖边的别墅，环境一流：临湖、优美、开阔、宁静，当然，为了安全，别墅小区对外封闭，成了普通人不能进入的禁区。这禁区，虽然不能和英国人于1868年在英租界的外滩上建起的上海开埠以来的第一座公园门口挂上的"华人与狗不得入内"相提并论，但好端端的百家湖，因为高端楼盘而被零打碎敲成一段一段一块一块的，属于全社会的公共利益让少数人占有，好好的晨练兴致，也就这样被打了大大的折扣。

百家湖边的晨练，有开心，有遗憾，更有感激。由于百家湖没有全程贯通的缘故，跑了一会儿，湖上的地标千米长的白龙桥不见了，湖正东面的地标凤凰台也不见了，平常自以为方向感不错的我，此刻迷失了方向，但我对所住的水晶蓝湾公寓酒店在双龙大道上，在地铁一号线的百家湖站边很清楚，于是，我问路。不幸的是，问了两个人，他们给了我同一个答案，同一个错误的答案，等我搞明白时，我"已在错误的道路上走得很远了"，跑到了地铁一号线的双龙大道站，也就是说，距离百家湖站有三站路。再跑回去，开会时间不允许，体力也不允许。坐地铁，只需2元钱，南京的地铁票价，硬是比上海便宜。问题是我晨练出门时只带了手机和房卡，身上没一分钱。打的，倒是先坐后付，没问题，但问题是上班高峰时，很难叫到车，不知要等多久，和跑回去一样，时间不允许。万般无奈之下，我下定决心，做一回"乞丐"，问人讨2元钱。运气不错，在地铁站里，我向一个小食品饮料店的老伯简单说了情况，老伯看着衣服透湿汗水淋漓的我，很爽快地给了我2元钱，解除了我的窘境。第二天，我特意抽空坐地铁回去，看到老伯在，我将10元钱给他，并再一次感谢他。老伯要找给我8元钱，我不要，他跑出小店柜台，硬是将8元钱塞给了我。此刻，我内心，除了感激，还是感激。

南京的短时出差，因为上瘾，我在百家湖晨练；因为晨练，我同时收获了三种不一样的心情：开心、遗憾、感激；我希望随着社会的进步和文明的提高，每人将多一点开心、多一点感激、少一点遗憾。我将铭记公元 2015 年春夏之交的百家湖的晨练。

本文发表于 2015 年 7 月 10 日《东方城乡报》副刊

木槿花开

2016年5月底，到南国厦门参加全球水产冻品行业大会，入住的厦门荣誉国际酒店，就在海滩边。清晨，我照例坚持我多年的晨练习惯，沿着环岛南路，在20多度的温度下，"享受"着海边略有海腥味的热风，不一会，便大汗淋漓。在擦拭迷离双眼的汗水时，前面迎来了木槿树。

木槿，对我来说，并不陌生，但这里的木槿树当作了绿化带，有一米多高、一米多宽，修剪得整整齐齐，这在都市中不常见。上海，只是近几年开始在马路边栽种，大概是观赏性欠缺的缘故，更多的是作为点缀而很少当做绿化带的。更让我好奇的是这里的木槿已经大面积开花，而上海的木槿花，我分明记得是在6月底才开。为验证自己并没有"老糊涂"，回上海后，我在几乎天天去晨练的上海共青森林公园里，特意仔细看了看木槿，木槿的枝头，至今花蕾都还没一个。看来，南国厦门的木槿花，比起上海，要早开了近个把月。

木槿花，没有石蒜的妖艳，没有月季和玫瑰的多彩，没有薰衣草的浪漫，木槿花虽然也有纯白、淡粉红、淡紫、紫红等颜色，但共青森林公园里的木槿，数量不多，也不集中，观赏性自然不是太高，在景点和花卉的数量、品种洋洋洒洒的公园中，很难得到更多人的关注，更不要说青睐了。

但是，我却对木槿情有独钟。

出生于上海郊区农村的我，对木槿印象很深。20世纪70年代以前，老家农村种植木槿很是普遍。在吃饱饭都是奢望的年代，种植木槿可不是为了绿化或美化环境，而是因为它可以用来做篱笆，多用它来围起一点点小的可怜的自留地。当时的自留地一般只种些蔬菜，只能自用而不能出卖，否则就是"资本主义尾巴"，要割掉，要批判。由于那时的木槿多用作篱笆，有人就将木槿叫做篱笆树。至于为什么用木槿而不用别的树做篱笆，没想，没问，也没人告诉我。那时，人小，在农村，见不多，识更不广，以后也就是想当然认为是木槿好伺候的缘故，因为自留地大多在宅前宅后，而宅前宅后的土地，大都不是太好，要么太阴，要么太干燥，要么太贫瘠，而木槿对环境的适应性很强，肥瘦不拘，干湿不拘，寒热不拘，喜光而不怕阴。同时，作为篱笆，容易分蘖但又容易修剪、扦插，也是木槿的一大优点。当然，用木槿而不用木条、竹竿等做篱笆，更多的是因为可以节约人工和材料。

木槿除了做篱笆外，还有一个实用功能，就是可以将木槿叶和花搓烂，用来洗头。那年头，肥皂也是稀罕物，农民没钱买，即使有钱，也不是你想买就能买的，而要凭票。那时，农民衣服大多用粗布土布做成，干农活衣服又容易弄脏，洗衣很费肥皂，凭票供应的那点肥皂往往不够。这时，木槿的优势就体现出来了，用搓烂的木槿花和叶洗头。女人的头发长，易沾灰，加上女人爱干净，洗发自然也比男人勤多了。如果几天连着阴雨，明晃晃的太阳出来了，农活又不多，休息时，我的姐姐和周围的老老少少女人们，一准来到宅前宅后的木槿树边，连叶带花，大把大把的撸下来，围着水井，用手搓烂，直到搓出泡沫，敷在头上当作肥皂洗头。有自己洗的，有大大帮小孩洗的，也有相互帮着洗的，嘻嘻哈哈，说说笑笑，打打闹闹，有点过节的气氛。这样的洗头，效果不比当时的日用肥皂差，省了钱，又图个热闹开心。当然，现在从木槿花中提炼出的无硅油洗发水，比起以前的木槿花和叶搓烂了洗发，更自然蓬松、持久水润、光艳柔顺，总之，更高大尚。

1978年初春，通过"文革"后的第一次高考，我离开了乡下进城念书后，才知道普普通通的木槿除了做篱笆和洗头外，还有更大的用处。美化环境、多点色彩悦目再赏心自不用说，保护环境，能吸附有害气体，木槿享有"天然解毒机"的美称，因此，现在用木槿花做公路两边行道树的，也逐渐多了起来。另外，木槿花还有食用保健价值，它含有蛋白质、脂肪、粗纤维、维生素C、氨基酸等成分，营养价值很高，可以用来做菜，凉拌、炒制、煲汤皆宜，但不知什么原因，我还真没有看见用木槿花做菜煲汤的。木槿花汁还有止渴醒脑的保健作用，作为高血压患者的我，更是对木槿花汤难以忘怀，因为常吃对高血压有食疗作用。木槿的花、果、根、叶、皮都可以入药，对现在常见的"富贵病"胆固醇过高和腹泻、气管炎、神经性头疼等毛病有疗效，因此，说木槿全身是个宝，确实一点不夸张，有待人们去好好开发。

木槿，无论从叶、从枝，还是从花，没有任何出挑之处，因此，在老家时，从来没认真看过它一眼。书念多了，方知普通的木槿其实并不普通。后来，每每看见木槿，看见木槿花开，我总怀有一种莫名的歉意，木槿上寄托着的乡情和乡愁，也就愈加浓郁。

本文发表于《新民晚报》2016年6月29日夜光杯副刊

莆田系和马路上扔碎玻璃者

2016年5月1日，一篇微信文章刷爆朋友圈：魏则西，西安电子科技大学计算机专业学生，在2年前体检出滑膜肉瘤晚期，今年4月12日去世。他生前发帖子称，在求医过程中，通过百度搜索看到排名前列的武警北京总队第二医院，受该院李姓主任蛊惑，在花费20多万元后，病情不仅没有好转，还被贻误救治，不治身亡。而李姓主任属莆田系承包该医院部分科室的。

这一事件，引发了国家网信办会同国家工商总局、国家卫计委成立联合调查组对百度公司的调查和国家卫计委、中央军委后勤保障部卫生局、武警部队后勤部卫生局联合对武警北京市总队第二医院的调查。5月10日，武警北京市总队对武警北京市总队第二医院做出包括给予武警第二医院二名主要领导行政撤职处分的四项处理决定。

在这过程中，牵出了"蒲田系"和百度收费排名的问题。

一般来说，公立医院的名称有以下几个特点：XX大学附属第X医院，XX省（或市、县、区）第X医院，XX省市县区人民医院，XX省市县区XX病（比如传染病、心血管病、胸科、肿瘤等）医院。如果某医院全名里没有"省市县区"这样的字，名称里又有什么仁爱啊真爱啊华夏啊玛利亚啊之类的字，无疑是民营医院了。

莆田系，是福建莆田东庄镇人以詹、陈、林、黄四大家族为代表开办的民营医疗机构。据官方统计，莆田系医疗商占据中国民营医院的

80% 份额，有些是承包了部队医院，因此，具有较大的欺骗性。

莆田系从主治性病起家，因为性病这东西病人不敢声张，很少在公立医院实名看病，治疗费用贵不说，哪怕治坏了，也闷在肚里自认倒霉，所以蒲田系更容易由此发财，更可恶的是他们治疗性病是从故意传播性病开始的。

现实生活中，以前我们恐怕多多少少都见过往马路上故意扔碎玻璃的，那是修自行车中不良分子所为，为了多拉点生意，多挣几块钱。这种市井泼皮无赖的缺德行径，吃相固然难看，但对社会的危害毕竟不算太大：浪费别人十来分钟时间，"偷窃"别人几块钱。

现在，马路上扔碎玻璃的好像不见了，我一直为此疑惑：这些人是"改邪归正"，还是转移"战场"啦？在世风日下、道德水准下滑的当下，我是不相信"改邪归正"一说的，更愿意相信这些人看不上蝇头小利而转移"战场"，要搞就搞大的。

蒲田系的横空出世，让我恍然大悟，扔碎玻璃的后继有人啦，这倒不是说蒲田系向扔碎玻璃的执了弟子礼，而是蒲田系全盘接受了前者的衣钵。

咋看，一个是修车中的泼皮无赖，一个是"救人一命胜造七级浮屠"的高大尚医院，完全风马牛不相及，完全没有可比性，然而，世界上好多事，看似不相干，往往有惊人的相似：修自行车的泼皮无赖往马路上扔碎玻璃，希望有更多的自行车漏气爆胎因此增加生意而获利；而从媒体爆出的蒲田系发家史看，更令人不耻：他们通过故意传播性病，以"生产"出更多的性病病人，招徕更多的生意，以不顾别人的健康乃至生命为代价，获得比在马路上扔碎玻璃更为巨大的利益。

由此看来，修车中的泼皮无赖和形似"高大尚"的蒲田系医院，不管是披着军队医院的马甲，还是穿着民营医院的外衣，手段不同，但本质上没有差别，条条大路通罗马，二者有"异曲同工"之妙。他们的目的相同，都是为了私利而丧尽天良，没有任何道德的底线。

因此，我们骑自行车时，两眼除看着前面路况外，还要看看地上有没有碎玻璃；同样我们看病选择医院时，更要多方面了解，而不仅仅只凭"百度"之类的排行榜，也不仅仅只看军队的金字招牌，因为这后面也许都有利益的关联而作假，如此它不仅可能让你遭受巨额的经济损失，更可能悠关你的性命。

本文发表于《上海警苑》2016 年第 7 期

用文学留住乡愁

当代作家中，在世大咖作家个人兴起了以自己名字命名的"建馆热"：2004 年的贺敬之文学馆、2006 年的贾平凹文学艺术馆、2007 年的陈忠实纪念馆、2009 年的莫言文学馆、2013 年的王蒙文学艺术馆、2013 年魏明伦的文学馆，等等。就是知名度不怎么高的地域作家，如广东的谭元亨，于 2016 年也开出了自己的文学馆。

不可否认，在世作家建文学馆，可能有一定的商业操作因素，如开发旅游资源等，也有一定的作家个人内心一点点膨胀因素，但是，这些作家的文学馆，一般都选择建在作家的家乡或者是与自己作品密切相关的地方，对于向文学爱好者展示其个人创作特色、推广地域文化、提升大众的文学欣赏水平，用文学留住乡愁，具有积极意义。

作为中国作家协会副主席的叶辛，是当代中国知青文学最有代表性的人物，代表了知青文学的丰碑，而其创作的 100 多部文学作品（剔除不同出版社重复出版的，有 60 多部），反映了深层次的社会发展需求和人性真善美，是国内少有的高产作家。叶辛的很多作品，蕴含了浓浓的乡愁。他说，好作品能让社会变得温暖，文学始终是人可以安放心灵乡愁的"家乡"，"乡愁是一种人文情怀，是人对土地的感情、人对家乡的感情"。随着座落于浦东新区书院镇葵园农庄叶辛文学馆的建立，叶辛内心浓浓的乡愁得到了安放。

1969 年，当年 20 岁的叶辛，在"知识青年到农村去，接受贫下中农的再教育，很有必要"的"上山下乡"大潮裹挟下，去贵州插队，直到1990年调回上海，他将自己人生最美好的21年青春留给了贵州。用叶辛自己的话来说，这21年"最让我难

以割舍的是贵州的山水土地、自然风光、各族人民对我的深情厚意以及独特的生活形态"，正是这样"难以割舍"的情感，使叶辛从贵州回到上海后，依然每年"上山下乡"，远赴千里之外的贵州，少则三四次，多则五六次，2016年更是去了7次。这是叶辛的"难以割舍"乡愁，也是一代知青"难以割舍"的乡愁。

曾经也是知青的习近平总书记，很认同叶辛的"乡愁"，他在2014年10月的文艺工作座谈会上谈了对"乡愁"的认识，认为"留得住绿水青山，记得住乡愁，乡愁就是你离开这个地方就会想念这个地方"。这个诠释，没有文人的学究、华丽、腐酸，简单、朴素，但很贴切，很亲切。

叶辛文学馆，坐落在近东海海边具有农耕文化特色的葵园农庄。文学馆前，遍植的小叶桉、桃树、芭蕉树等植物，不经意地提醒前来参观的人们这里的特点：乡土、乡村，而叶辛文学馆建筑典型江南风格的老民居本身，又透出悠远的意味。

叶辛文学馆共分书迷养成－欢乐海洋、生活瞬间－爱情故事、创作源泉－文学知己、创作瞬间－点滴汗水、成果丰硕－反响热烈、社会认同－荣誉等身六个部分，通过图片、作品手稿、出版物和各种新闻报道简报，将叶辛从一名爱读书的知青到知名作家的成长历程，以及他近四十年笔耕不辍所取得的创作成果一一呈现，全面展示了叶辛从一位知青成长为一位著名作家的历程，系统反映了叶辛对于文学的追求和热

爱。我们可以看到，在贵州山区插队落户时，叶辛如何凭着对文学的热爱和执著，体验乡间生活，思考知青命运，在困难条件下，孜孜不倦地进行创作，从砂锅寨土地庙里写出的处女作《高高的苗岭》到《蹉跎岁月》《孽债》《客过厅》"知青三部曲"，叶辛从贵州偏僻乡村，走向了全国，成为全国人民熟悉和深受知青喜欢的著名作家。

叶辛从贵州调回上海，就住在浦东，而且，作为全国人大代表还是上海市人大代表，20多年来，每次都"落户"浦东代表团。他见证了浦东发生的巨大变化，所以，叶辛对浦东很有感情，因此，叶辛文学馆"落户"浦东，是一件很自然的事情。而乡愁的安放，需要借助文学、文化，叶辛第一次来到书院镇，就被"书院"名字背后的故事所打动：书院镇以前是海边滩涂，清末时期，移民将滩涂开垦成良田。当地老百姓以粮代税，这些税款主要用于教育支出，县衙在这里建造的租税粮仓库被当地人称作"书院厂"，后来村、镇名沿用了"书院"二字。这个名字的由来，反映了当地尊师重教、尊重文化的美好传统。叶辛应允将叶辛文学馆建在书院镇，也就是希望叶辛文学馆是"自己一生写作成果的书院表达"，将文学和新农村建设和农家乐文化融合在一起，打造一个"望得见山，看得见水，记得住乡愁"的美丽乡村，而这不仅需要美丽景色，更需要书院这块充满文化蕴含的风水宝地来涵养、来支撑。

叶辛文学馆，为众多作家文学馆增添了一抹亮色，而这抹亮色就是她用文学留住了叶辛的"乡愁"。

本文发表于 2017 年 4 月 7 日《东方城乡报》副刊

数字造假可以休矣

2018 年"两会"期间的 3 月 7 日，习近平总书记在参加辽宁代表团审议时，就辽宁以前出现的统计数字造假问题，说"统计数字必须光明磊落"，并将这一要求提高到"马克思主义立场的，中国共产党人立场的，实事求是、求真务实的一种作风的表现"的高度。

习总书记为何如此重视统计数字呢？

历史上，我国的统计工作走过一段弯路：我国的"大跃进"，党的实事求是思想作风被严重践踏，高指标、浮夸风盛行。"文化大革命"期间，统计工作更是遭到严重破坏：1967–1969 年，政府统计机构被撤销，大批统计人员下放劳动，国家统计几乎陷入停顿。粉碎"四人帮"以后，1978 年 3 月，国务院批准恢复国家统计局，各地统计机构相继重建，全国统计工作重新步入正常轨道。

1983 年 12 月颁布的《中华人民共和国统计法》和 1984 年 1 月国务院发布的《关于加强统计工作的决定》，为新时期统计工作指明了方向，统计工作开始走上法制轨道。进入 1990 年代，国务院批准实施新国民经济核算体系和改革统计调查体系，全国人大常委会修改《中华人民共和国统计法》。

全国人大常委会于 2009 年再次修改《统计法》，国务院先后颁布《全国经济普查条例》《全国农业普查条例》《全国人口普查条例》，改革国家调查队管理体制，在全国设立了国家统计局直属调查队。

但是，一些地方，基于利益和领导政绩的考虑，置严肃的《统计法》于不顾，任意杜撰数字，如前段时间辽宁省曝光了虚构应税事项、虚增非税收入、违规先征后返等财政数据造假事件，更重要的是我国的统计数据造假问题并非辽宁个案，而是有一定的普遍性。如 GDP 统计，长期以来，各地层层注水，以至各地上报的数字比国家统计局的数据经常高出几万亿，而失业率、人均工资、房价等重要统计，也几乎都不同程度存在造假的情况。

统计数据是各地区经济社会发展变化的晴雨表和各级政府制定公共决策的依据，在统计数据上弄虚作假，远离客观实际，远离人民群众的切身感受，危害极大。一是导致经济决策的重大失误。当年的"大跃进"固然有领导人主观盲目一意孤行的问题，一定意义上也是层层虚报浮夸的结果；二是损害党和政府的形象。虚报浮夸者飞黄腾达，坚持原则者不受重用，必然小人越来越多而君子越来越少，党风败坏，腐败加重；三是给百姓带来灾难。官员的政绩有的靠乱收费、乱摊派、乱罚款，有的靠挪用扶贫款、救济款、救灾款，有的地方靠提前征税，有的靠从银行贷款缴税，官员的这些"政绩债"，羊毛出在羊身上，最后都得老百姓来偿还，加重了百姓的负担，也必然影响到党和人民的关系。

1983 年 12 月 8 日我国就颁布了《中华人民共和国统计法》，并分别在 1996 年和 2009 年经全国人大常委会审议修改，不可谓不重视，但是，数字造假问题为何还屡屡出现？首先，对违法行为处罚太轻，数字造假的成本很低、风险很小，回报却很大；其次，干部考核评价制度不合理，考核的内容主要看经济成就，而经济成就除了大广场、宽马路、高楼大厦外，完全靠统计数据；第三，缺乏舆论监督。由于批评、揭露党政干部的新闻必须经过领导批准，因此，通过新闻媒

体揭露出来的统计违法行为非常罕见，新闻媒体对官员的监督缺乏法律保障。

如何根治统计数据造假顽疾？办法有四：一是将统计机构归属人大，从体制上防止干扰，为统计数据的真实客观创造制度条件；二是再次修改"统计法"，将统计数据造假的惩罚加码，借鉴发达国家的做法，以刑事罪论处；三是改革干部考评机制，除了考核的内容要扩大到环境保护、可持续发展、就业率、失业率、物价水平、居住条件、社会保障、义务教育、科教投入、扶贫、文化建设等范围外，让百姓也以合适的方式参与考核；四是支持公众和媒体对政府工作监督。

相信通过多方努力，统计数据造假问题可以有根本的好转，从而带动党风、政风的好转，以形成习总书记所倡导的"马克思主义立场的，中国共产党人立场的，实事求是、求真务实的一种作风"。

本文发表于《人民警察》2017年第5期

手机导航回家路

开车回家，用手机导航？

是脑残？是弱智？是失忆，还是……

什么都不是，但确确实实，我现在需要手机来导航。

每天从闵行梅陇的家里到杨浦军工路上的单位——上海国际水产中心，我上班单程就要 40 多公里。路程长，自然不可预测的情况也多，加上每年增加 10 多万辆机动车子，遇上拥堵的概率也就更多了。

开车，遇上冷天、下雨、晚上，或再加上冰冻，几个因素叠加，难度就大了好多。最常见的，一路上，就会有好多追尾的。本来车就难开，车速很慢，再有追尾车占去一二根车道，交通的拥堵，可想而知！

早上上班，由于我六点多就从家中出发，而且从浦东中环走，避开了翔殷路隧道拥堵造成民星路下口出不去的问题，一般七点不到就可到共青森林公园。如果家中七点出发，很难保证在上班的八点半能到单位。这样，提前半小时出发，而在共青森林公园锻炼上一小时左右，算是从路上挣出了晨练的时间，而且，车又开得比较"爽"，有点"一石二鸟"的味道哈！

回家的路，可没有那么"爽"啦！往往，军工路通常过了共青森林公园就开始有点堵，到嫩江路时堵得厉害了，再往前一点，到民星路，更是堵得厉害。有时，我从单位东方国际水产中心到上中环，开上半个多小时，算是比较正常的了。有一次，居然用了一个多小时。碰上下雨天的晚高峰，堵得人真是没脾气了！最厉害的一次，我竟然花了二个半小时，到七点半才开到家，每每想到这，我对绝大多数杨浦区的单位同事，总有一种"羡慕妒忌恨"的感觉。

有天晚上，天空下着不算小的雨，我刚从单位出来，不得了，殷行路以南军工路往中环线方向，堵得严严实实。这是从没有过的情况。

我在闵行境内开车，车流量很大，但道路上每个路口都有交警或交管或辅警，有他们的指挥，交通秩序好多了，但是，军工路这一段经常出现严重拥堵，就是不见交警。一次，为此，我打了110，反映军工路这一段没有警察指挥引导和监督，拥堵严重。果然，后来几天看到警察了，交通拥堵好了点，但是，好景不长，晚高峰时警察又不见了，于是，道路拥堵依然。

长了记性，我就往白城路走民星路，再转到中环，就好些。但是，人人都长记性，不少人也和我一样绕，于是，这样的走法，又行不通了。

又一天，军工路堵到殷行路是我前所未见的，于是，不算愚蠢的我，灵机一动，打开手机导航，它指引我从殷行路——白城路——国和路——中原路——长海路——国和路——中环，这样，我就花了一个多小时就回到了家。如果不用手机导航，没有二个小时，估计是回不了家的。

还有一次，上两次的走法可能也不管用，手机将我一出单位门就往北导航，走军工路——逸仙路高架——中环——内环——沪闵高架回家。

多次的经历，给了我很大的启发：不管路况如何，只要路途长一点的，一上路，我就打开手机导航，于是，大数据为你指引"绿色"的道路，顺利带你回家。

本文发表于 2017 年 7 月 10 日《上海法治报》副刊

小区来了志愿者

小区来了志愿者。

对于志愿者，我的心情很复杂。

志愿者一词来源于拉丁文中的 "voluntas"，意为 "意愿"。联合国定义为 "自愿进行社会公共利益服务而不获取任何利益、金钱、名利的活动者"。根据中国的具体情况来说，志愿者是这样定义的："在自身条件许可的情况下，参加相关团体，在不谋求任何物质、金钱及相关利益回报的前提下，在非本职职责范围内，合理运用社会现有的资源，服务于社会公益事业，为帮助有一定需要的人士，开展力所能及的、切合实际的、具一定专业性、技能性、长期性服务活动的人。"自愿参与社会公益活动的人，享受乘坐公交车，免费乘坐地铁，免费进公园及旅游景点。

但是，我们的志愿者，在有的地方，有点变味了。

小区的志愿者，是坐着中巴来的，很多，大约有 20 来号人。

身着绿色的志愿者马甲，他们的分工很明确，按楼栋进行包干。我们的小区不太，不到 700 户，小区占地面积也只有近 9 万平方米，常住居民和外来人员总数 3000 人不到。就这么大的地方，20 来号志愿者，他们有的拿着长柄的火钳，用来钳取地上的垃圾，有的拿着扫帚，用来扫地，一会儿就搞定了，于是，志愿者便反复地在包干的范围里拿着火钳和扫帚走动，扫去刚刚从树上飘落的树叶，钳取有人刚刚扔下的垃圾，硬是将这小区收拾的干干净净、纤尘不染。没事时，志愿者们顺手将楼道下没关的门给关上，让住户感觉很亲切，也多了一份安全感。

志愿者将小区收拾干净了，倒让小区里专门负责扫地的老伯一下有点无所适从，没活干了，有"失业"的感觉，但他没有一丝偷奸耍滑的意思，依然像往常没有志愿者时那样认真地奋力清扫着。

住户觉得有点奇怪，但天天享受着着"超级"的干净，时间一长，心理开始有点不踏实：这志愿者真的是志愿的？还是用了我们的物业管理费？还是以后向住户挨家挨户收？

好事者于是开始打听，结果出来了：志愿者不是真的志愿者，他们是从外区请来的；费用倒不用担心，不在住户交的物业管理费中支出，也不在维修基金中支出，更不会挨家挨户向住户收取，而是由政府买单。于是，住户们放了心。

但是，时间稍长，住户心里又不踏实了：这样的"超级"干净，能享受到什么时候呢？明明知道这不可能永远，但总希望越长越好。志愿者到底能"志愿"到什么时候？

功夫不负有心人，有门道的住户终于打听到确切消息：志愿者的工作，为期一个多月：创建全国文明城区需要。

终于，一个月过去了，志愿者走了，小区恢复了往日的情形：扫地的老伯，依然吃力地扫着地，但地上还是有些许树叶和垃圾，那是秋天不断凋零的树叶和乱扔留下的垃圾。

虽然短暂，住户们还是怀念志愿者工作的一个多月：天天地上干干净净，时时有人帮你关楼道门，要是天天创建文明城区，那该有多好啊！

本文发表于 2017 年 11 月 13 日《上海法治报》副刊

我生活在"马桥文化"中

我的童年和少年生活在有 6000 年左右历史的"马桥文化"中,而我却不知道,还是顾福根先生的《三冈水长》,让我了解了"马桥文化",让我知道了"三冈文化",这让我深感愧疚。

顾福根先生是土生土长的我们马桥联工村人,可以说研究马桥本土文化,他是实实在在的专家。他主编了"发现闵行之美"系列丛书之《三冈水长》,同时担任闵行区马桥镇"镇刊"《三冈水》的责任编辑。

"马桥文化"中的马桥遗址,最早在 1959 年 12 月,也就是我出生前半年,发现于现今闵行区马桥镇俞塘村,之后,分别在 1960 年和 1966 年,1993 年 –1997 年、2005 年和 2012 年进行过 8 次考古发掘。考古发掘中发现马桥拥有的竹冈、沙冈、紫冈三条古冈身遗址,称为"三冈",同时,这三冈,都有和它们一样名称的一条河,所以,后面就有了"三冈水"的美誉了。

1978 年,考古学者针对我家乡的上古文化遗址,提出"马桥文化"命名的建议,1982 年,得到了国家文物局正式批准。但"马桥文化"是一个大的概念:广义的"马桥文化",是夏商时期分布于长江三角洲地区一个区域文化类型,而"马桥遗址",才是包含在"马桥文化"中狭义的经上面所说的 8 次考古发掘所发现我的家乡的古文化遗存。

当年,我家所在地是上海县马桥人民公社联工大队,也就是现在的闵行区马桥镇联工村,南边是铁路,北边就是马桥遗址的俞塘河,而东西二侧分别是"三冈"中的两"冈"：竹冈河和沙冈河，联工大队基本上是被具有 6000 年历史的马桥文化遗址包围的正方形地块。我的出身地和我的童年、我的少年生活地，是联工大队的王家生产队，离竹冈只有不到一公里，离俞塘河不到二公里，离沙冈河稍远点，也不到三公里，紫冈河与俞塘河相交后，则蜿蜒北上。

　　"马桥文化"中的马桥遗址的发现，早诞生我半年。我出生在 1960 年 5 月，娘胎中的我自然无从知晓。在它早期的 1960 年和 1966 年二次考古发掘，那时拖着鼻涕的我，自然也不知考古专家在干的"伟业"。

　　以后，年事稍长，我跟着大一点的孩子到河里去游玩，去摸河蚌，去抓蟛蜞，改善一下伙食，运气好的时候还可以从洞中摸出黄鳝来，这在我们小的时候什么都要用票证的年代，是一件很开心的事。当然，有时也会从洞中摸出蛇来，但由于蛇身粗糙，一摸就知道是蛇还是黄鳝。蛇和黄鳝一样，都是头在里尾在外，不怕它咬。我们拽着尾巴，将蛇拉出来，向空中抖几下，蛇身就散架了，它就不能咬人了，小一点的蛇玩到最后弄死它就是了。如果大一点的蛇，在野外搞点柴禾，剥了皮当场烤了吃，味道很香的哦。但有一次，我在联工小学上三年级，在上学路上的小沟里抓到了一条小蛇，就将小蛇放在一个小女生的课桌里，结果，吓得小女生大哭大叫，我结结实实挨了老师的一顿揍。按理说老师是不会打人的，但这个老师就狠狠的揍了我一顿，因为他是我的老师，更是我的三哥，从此，这种捣蛋的恶作剧，我再也没干过。

　　但是，作为当年的"红小兵"，我和小伙伴们做过一件很无知现在想来也很搞笑的事。那年代，我们满脑子接受的教育是"地富反坏右"总是要搞破坏的，而且他们总会在晚上出来鬼鬼祟祟活动，于是，我带了几个小伙伴藏在一坨孝娘竹后边，对面是一个富农家，我们埋伏着，等富农出来搞破坏时抓个现行。到半夜也没动静，小伙伴们有点泄气了，我鼓励他们说：阶级敌人一般在下半夜出来活动的，要坚持。下半夜，门开了，富农出来了，我们非常兴奋，我们马上可以抓现行了。富农出来，小了便，进去了。大家很失望。我又鼓励他们：阶级敌人很狡猾，他在搞破坏前先要搞侦察。于是我们又等待。直到太阳微微露出了红霞，大家都埋怨我，我无言以对，一场没有结果的"埋伏战"也就结束了。这在现在的90后、00后看来是很荒诞的事，但当年我们是很认真甚至是很神圣地在做的。

小学时，我们一般去邻近的竹冈河。那河也小一些，水流也平缓些。等到初中时，我们就到离家远一点的俞塘河去游泳。那河，在当时也是主要的交通水道，船来船往比较热闹，河道比竹冈河要宽要深，水流也要急一些，在这样的河里游泳，也感觉爽一点。俞塘河，不知什么原因，很少有什么河蚌、蛳蜷、黄鳝和蛇等，但是深一点的河道中和河岸的两侧，有很多贝壳，这些贝壳，明显不是河里的。当时，我已经上马桥中学，而马桥中学就在"三冈"之一的沙冈河边，我虽然大致上知道这些贝壳不是河里的，很多是海洋里的，但在"复课闹革命"的背景下，没有心思、也没有能力去深究，直到这次看了顾福根先生的《三冈水长》，才知道俞塘河和竹冈、紫冈、沙冈之外，在6000年前，是一片海洋，而这三冈，是一条"冈身"，所以，这里有大量的海洋贝壳就很自然的啦。我们在俞塘河游泳时，还摸到过粗糙的瓦罐之类的东西，相必就是先人用于烧水做饭的工具，也摸到过大小股骨和头盖骨，莫非也是先人的遗骨？如果是，我在近50年前就和先人有了"亲密"的接触。

然而，当时和先人的"亲密"接触，却没有领略先人的"文化"。如果说小学时我们是无知的话，中学时我们所做的，是愚昧，是野蛮。

初中时，我由"红小兵"变成了"红卫兵"。我们的"红卫兵"做过很多荒唐的事，最让我印象深刻的是高中我们在上课时，一个同学当众羞辱装义眼的语文老师是"牛眼睛"，那女老师当场哭了起来，回了一句"十人九毛病，没毛病死干净"后，离开了教室。在场的同学，却觉得好玩，大多数哈哈大笑，那个说"牛眼睛"的同学，更如英雄一般。

长大以后，每每回想此事，心总有点痛：虽然我不是羞辱老师的那人，但也是觉得好玩跟着大笑的大多数，愚昧啊！特别是上了年纪，大大小小各种毛病找上门来，也真正理解了女老师所说的"十人九毛病，没毛病死干净"的生理含义。

看了顾福根先生的《三冈水长》，方知我的血地、童年、少年被绵长厚实的 6000 年古文化所环抱，然而，反思自己以前种种无知、愚昧，实在是反文化的行为。

作为马桥人，我希望退休后，"偷得浮生半日闲"，研究"马桥文化"，研究"三冈文化"，为"马桥文化"和"三冈文化"的发扬光大，尽自己微薄之力，以赎前衍。

本文发表于 2019 年 3 月 10 日《新民晚报》夜光杯副刊

重返九溪十八涧

重返九溪十八涧，是在近 40 年以后将要退休的 2019 年 4 月的事情啦。

这次，单位安排参加上海市总工会杭州屏风山疗养院疗养。

屏风山疗养院就在九溪十八涧的进口——之江路和九溪路差不多相交处。由于 40 年前九溪十八涧的游玩经历，知道那是个极其幽静的去处，心仪已久，尤其是久居上海，内心渴望山林、雨雾、安静的滋润，所以，虽然我们这次没有九溪十八涧旅游日程的安排，但我还是在第二天清晨，利用酒店吃早饭前的间隙，骑了辆共享单车，去"回味"40 年前的"故事"。

从杭州屏风山疗养院疗养转到九溪路不久，有指示牌说前面有陈布雷墓，这令我很兴奋。我喜欢历史，对陈布雷的经历比较了解。1948 年 11 月 13 日，陈布雷自杀身亡，给世人留下很多不解的疑团，对他的结局很是惋惜，现在他的墓就在我前面，我当然要去看看啦。再则，这墓，我们上次游玩九溪十八涧时，我们没有看见，也促使我去看看。

沿指示牌，转了二三个弯，走上近百步台阶，就来到了陈布雷墓前。

这是一个非常简朴的墓。墓的入口，有二个水泥砌就的柱子，进去，中间竖起一块"陈布雷先生墓"水泥墓碑，后面，不大的墓，顶呈圆形，墓的占地也仅有 20 平方米左右。从墓碑为"同县愚兄慈溪钱

罕谨题"可看出，现政府总体上是不认可为前朝政府服务的陈布雷的，但后面有一块现政府题的"陈布雷墓"的介绍中，可看出宽松的政治氛围下，对陈布雷抗战中所作的贡献还是予以认可的："2005 年 8 月，中共中央、国务院、中央军委颁发'中国人民抗日战争胜利 60 周年纪念章'，中央委托中共浙江省委为陈布雷颁发了这一纪念章（由家属代领）。2008 年，杭州市政府在西湖综合保护工程九溪——杨梅岭政治重点项目中，对陈布雷墓进行原址修缮"。

我对陈布雷的才学很羡慕，他是国民党的"领袖文胆"和"总裁智囊"，素有国民党第一支笔之称，因此，作为后辈，能在这里一睹陈布雷的墓，还是很敬仰的，可惜没有准备，没有可供祭奠之物，于是，手中吃剩的三根黄瓜，竟然成了我祭奠前辈的贡物。我想，倘若布雷先生有知，也不会怪罪后辈的吧。

从陈布雷先生墓地下来，继续往前，看见有"理安寺"的指路牌，也因上次没见过，想去看看。边上看见一挑着担的老人，上去问理安寺还有多远？老人放下担子，说前方溪中溪度假酒店和九溪烟树，是九溪路的终点。这个岔路口，一个向右，是乾龙路，一个向左，是龙井村路，理安寺在乾龙路，不远，接着，有点不高兴地抱怨政府没好好修缮理安寺，很可惜！我没理解他的抱怨，径自骑着单车，向前。这里的上坡，有点累，好在路不远，五六分钟就到了理安寺。

九溪十八涧的分水岭统称理安山，山因理安寺得名。理安寺的山门关着，于是，从边门进去，右手有一个端庄大气而又不失秀丽的法雨亭子里，坐着几个回族人，有男有女，都是 60 以上的老人，看上去也不像是来拜祭的，只是歇歇脚聊聊天而已。

理安寺，很小，里面没有僧人，没有供奉的香火，也就理解了刚才问路时老人的抱怨。清代时期，雍正、乾隆亲临理安寺，重修被山洪冲毁的山门、御碑亭、殿宇、禅堂等，规模宏大，达到鼎盛时期，成为西湖著名佛寺。后清亡寺废，直至 2003 年，杭州市西湖风景名胜区管委会重修理安寺，就是我们现在所见的理安寺。我估计老人是当地人，他希望当地政府能将理安寺修复到乾隆时期，香火旺盛比肩灵隐寺，从而带动当地的第三产业。在凭空只为敛财而大建寺庙的当下，应该说，老人修复古代名寺古刹的想法不为过分。

　　法雨亭下，有个几个当地的中年人，拿着几个最大号的"农夫山泉"空桶，将石亭下方井里用白色细管引出的泉水装入其中。理安寺的泉水和虎跑泉不同的是，泉水非涌自地下，而来自岩壁渗透，有古人诗云："晓为云去夕为风，石上飞泉松下庵。欹枕欲眠惊未得，恍疑秋雨落澄潭"，这就是山泉胜景"法雨泉"。

　　我知道泉水一般都有点甜，于是，好奇地想下去尝尝，当地人说，这水没有煮开，不能喝，喝了会伤身体，于是，只好悻悻作罢。

　　出了理安寺，再往上骑时，有点累，还好坡度不是太陡，遇到坡度大些的地方，下车推着走。

　　一路上，看郁郁葱葱的树和层层叠叠的山，依稀回到 40 年前。

　　1980 年的初冬，我和同学一行五人，到杭州一游。听说九溪十八涧的风景很好，我们便从九溪十八涧的头——之江路开始走起。那时的九溪十八涧，没有像现在可以通行汽车的柏油马路。当年的路，是典型的山路，用山石铺出，窄窄的，几十厘米宽，10 公里左右的路，完全是靠两条腿，从头走到尾，但那时年轻，只有 20 岁，有的是旺盛的精力和体力。一路上，记得最清楚的是一个同学，当时穿了件夹克，不是真皮的，是人造革的，但那时有一件人造革的夹克，也是令人羡慕的事。由于人造革不透气，一路

上，从敞开的人造革夹克内，冒出缕缕白气，同学路上也拿这调侃他。

那年，我们走到了"九溪十八涧"的终点——"龙井问茶"龙井村，那里不断有茶农热情地邀请我们到家里品茶买茶。我们随意找了一家坐下，边喝着龙井茶，边看着茶农熟练的用不带手套的手，在一口大铁锅里不停地翻动新鲜的茶叶，将张张嫩绿的茶叶，炒成干枯但碧绿的龙井茶，内心很是佩服。

茶喝了，人家要你买一点。年轻人，脸皮薄，不好意思不买，于是，每人多多少少买了点放在旁边炒好的成品，还觉得现炒的龙井，货真价实。很多年以后，才知道，现炒的龙井茶，往往带有一股青草味和铁锅的火气味，滋味很差。刚经过高温加工的龙井茶，其内在物质需要一段时间进行重新分布，就像刚出锅的花生，要冷却后吃才更香的道理一样。现炒的龙井茶最好采取石灰贮藏法，贮藏十天半个月后，生石灰会吸附掉龙井茶中的青草味和火气，茶叶原有的香气才能恢复。当然，也可以采用比较简便的低温冷藏法、保温瓶贮藏法、干燥剂保存法。

当年，一路上如果说要有商业的话，那就是茶农现炒现卖龙井茶，不像现在，商业繁荣，除现炒现卖龙井茶依旧外，民宿、酒店比比皆是，而且，这些民宿、酒店的价格都不菲。

根据指路牌，前面一个景点是象鼻峰，但路有点远，又是上坡，骑车累，今天还有集体活动，早饭也没吃，再加上象鼻峰看过几回，于是，打道回府，回屏风山疗养院。

回疗养院的路是下坡，骑自行车，那叫一个"爽"字了得，和40年前的步行，感觉完全不同。

这次，说重返九溪十八涧，其实有点夸张。这次"重返"的路，其实不是全程，只是一点点，只是九溪烟树以南的九溪路一段是"重返"，其余的，道不同，所见也不同。40年前是沿九溪路——龙井村路走的，而那才是真正意义上的"九溪十八涧"，而这次是沿九溪路——乾龙路走的。龙井村路景点少，基本上是自然景色，而现在乾龙路上的商业已是比较繁荣、比较"闹猛"。

40年前，由于走的线路不同，没有看到理安寺，如果看到，也是没有经过 2003 年的重修修缮的理安寺，相比现在，一定更加破败，也将一定更加令人唏嘘。如果说这次有什么大的收获的话，就是看见并拜谒了陈布雷先生的墓地。我这人，旅游，每到一处，更加注重的是具有厚重人文历史背景的景点，而对纯粹的自然景点，兴趣不是太大，因此，这次时间短——只有一小时左右，路程短——只有五公里不到，算不上"九溪十八涧之行"，但看到了陈布雷先生的墓地，看到了理安寺，心里颇有一丝满足感。

本文发表于 2019 年 7 月 19 日《东方城乡报》副刊

我是垃圾还是宝？

上海这段时间可热闹啦：56 月份以来，电视台、电台、报刊，不断宣传 2019 年 1 月 31 日上海市第十五届人民代表大会第二次会议通过的《上海市生活垃圾管理条例》，街头巷尾都有相关的标语口号，艺人也创作表演包括歌曲、曲艺等许多文艺作品。随着"反黑除恶"的逐渐退烧，随着 7 月 1 日《上海市生活垃圾管理条例》的正式实施，上海城管也在 7 月 1 日正式实施的第一天，出动执法人员 3600 人次，上海市闵行区吴泾镇城管中队查处罚款 3100 元，"我是什么垃圾"大有"占领"上海的势头。

关于"我是什么垃圾"，上海有的艺人创作的小品中，也有很逗人的段子，如关于餐巾纸因为被倒翻的咖啡浸湿，引出了它是湿垃圾还是干垃圾的争论，结果，权威的说法是被咖啡浸湿的餐巾纸属于干垃圾，因为纸是不以含水量的多少认定干湿的，同样，尿过尿的尿不湿，也是属于干垃圾。哈哈。

上海市将生活垃圾分为可回收物、有害垃圾、湿垃圾、干垃圾四类，那么，水产品所产生的东东，属于什么垃圾呢？

水产品所产生的残余物，有专业加工厂产生的，有水产批发市场产生的，有的则是家庭产生的，它们的是垃圾还是"宝贝"，结果大不同。

专业水产品加工厂产生的残余物，很多其实不是垃圾，它们经过再加工，变成实实在在的"宝贝"：这些残余物，数量比较大，一般都被做成鱼粉，成为养鱼的饲料，成为炙手可热的"宝贝"。有些我们平时嫌麻烦的各种水产品壳，其实，都可以转化为比鱼饲料还宝贵的"宝贝"，如贻贝，肉不多，壳不少，如何处理，一直困扰着贻贝养殖加工商，但浙江嵊泗华利水产公司经过精深加工，贻贝壳粉碎加工后做成了牙膏和饲料。还有，贻贝壳加微纳米，它具有催化性，具有吸附、降解，可以很好地去除一些农残、重金属和蜡质等。牡蛎也和贻贝一样，肉不多，壳更多，如果没有好办法，处理成本很高。但是，牡蛎壳碾磨成粉末后，具有一定的水溶性，不仅仅用于很多食品的添加剂中，弥补了工业添加剂的缺陷，同时，通过与食物化合反应补充有机酸钙盐，具有补钙作用，而且，牡蛎壳的主要成分碳酸钙也被广泛用于中药，牡蛎壳研制成的活性钙粉还有防癌的作用。最不济，牡蛎壳可以烧制成石灰，成为建筑材料，为城市建设"添砖加瓦"。还有，全世界每年产生 600 万吨~800 万吨废弃的蟹、虾和龙虾壳，这些壳实际包含着有用的化学物质：蛋白质、碳酸钙、氮和壳质（一种类似纤维素的聚合物）。蛋白质是优良的动物饲料，碳酸钙被广泛应用于制药，壳质是一种线型聚合物，也是地球上第二丰富的自然生物高聚物（第一是纤维素），它存在于真菌、浮游生物、昆虫和甲壳类动物骨骼中，目前，这种聚合物及其水溶性衍生物（壳聚糖）仅被用于极少的工业化学领域，比如化妆品、纺织、水处理和生物医药，潜能巨大。所以说，水产品产生的"垃圾"，它不是垃圾，而是真正的"宝贝"。

批发市场的水产品加工，规模比较小，一般做些"三去"（去头、去尾、去内脏）后，真空包装，或者虾去头和壳，总之，量不大。它们有的由专门的公司来收取后做成生物肥料，卖给农民，也是"宝贝"，有的则由批发市场统一安排环卫公司按湿垃圾拉去处理。

水产品产生的残余物，除了水产市场少量的垃圾由环卫公司处理外，还有一类，就是家庭烹饪前宰杀以及享受水产美味后产生的鱼头、鱼尾、鱼骨、鱼鳃、鱼鳞、鱼内脏等残余物，它们都比较细小，都能粉碎，按照上海生活垃圾四大分类，属于餐厨垃圾，是湿垃圾，不像有些大的猪骨，不能粉碎，归到干垃圾中。

　　水产品加工所产生的残余物是大量的，但都可以采取深加工的办法，变"废"为"宝"，只有批发市场中产生的少量水产垃圾和家庭烹饪前宰杀水产品以及享受水产美味后所形成的餐厨垃圾，才是真正的"垃圾"。

本文发表于 2019 年 7 月 5 日《东方城乡报》副刊

媒体说老王

　　媒体说老王，是《人民日报》《人民网》《中国计算机报》、《上海商报》《东方城乡报》《上海科技报》《计算机世界》《IT时报》等媒体对本人的专访。其中，较多的是我在 2007 年以前工作单位——上海交大慧谷信息产业股份有限公司任副总经理兼上海交大慧谷软件有限公司总经理期间的专访。虽然是记者写的文章，但从中也可以看出我对各类问题的思考和探索。

一段弯路 一套生存法则

上海交大慧谷软件有限公司是一家专业开发电子政务应用软件、社区信息管理软件、劳动社会保障软件、人力资源管理软件和提供多行业应用解决方案的 IT 公司。公司成立于 1999 年 9 月，2001 年取得了软件企业认定资格证书和上海高新企业认定证书，目前已拥有多项独立知识产权的软件产品。公司现在已形成了以办事处—大区—公司总部结构为主体的全方位、多层次市场销售和技术服务体系。

1999 年，交大慧谷软件公司（以下简称：交大慧软）成立的时候，很多业内人士觉得交大慧软有点生不逢时。

的确，几年来，交大慧软一路磕磕绊绊，就像那传说中丑小鸭，吃一堑，长一智，走一步。

终于，2003 年初，在相继中标"上海市党员党组织管理信息系统"和"上海市无线电管理技术设施建设监测系统集成及应用软件一体化项目"两个大单后，交大慧软开始逐渐成为上海市电子政务领域系统集成行业的一支劲旅。同时，开辟并垄断上海市快递行业的系统集成和软件开发项目，并逐步渗透到检察、军队、社区信息化等领域，交大慧软开始踏上了"丑小鸭"向"白天鹅"转变的道路。

1999 年 系出名门

交大慧谷信息产业股份公司的成立，是上海交通大学和上海市徐汇区政府、上海市科委酝酿许久的大事，这既是为了满足当时上海市企事业单位对信息技术高速膨胀的需求，同时也是为了满足徐汇区发展区域经济的需要。

由于上海交通大学地处徐汇区中心，与徐汇区政府的关系源远流长。因为都有发展信息产业的要求，在当时社会需求高涨的环境下，双方一拍即合：上海交大出技术、出人才，徐汇区政府通过旗下的新徐汇集团、汇鑫投资经营公司出资金，并在政策、项目上给予一定的支持。1997 年，交大慧谷信息产业股份公司开始筹备。

学中文和财务出身的王德才正式在上海交大与徐汇区政府商谈阶段作为财务和行政负责人进入交大慧谷信息产业股份公司的。回忆起当初，王德才说："我既不是上海交大的老师，也不是政府官员，而是一直在合资企业从事财务管理工作，但是在和交大慧谷管理层的交流中，感觉大家很好沟通，就欣然进来了。从进来第一天，我就觉得自己会在这里有所作为，因为很巧合，我的生日和交大慧谷信息产业股份公司的注册日是同一天——5 月 4 日。"

1999 年 9 月成立的交大慧谷软件公司，注册资本 200 万人民币。

虽然系出名门，但是在同行眼里，交大慧软有些生不逢时。此时的上海不仅全球的软件厂商云集，就是上海的本地软件公司也已经茁壮成长起来了，如万达信息、复旦光华等企业已经发展到一定规模，并有了一定的行业口碑。

而当时，交大慧软就如同一只丑小鸭，一直没有引起业界太多的注意力，自己的业务也开展得磕磕绊绊。

2000–2001 年　惨淡经营

在 1999 年成立之后，交大慧软一直惨淡经营，最大的也是唯一的项目就是为铁道部做的"劳动工资管理系统"，业务面非常窄。第一人总经理是技术出身，在产品开发方面很在行，但在新业务拓展上一直裹足不前。靠着铁道部的这个项目解决生存尚有困难，更别说发展了。

2000 年，交大慧软增资投股到 500 万。有了资金做后盾，交大慧软准备大干一番。当时适逢全国进行大规模的社保系统建设，交大慧软一头撞了进去。初期设想很好，以为和铁道部、税务局的系统差不多，结果做进去才发现根本不一样。因为当时社保部门不是一个强势部门，任何工作都需要其他部门配合，而社会上对社保认识不深，工作遇到很多阻挠和不配合，耗费了很多时间和精力，推行不下去。交大慧软是个小公司，实在耗不起，就退出了。

第一次业务拓展以失败告终。不得已，交大慧软继续靠着铁道部的单子过活。

2001 年以前的系统集成市场不规范，大部分小公司靠着倒卖单子或关系单子惨淡经营；还有一些是技术出身的人跳槽出来自己做的，不但牺牲了老东家的技术，一般也因为自己不懂业务而发展不大，最终死掉了。

兔死狐悲。交大慧软一直也在寻找成长之道。

2001 年 9 月，时任交大慧谷信息副总经理的王德才主动请缨，到交大慧软任总经理。如果说 1998 年，学中文出身的王德才进入筹备中的交大慧谷信息产业集团是非常偶然的，那么 2001 年 6 月主动请缨到交大慧谷软件公司出任总经理却是酝酿已久，准备把这里作为自己事业新的起飞点。王德才在交大慧谷信息主要负责行政、财务等工作，这次特别想到软件公司来搞业务，看中的就是系统集成领域的市场前景。王德才说："虽然我不懂技术，但是能感觉到整个行业的潜力。交大慧软前面做得不好，不是因为环境，而是因为自身。"

交大慧软依然是那只没有长大的丑小鸭。王德才接盘的时候，交大慧软股本金为500万人民币，净资产是负120万，有17名员工。

有了第一任总经理的教训，王德才总结出两点公司今后发展的关键点：一是必须以市场、以业务为导向。必须改变目前公司以技术人员为主，市场 不足，员工结构不合理的状况；其次，只有铁道部的人力资源管理系统一个业务、业务面太窄。二是必须把企业规模做大。看多了许多小公司今年风风火火、明年就奄奄一息的例子，王德才体会到必须追求规模发展，船大才能稳。

为此，王德才领导交大慧软从方方面面进行痛苦的转型，王德才称之为"残酷而无奈"，小公司要长大，要脱胎换骨，必须要经历凤凰涅槃、蛹化成蝶的过程。调整之后，交大慧软准备出击了。

2002 年　病急乱投医

虽然，王德才对公司内部进行了一番调整，但是业务方面依然没有太大的起色。2002 年，交大慧软给自己定的目标就是开拓新业务。在继续深化"铁道部人事工资管理系统"的同时，交大慧软几乎把触角伸到了每个行业：ERP、快递行业、电子政务……

"同行和用户应该就是在 2002 年开始了解交大慧软的，因为我们频繁出现在各种场合。"王德才说，"当时是病急乱投医，哪个行业都想进去试试，结果大多数时候被撞得头破血流，不过吃的堑多了，长的智也多，我们还是发现了两座金矿——电子政务和快递行业。"

刚进入交大慧软的时候，王德才对业务并不熟悉，交大慧软的骨干员工大都是技术出身，对王德才的能力持怀疑态度。因为急于拓展业务，急于出成绩，交大慧软走了很多弯路。

2002 年初，正好赶上 ERP 软件流行，在没有摸清楚水深浅的情况下，交大慧软饥不择食地一头扎进去。走了大半年，发现 ERP 不是小公司可以做的。当初企业用户对 ERP 还没有认可，ERP 热更多的是政府和媒体的炒作。ERP 是复杂软件，要求软件公司的研发力量和资金实力都非常雄厚，交大慧软没有财力支撑这样庞大的软件开发。结果浪费了几十万和半年时间，2002 年下半年看不到行情抽身急退。这是一个重大决策失误，王德才至今记忆犹新，"ERP 不能轻易碰了，企业用户市场水很深，也不能轻易碰。"

正当交大慧软决定不再做企业用户市场时，一位快递公司的老板找到了交大慧软。这位老板一直为管理众多的快递人员烦恼，他希望能以最佳的工作流程达到最佳的工作效率，尽可能地服务好老客户。王德才接到电话后，做了一番调研。发现上海大大小小的快递公司有三千多家，有几家规模非常大，就像一个物流公司一样，的确都很需要信息系统。但是目前市面上没有为这个行业服务的 IT 公司，大公司不愿意做、小公司做不了。交大慧软研究后，决定进入这一行业。在没有遇到一个竞争对手的情况下，交大慧软迅速垄断了上海市的快递行业信息管理软件市场。

快递行业金矿的挖掘，并没有让交大慧软忘记在 ERP 上的失误，至今交大慧软没有涉足其他企业市场。

经过多方出击、尝试，交大慧谷在磕磕绊绊中成长并成熟着。2002 年的多头出击，让用户了解了交大慧软，交大慧软也深深了解了系统集成市场。王德才认为：系统集成的落脚点一定是"系统"，集成一定是有系统的集成。这来自于一次到余姚某高级中学投标，交大慧软失败了，对方评审专家给出的评语是"只有集成、没有系统"，用户需要的是一个有机的运作体，而不是要众多网络产品的叠加，所以系统必须要有核心思想、要有灵魂，要能解决用户的实际问题。王德才听后非常震惊。交大慧软的学院背景和政府背景，在市场竞争环境下，并不能发挥决定性作用。可能会是一块好的敲门砖，但进去以后全看自己做得好不好了。关系其实是一种信任，如果项目没做好，就会在这种信任关系上抹黑。

在 2002 年下半年，王德才带领交大慧软总结出一套生存法则：

首先，公司要有明确的行业定位，不熟不做。熟的对象既包括人脉关系，也包括技术领域。系统集成商有一项比较高的成本，那就是做投标方案。如果每个项目都想进入，每个投标方案的准备都需要耗费大量的人力、物力和时间，而且干扰了技术人员的正常工作，东一榔头、西一棒槌地盲目抢单，结果很可能是劳民伤财、无功而返。为了集中精力做好自己能做的项目，交大慧软目前只集中在两个领域：一个是政府部门，做深、做扎实；另一个是快递行业。

其次，做系统集成一定要有投入，不能急功近利。这不像卖硬件产品，而是有一个与用户进行深层次交流的过程，在时间、精力、对用户业务的研究上要舍得投入，才能得到用户的信赖。现在 IT 厂商的日子不好过，一听说一个项目招标，立马就像苍蝇一样的盯上去了，感觉不行，马上转盯下一个对象，对每一个用户都不肯定下心来细细研究，结果可能每个项目都拿不下来。久而久之，集成商就会开始怀疑自己，公司也会产生离心力。

第三，要站在用户的角度考虑。交大慧谷软件虽然有高校和政府的背景，在第一次与用户打交道的时候可能会有更多的共同语言。但是在市场竞争中，这些优势并没有太大作用。因为用户大多数是政府部门，他们对项目社会效益要求非常高，如果做不好，不仅会损失一个项目，而且会给对方带来很坏的社会影响。在这种情况下，越是对方信赖，越要为对方考虑，才能达到长远合作的目的。

第四，要做几个有社会影响力和高技术含量的项目。小公司在成长中就是要依靠几个大项目站稳脚跟，并迅速扩大自己的品牌影响力。

依据以上几条原则，交大慧软在 2002 年下半年，就显得冷静而成熟的多了。不再四面出击，而是专心培育几个重点客户，如针对上海市无线电管理委员会的项目，开始引进无线电人才；针对上海市委组织部的项目开始了解基层党组织的情况；针对快递行业成立专门的团队，以铺地毯的形式迅速垄断市场。

"投入很多，我们期待收获。"王德才这样总结交大慧软的 2002 年。

2003 年　与高手过招

2003 年春节，王德才过得很不踏实，虽然董事会并没有给交大慧软定很高的指标，但是 2002 年辛苦的播种、培育，对 2003 年的期望让王德才感觉压力很大。"公司新业务的不断开展，给技术人员带来前所未有的考验，现在业务线已经大大超出了公司的规模，大家都是依靠对于未来的希望在支撑着前进。"

幸好，2002 年底交大慧软关注的几个项目相继启动了，"上海市党员党组织管理信息系统"和"上海市无线电管理技术设施建设监测系统集成及应用软件一体化项目"都是在各自领域内的创新项目，有很强的社会影响和示范效应。几乎吸引了所有大的系统集成商。

交大慧软也开始与真正的高手过招了。"能和他们竞争是一种幸运。"王德才这样形容自己的对手。像复旦光华、万达、众恒、致达、新致等这些行业老大，交大慧软以前都没有照过面，因为确实不是一个重量级别，但是现在经常能碰到了。与高手过招，能迅速壮大自己。

2003 年初，上海市委组织部一直在寻找合适的厂商做全市党员党组织管理系统。交大慧软知道得比较晚，已经有很多厂商与组织部交流过多次，但组织部一直犹豫不决。交大慧软第一次与组织部交流，对方就表示相见恨晚。组织部是想通过系统对分布在全市各个领域的共产党员党组织实现系统、高效的管理。交大慧软在铁道部的项目中曾为整个铁道部系统开发实施过人事管理系统，对政府机构的人事组织管理体系有了非常深刻而清晰的认识，这些认识与上海市委组织部的要求不谋而合，所以投标成功。

上海市无线电管理委员会的项目除要求供应商在 IT 技术方面具有优势，同时必须具有无线电技术人才，这一下难倒了众多供应商。而交大慧软在 2002 年底得知这个项目的时候就大胆引进无线电技术人才作为储备，结果在此项目中脱颖而出。

两次与高手过招，两次都惊险取胜，交大慧软不仅在业内声名大振，而且公司内部也士气高涨。

"组织部和无线电管理委员会都把这个项目当成全国试点来对待，如果我们在上海做成功了，就有可能引发在全国推广。现在公司员工总数达到近 60 人，还没有实现大规模盈利，还处在发展阶段。我们会认真对待每一个项目。"虽然，在同行的眼中，交大慧软已经成长为一只美丽的白天鹅，王德才依然不是很轻松。

交大慧软的目标是在两到三年内，能够跻身到上海系统集成行业前三甲。

王德才说："我们目前的主攻领域依然是政府。但是'小政府、大社会'趋势越来越明显，目前是电子政务投入的高峰时期，我们要抓住机遇发展自身，同时也要逐步开启企业信息化市场。随着电子政务市场的饱和，我们也能逐步转型到企业信息化市场，当然这需要看进入的时间和契机，也会选择适当的行业。"

本文发表于《计算机世界》2003年7月14日，由该刊记者任彩玲采写。

对电子政务主动出击

上海交大慧谷软件有限公司（简称交大慧软）是一家专业开发电子政务应用软件、社区信息管理软件、劳动社会保障软件、人力资源管理软件和提供多行业应用解决方案的 IT 公司。公司成立于 1999 年 9 月，2001 年取得了软件企业认定资格证书和上海市高新技术企业认定证书，目前已拥有多项独立知识产权的软件产品。

从 2002 年开始，交大慧软涉足电子政务行业，接连签下好几个大单，做出了影响。近日，记者采访交大慧软总经理王德才先生，请他谈了做电子政务的一些心得。

选项目 做整条业务线

王德才告诉记者，交大慧软成立之初，唯一的项目就是为铁道部做的"劳动工资管理系统"，业务面非常窄。在 2000 年时，交大慧软曾经投资社保系统的建设，初期设想很好，结果深入进去发现根本不一样，工作遇到很多阻挠和不配合，耗费了大量时间和精力，推行不下去。

如何摸索出一条发展之道？虽然交大慧软尝试在企业 ERP 和快递行业上找自己的着脚点，但效果都不尽如人意。几番探路之后，王德才终于找准了电子政务这一切入点。

争项目　化被动投标为主动策划

找准了电子政务的开发方向之后，交大慧软接下来的发展非常顺利。王德才告诉记者，2003 年初，上海市委组织部一直在寻找合适的厂商做全市党员党组织管理系统。交大慧软第一次与上海市委组织部交流，对方就表示相见恨晚。交大慧软在铁道部的项目中曾为整个铁道部系统开发实施过人事管理系统，对政府机构的人事组织管理体系有了非常深刻而清晰的认识，这些认识与上海市委组织部的要求不谋而合，所以投标成功。目前，党员党组织管理系统项目在上海的宝山和浦东两个区进行试点。

另外一块是信访业务系统。王德才表示，现在政府部门越来越重视群众的呼声，于是也越来越重视信访工作。但是目前信访机构的信息化程度不高，多级机构未能形成统一平台，多个部门相互之间没有信息共享。这样不但效率低，而且处理成本高，还会造成多个部门之间一些协调上的问题。目前，交大慧软正在给上海市徐汇区的信访机构做项目开发。

王德才告诉记者："做电子政务的项目一定要主动给政府做策划，如果政府认可了你的策划，那么接下来这个项目基本上也就是你的了。如果再像从前那样，被动等着政府的一个项目招标进行竞争投标，那么市场机会就很小。"

本文发表于《中国计算机报》2004 年 7 月 5 日，由该报记者丁乙乙采写。

整合·策划·踩点
——交大慧软的电子政务探索之路

　　三年前还是名不见经传的上海交大慧谷软件公司，如今已经是家大业大。据介绍，现今，公司已拥有许多项独立知识产权的软件产品。该公司的"企业信息管理平台"等产品相继被上海市高新技术成果转化项目认定办公室认定为上海市高新技术成果转化项目，并获得国家科技型中小企业技术创新基金的无偿资助及上海市科技型中小企业技术创新资金（种子资金）的无偿资助。该公司的"人事信息管理系统"荣获上海市优秀软件产品的称号。"上海市无线电管理一体化信息系统"入选由中国软件行业协会主办的《软件世界》杂志评选的"电子政务十佳解决方案"。该公司现已在全国主要大中城市设立了技术服务中心，并设立了 20 多个办事处，建立了以办事处—大区—公司总部结构为主体的全方位、多层次市场销售和技术服务体系，为客户提供全面而专业的技术服务。

　　在谈到交大慧软的成功心得时，该公司总经理王德才反复强调了三个词：整合、策划、踩点。

整合

　　2001 年初，交大慧软还只是一家仅有 17 名员工的小公司。那时，公司的业务相当单一，唯一的项目就是为铁道部做的"劳动工资管理系统"，业务面非常窄。2000 年，交大慧软曾经投资社保系统的建设，初期设想很好，以为与从前做铁道部的系统差不多，结果深入进去才发现根本不一样。社保软件的用户是基层企事业单位，主要是为了保证各单位及时足额解缴社保经费，并具有实用的人力资源管理的功能，而社会上对社保重要性的认识并不深，因此，项目遇到了很多困难，耗费了很多时间、精力和几百万资金，却未能实现预期目标。

总结这段经历，王德才深有感触：关键在于思路上的整合。他分析说，就企业信息化而言，目前存在一个"断层"，即大型国企信息化的时机已过，而中小企业，特别是民营企业的信息化则刚起步，尽管潜力巨大，但因管理意识薄弱，加上资金、人才、技术等方面的问题，信息化举步维艰。而相对于企业信息化而言，电子政务则"风景这边独好"。特别是由于管理比较成熟和规范，飞速发展的信息化进程，为上海的电子政务打下了良好的基础。

王德才认为，电子政务是在迅速增长的富有潜力的市场，有了政府部门的大力拉动，不会遭遇当初做社保行业那样的尴尬。而且对于做哪些类型的电子政务项目，王德才也目标明确——首先是做整条业务线的项目，做完整的解决方案，而不是单个孤立的系统，并与其他系统互联互通，保证信息共享；另一方面，一定要找准有社会影响的项目来做，以便树立样板工程，并且可以借着政府的影响向全国相同部门进行推广。

思路上的整合，为交大慧软日后的成功打下了观念上的基础。三年来，交大慧软瞄准电子政务的目标，潜心开发，终有所成。如今交大慧软已经是上海以至全国都很有影响力的电子政务应用软件项目开发实施的专业企业。

策划

"做电子政务的项目一定要主动为政府做策划，如果政府认可了你的策划那么接下来这个项目基本上也是你的了。如果再像从前那样，被动地等着政府的项目招标去进行竞争投标，那市场机会就很小。"主动为政府做策划，以拓展市场机会，这是王德才在探索电子政务之路过程中的重要心得。

找准了电子政务的开发方向之后，交大慧软接下来的发展非常顺利。据介绍，2003年初，上海市委组织部一直在寻找合适的厂商做全市党员党组织管理系统。在交大慧软知道这一信息之前，已经有几家厂商与组织部交流过多次，但组织部一直比较谨慎。交大慧软第一次与组织部交流，对方就表示很感兴趣。组织部是想通过系统对分布在全市各个领域的共产党员、党组织实现系统、高效的管理。交大慧软在铁道部的项目中曾为整个铁道部系统开发实施过人事管理系统，对政府机构的人事组织管理体系有了非常深刻而清晰的认识，这些认识与上海市委组织部的要求不谋而合，所以一举成功。目前，"培养高素质青年党政领导干部工作管理系统"已在全市各大口、委办局、区县、高校得到实际运用，"干部任用条例管理信息系统"也已基本完成开发，而"上海市党员党组织信息管理系统"则正在浦东、徐汇、宝山几个区进行试点。

另外一个例子是信访业务系统。现在政府有关部门越来越重视群众的呼声，于是也越来越重视信访工作。但是目前信访机构的信息化程度不高，多级机构未能形成统一平台。这么一来，当碰到老百姓对同一件事件进行多个部门上访和重复上访时，多个部门相互之间如果未能实现信息共享，往往会给出不同的处理方式。这样不但效率低，而且处理成本高，还会造成多个部门之间在协调上的问题。目前，交大慧软正在给上海市徐汇区政府的信访机构做相关项目开发。

正是把准了政府需求这一脉搏，交大慧软通过精心策划，争取到了一个又一个新项目。

踩点

"软件市场越来越细分，就是电子政务的概念也比较宽泛。加之竞争日益激烈，电子政务市场根本不可能一家独揽，只能是有所为有所不为。要不断拓展市场，寻找新机会，踩点非常重要。可以说，踩点是一种艺术，踩点踩好了，就成功了一半。"通过准确踩点，以拓展市场机会，这是王德才在探索电子政务之路过程中的又一重要心得。

"上海市无线电管理一体化信息系统"的实施，就是一个很好的例子。上海市无线电管理局的项目除要求供应商在 IT 技术方面具有优势，同时必须具有无线电技术人才，这一下难倒了众多供应商。而交大慧软在此项目中脱颖而出。

王德才分析道，无线电管理这一项目的专业性很强，对信息化管理的依赖度也很高。特别是由于上海作为国际性特大城市，重大的国际活动很多，上海又是经济发达的城市，对频率管理的需求很高，但上海的无线电环境其复杂程度，在全世界也是数一数二的。因此，对无线电信息化建设的要求非常高。当时全国范围内专业做无线电行业的 IT 厂商不是很多，而且都是以代理硬件产品为主，技术含量不高。而交大慧软背靠着交大的科技优势，在 2002 年底得知这个项目的时候就大胆引进无线电技术人才作为储备，于是取得该项目就顺理成章了。无线电频率资源十分有限，它在当地的使用程度与经济发展水平成正比。像上海的磁悬浮列车项目、通用汽车项目和 F1 赛车场项目都需要用到无线电频率进行管理。如何解决有限资源和大量使用之间的矛盾，并且合理安排和管理好无线电频率，这就给上海市无线电管理局提出了更高的要求。去年，交大慧软为上海无线电管理做了首期项目开发，包括一体化管理系统、协同办公业务系统、作业辅助系统等。

据悉，不久前，交大慧软与上海市无线电管理局就合作开发"上海无线电管理应急指挥系统"正式签署协议。此举标志着交大慧软与上海市无线电管理局之间的合作进入了一个崭新阶段。

本文发表于《上海商报》2004 年 8 月 30 日，系该报记者江叶采写。

一个项目拓展六大市场
——交大慧软创新基金项目成效倍增

在经济大潮中常有这样的情况：一项新技术创造出来的产品，常会由于出人意料的因素而遭遇市场风险，使创业者或企业走进"滑铁卢"。交大慧谷软件有限公司2001年批准立项国家创新基金资助的"企业信息管理平台"项目，在进入市场时遇到了类似的情况。总经理王德才巧用心思，带领员工凭借已取得的企业信息管理平台技术，跻身电子政务市场，在党务管理、无线电管理、人口管理、信访管理、福利事业管理、社区信息管理等六个方面取得突破，使创新基金项目核心技术在市场开拓中发挥了极大的支撑作用。目前，交大慧软已在全国设立了20多个办事处，建立了全方位、多层次市场销售和技术服务体系，并以为客户提供电子信息化管理全面解决方案和完整的技术服务而在全国具有影响力。

2001年初，交大慧软还只是一家仅17名员工的小公司，开发的企业信息管理平台原寄望于在企业社保系统中应用，但没有料到，社保软件主要是为了保证应用单位足额上缴社保经费，在社会上对社保缴费重要性认识不足的状况下，等于是应用单位花钱为自己买了一个"紧箍咒"，市场当然推不开，于是，耗费了大量精力和时间及几百万资金开发的产品无法实现更大的市场目标。

对此，王德才分析说，目前中小企业信息化尽管市场潜力很大，但因企业管理意识和资金、技术、人才等方面的因素，要启动应用市场十分困难。经过思路的整合，王德才为公司经营确定了方向：电子政务有政府部门的大力拉动而富有发展潜力，交大慧软有了企业管理信息化的核心技术，对于电子政务是轻车熟路。对于做哪种类型的电子政务项目，王德才也眼光独到，经过市场踩点、战略策划，他提出要做完整的解决方案，技术方案信息互联互通，以便在核心技术上"架屋叠瓦"，避免一切从头开始的重复研发，让已获的技术创新成果在短期内取得成效倍增的结果。

正确的市场策略调整，为交大慧软赢得了战略发展的机会。现在交大慧软电子政务项目在六大领域已取得不菲的成绩。在电子党务方面，"培养高素质青年党政领导干部工作管理系统"已在全市各大口、委办、局、区县得到应用，"干部任用条例管理信息系统"已基本完成开发，而"上海市党组织信息管理系统"则正在徐汇、宝山几个区试点。王德才与组织部门专家合编的《电子党务》一书，已出样书，从管理系统到技术方案对电子党务作了既理论又实际的探讨，成为全国领先的专著。而交大慧软作为获得成功的第一个"吃螃蟹"的人，无疑也获得了市场权威。"上海市无线电管理一体化信息系统"又是一个很好的案例，去年交大慧软为市无线电管理局作了首期项目开发，包括一体化管理系统、协同办公业务系统、作业辅助系统等，不久前又就合作开发"无线电管理应急指挥系统"签署了协议，无线电管理信息系统完整开发后，市场潜力极大。王德才在他的经营理念中有一条，那就是让技术占领市场一定要找准有社会影响的项目来做，交大慧软的福利、人口、信访、社区等信息化管理市场的突破，无不体现了他的想法，也迅速为公司带来了倍增的市场效益和销售收入。

总结这一段经历，王德才说，国家创新基金对企业技术创新的支持不但及时化解了研发经费的困难，而且还树立了企业的品牌。然而光有这些还不够，作为创业者一定要动脑筋化解风险，让技术在市场上增值，这样，才能回报政府的支持。

本文发表于《上海科技报》2004年10月12日，由该报记者沈金祥采写。

上海无线电应急系统 应对天灾人祸

王德才，上海交大慧谷软件有限公司总经理，参与开发"上海无线电综合管理系统""上海无线电应急指挥系统"等项目。其中"人事信息管理系统"被评为上海市优秀软件产品；"企业信息管理平台"（国家劳动和社会保障部、国家铁道部项目）被认定为上海市高新技术成果转化项目，并获得国家科技部的科技型中小企业创新基金和上海市科技型中小企业技术创新资金的资助。

无线电应急管理方案上海势在必行

上海作为我国的金融中心和最大工商业城市，每天都发生着一些重要的经济、文化、外事活动。例如财富全球论坛、APEC 会议以及近期的 F1 大赛和 2010 年的世博会等。这些活动都需要一个安全、良好的无线电环境。同时，随着上海城市进程的快速发展，各种市政工程的建设，轨道交通、地铁、磁悬浮列车、越江隧道、深水港工程等，都对无线电通信指挥提出了更高的要求。而在重大自然灾害、恶意干扰等重大突发事件发生时，尤其在非法人员破坏无线电环境，利用无线电传播非法内容时，无线电管理机构必须能立即作出反应，迅速定位并采取果断措施排除干扰、有效遏制非法传播，确保重要部门的通信需求，维护社会的无线电通信秩序。上海交大慧谷软件有限公司总经理王德才告诉记者:"依照无线电管理局传统的无线电管理已无法适应重大活动的保障和突发事件快速处理的能力,缺乏对有效应对突发事件的应急预案和决策手段。同时应对突发事件的职责和任务不明确,缺少针对无线电应急处置的预案和有效的决策分析机制,临场处置和指挥的盲目性较大"。

告别无线电管理落后局面

"无线电应急指挥系统应该是城市其他所有应急指挥系统的基础。"慧谷软件王德才总经理在谈到无线电应急指挥系统的重要性时说到:"一切指挥系统如果没有通信上的保障,都是难以实现的。当一些突发性事件发生时,诸如地震、火灾之类的,所有的城市应急指挥系统像119、120相互之间大都靠无线电进行通信,因为发生灾害它首先损坏的都是有线通信,而有线通信在很短的时间内是难以恢复的。无线电遭到损害,那么采用无线电应急系统是能够保证灾区的通信畅通的。无线电应急管理部门可根据实时监测到的信息,进行决策分析,在最短的时间内调用其他就近无线电频率来确保受损无线电区域内的无线电通话,同时增加该地区无线电频率的功率,覆盖受灾区,保证无线电畅通。"

同时在承办大型活动时,无线电应急也将发挥巨大的作用。王德才总经理告诉记者:"上海无线电应急系统建成后将告别无线电监测手段落后、覆盖面窄等弱点。以前在进行 F1 等特大型活动时的无线电监测均是依靠人工对各个地段进行监测,在监测到有无线电信号干扰后才通知指挥中心派人来处理。没有进行监测的地方将无法判别是否有无线电干扰。而无线电应急指挥系统建成后,一旦有无线电干扰信号,部署在活动场所周围的各种监测设备立即将收集到信号传回无线电应急监控室,指挥人员只需要通过观看电子地图,便能实现监测、调度。"

王德才总经理最后告诉记者,上海无线电应急管理系统,包括预案管理、决策支持系统、指挥调度、通信系统、会议系统等内容,按计划,2004 年年内完成系统开发,2005 年 3 月,上海无线电应急管理指挥系统将正式投入运行。

本文发表于《IT 时报》2004 年 11 月 25 日,由该报记者祝玲采写。

用文学的方式管理企业

高尔基说过：文学就是人学。确实，文学是直达人的心灵的。反过来说，其实人学也是文学。管理是一种人学，可以借鉴许多文学的方式。"王德才用了这样一句话做开场白。和大部分IT企业管理者不同，王德才是个非常健谈的人，在采访的过程中，他几乎一致迎着记者的目光，对记者的一些细小的举动都很敏感，这一点，让我对这个"文人"总经理印象深刻。

管理是一种人学

"王德才不像个IT人"，这是交大慧软的员工对这位学中文出身的老总的普遍看法。在王德才身上没有咄咄逼人的犀利，更多的是温和的文人气息。细腻、敏感、体贴是王德才给人的第一印象。

在采访中，记者咳嗽了一声，王德才马上停下来，询问记者是否需要喝水。他的敏感与体贴让人感动。很多公司的管理者只看重业绩，王德才的文人气质，却让他采取了一种更柔软的管理方式，他愿意并且能够深入到员工的内心，关心员工工作得是否开心愉快。"相比公司的业绩，我更看重的是员工的状态。员工工作的时候心情愉悦，才能让公司进入一个朝气蓬勃的发展轨道。"

从2001年6月，王德才担任上海交大慧谷软件有限公司的总经理时起，他就养成了一个习惯：几乎每天都利用中午吃饭的时间找员工谈心。这种谈心是没有距离的漫谈，他并不让员工到他的办公室去，而是去到员工的工作岗位上，拉一把凳子坐下，和他们促膝而谈。从生活琐事聊起，一路聊到很多慧软存在的问题，这时候的王德才不像一个总经理，却像员工的一个兄弟，一个亲切的朋友，贴心贴肺。他就这样积累了大量的一手资料，了解员工的想法。至今，他还每天抽出一小时和员工聊天。"管理是一种人学，而做人的工作最有效的沟通方式是面谈，你能通过对方的眼神和肢体语言获得更多的信息。"

三年的时间，交大慧谷从一个 170 万负资产、员工仅有 17 人的小公司，发展壮大为业内知名的企业。

做矛盾的润滑剂

IT 企业在经营时普遍有一个怪现状——"一个人走了，一个公司垮了"，而这个人就是公司所谓的技术"权威人士"，这样的人无所不通，另一方面，他们又恃才傲物，桀骜不驯，很难与团队融合到一块。王德才将这种"权威人士"戏称为"鲶鱼员工"。"鲶鱼员工比较难管理，一旦处理不好，就可能给公司造成巨大的损失。管理好'鲶鱼'，最重要的一点是，管理者要做"鲶鱼"与其他员工之间矛盾的润滑剂。"

王德才喜欢组织活动，比如篮球或者足球，通过游戏中的团队合作激发"鲶鱼"的合作精神，提高他们应对人际关系的能力。"说实话，我并不喜欢体育运动，但每次活动我都会站在场边，和他们打成一片。"王德才认为，其实很多"鲶鱼"并不怪，只是不善与人交流，有时在赛场上一个不经意的动作，比如递瓶饮料或毛巾，他们都会记在心里。就好像作用力和反作用力，你对他们尊重，他们也会对你尊重。管理者要做的，就是给他们开通宣泄不满的渠道，很多矛盾说出来了，就好解决。

当然，也有些"鲶鱼"就是和别人"犯冲"，和团队中的合作者怎么也扭不到一块。这时候，王德才心甘情愿地做矛盾的润滑剂，作双方沟通的桥梁，让双方取得互相谅解。矛盾实在不能消解，也只能将其中一方调离，通过更换合作伙伴达到和睦共处。"IT 是个讲究团队合作的行业，团队的契合度是很重要的。成员互相搭配很好，可能产生 1+1>2

的效益，搭配不好的话，聪明才智就会耗在人与人的矛盾之中。如何让员工之间形成最佳搭配，也是对管理者的一大考验。"

听懂项目才放行

王德才自称不懂技术，他对单位的技术人员有个很特殊的要求，出去给客户介绍项目之前，先要讲给他听，他听懂了才能放行。如果讲解得太晦涩太专业，他就会要求技术人员改用浅显的语言来描述。"我学的是中文，技术是我的弱项，我想很多客户都和我一样，对专业的技术问题并不太懂，如果技术人员能够让我这个门外汉也能听懂，那么客户那边也一定能过关。"对这一点，王德才作了一个有趣的比喻，"这就好比科普读物的作者能把最深奥的知识写的浅显直白一样，这其实是一种更高的境界。我要求我的员工也要做到这一点。"

正是这个学中文出身、"不懂技术"的王德才，带领着企业取得了不俗的成绩。

本文发表于《IT 时报》2005 年 8 月 25 日，由该报记者樊丽莉采写。

电子党务：信息技术助力党建工作

按语：信息化是当今世界发展的重要趋势，信息技术已广泛渗透到社会的各个领域，推动人类社会生产力达到一个崭新的高度。在信息化浪潮的推动下，作为先进生产力和先进文化代表的中国共产党，面对新形势的挑战，坚持与时俱进，大胆创新，运用现代信息技术加强党的建设，电子党务的概念应需而生。

初探电子党务

采访王德才还是源于今年年初由中共党史出版社出版的《电子党务初步实践与探索》一书，作为该书的总策划人和主要撰稿人，王德才利用自己多年电子党务的开发经验，对我国的电子党务发展进行了分析。王德才告诉记者，电子政务大家都耳熟能详，但电子党务知道的人就很少。"电子党务,外面给它下的定义有许多,有的侧重于作用、目的,有的侧重于过程,有的侧重于创新的工作模式,有的落脚在信息化上,有的落脚在党务上。这里无所谓绝对的合适或不合适,只是各人看问题的角度不同侧重点不同而已。我对电子党务的理解是:它是信息化时代的一种工作方式,就是党的各级组织及工作人员,运用现代化的手段,为党务工作的各个层面各个方面提供信息化技术支持,推进办公自动化、流程信息化、管理网络化,为党员党组织提供高效服务,从而加强和完善党的领导,提高党的执政能力,搞好党的自身建设,实现党的奋斗目标。"

但现在已经有了电子政务或电子政府,那还需要电子党务吗?王德才笑着解释,"确实有人认为电子党务的概念不成立,认为党务信息化是电子政务有机组成部分,我国的电子政务中自然就包含了党务信息化。但是,我认为电子党务与电子政务有共性,也有许多差异。由于主管部门不同、工作范围不同、工作性质不同、服务管理对象不同、发挥作用的方式不同,决定了二者明显是各自独立的。"说到这些,王德才谈兴很浓,可见对电子党务花了不少功夫研究。

王德才告诉记者,虽然电子党务的概念从 20 个世纪 90 年代就出现了,但自己接触电子党务实务也只是 2002 年的事情。当时,上海交大慧谷软件有限公司中标"上海市党员党组织管理信息系统",作为总经理的王德才也开始与中共上海市委组织部接触,仔细调研,为系统开发作准备。"我们做软件的有一句行话,只有说不出的需求,没有做不出的系统,就是这个项目让我对党务管理有了全新的认识,也萌生了研究电子党务的想法。"

党组织实现动态管理

电子党务到底能做些什么呢?王德才说:"概括地说,除了与电子政务颇多一致的办公管理和安全管理之外,从党务业务角度,电子党务主要包括党员党组织干部的服务、管理和监督,人才的服务和管理,党代会的管理等。每一块都包括很丰富的内容。"就拿党组织管理来说,以前对党员党组织的管理,更多的是孤立的、静态的。而运用了计算机及通信技术，就可以做到动态管理、过程管理，并将相关的资源作很好的整合，是党建工作适合社会转型期和信息社会的新情况新特点，为提高党的执政能力作更多更大的贡献。

为便于说明这点，王德才特意打开"上海市党员党组织管理信息系统"，给记者做演示。在党员党组织管理的决策分析栏，他链接到地理信息系统，在地图上任意选定了一个范围，围上出现了许多分别用红蓝二色显示的单位名称。王德才介绍说，红字表示建有党组织的单位，蓝字表示尚未建党组织的单位，看起来非常直观。再看列表显示，本地域所有单位都在一个表上，有简单的统计：地域内总共多少单位，其中，建党组织的有多少，尚未建党组织的有多少。选择一个有党组织的单位进去，这是一个联合支部，可看到几个单位的基本情况及该党组织的基本情况。这是党组织在地域的分布，另外，党组织在各行业的分布及其比例也一目了然。"这个系统在技术上作了很大的共享，通过与相关人口信息、地理信息、法人单位信息、社区信息等关联，减少了系统本身初始信息录入的工作量，提高了信息的准确性，增强了系统的直观性，强化了数据的关联和分析能力，是党员党组织管理工作由量上的全面、准确、动态达到质的升华，将使党建工作达到一个全新的境界。"王德才兴奋地说。

"上海市党员党组织管理信息系统"的开发开启了上海市电子党务快速发展的历程，而交大慧谷软件有限公司的工作也受到了党员干部的一致认可。他们相继为上海市委组织部开发了"上海市培养高素质青年党政领导干部工作管理系统"和"上海市党政领导干部选拔任用工作条例管理系统"等党务管理软件，成为上海电子党务发展过程中一个重要的环节。"和现在炙手可热的电子政务相比，电子党务的发展还是比较滞后的，虽然这个概念提出得早，但一直没有系统化，影响了电子党务的发展速度。"

关键还是意识转变

王德才认为，世界上"电子政务"和"电子政府"的理论早已有之，并得到公认。在中国，党务机关工作也要与时俱进，将信息技术运用到党务机关的业务中来，这就产生了"电子党务"。"电子党务"和社会信息化发展到一定程度，必然要求各级党委以信息化形象面向社会、面向公众，这就产生了"电子党务"。

"电子党务绝对不是党务信息化这么简单，它要牵扯到和政府的沟通、和党员的交流、和社会的协作问题，最终目标就是要为党员党组织提供高效率的服务，从而保证党的路线、方针和政策得到贯彻落实。"

2003年初，自中共中央办公厅下发《关于进一步推进全国党务办公厅系统信息化建设的意见》后，我国的电子党务已经取得了长足的进步，各地党委和基层党组织建设的党建网站不断完善，不但有效提高了党的工作效率，降低了工作成本，还为党内交流作出了贡献。而上海作为全国信息化建设的领先城市，随着"党员党组织管理信息系统""培养高素质青年党政领导干部工作管理系统""党政领导干部选拔任用工作条例管理系统""上海干部在线学习城"等一系列项目相继完成，电子党务发展突飞猛进。

说到底，电子党务建设能不能搞好，关键还是意识转变的问题。近两年来，上海市委对电子党务充分重视，不但"上海市党员党组织管理信息系统"开发领导小组组长由时任上海市委常委、组织部长，现任市委副书记的王安顺同志亲自担任，同时，他还亲自指导了"上海市党政领导干部选拔任用工作条例管理系统"的项目立项，并亲自启动了由中共上海市委组织部、中共上海市委党校、上海市人事局、上海市信息化委员会联合创建的"上海干部在线学习城"开通按钮。

有了市委领导的支持，王德才对自己的探索也更加有信心。他告诉记者，现在他正在全面研究党务理论，下一个电子党务系统一定更优秀。

本文发表于《IT时报》2006年2月16日，由该刊记者樊丽莉采写。

电子信访：更快更好

只需通过互联网，就能快捷地将信访件送达相关部门，并实时查询信访结果——一种新的电子信访系统自去年7月在上海徐汇区试点以来，取得了显著的效果。一些市民称赞说："真是不敢相信，信访工作也用上了高科技，真是方便了我们老百姓。"

"大信访"有了新的载体

去年，徐汇区开始使用电子信访系统之初，许多人对这个系统都不太了解。一些信访办的同志也提出疑问："就靠这样一个系统，真能解决信访难吗？"

过去，因为一些政府部门之间未能有效实现上下互通、内外相连，造成区域层面无法及时准确地掌握信访信息，一些信访件处理不及时、不准确，一件多投的现象也导致了政府资源的浪费。"有了电子信访系统，问题得到了很大的改善。"徐汇区信访办主任徐文泉介绍说，"这个系统采用了一网覆盖的模式，全区63个委办局、街道镇都在系统中统一工作，加快了解决问题的速度，也方便了老百姓与政府部门的沟通。"

一体化、动态的信访信息系统，促使徐汇区的"大信访"工作真正落到实处。通过电子信访，政府部门改变了工作方式，进而改变工作的态度、效率，而且，信息集合变被动为主动，为更好地为群众解决问题打下了基础。家住徐汇区凌云街道的老张就深切感受到了电子信访带来的好处："要不是依靠电子信访的迅速传达，我的问题还不知要等到什么时候才能解决呢。"他是个失业人员，妻子患有尿毒症提前退休在家，全家每月收入仅 1000 多元，儿子刚考上大学，日子过得更加拮据。"当时，我只是抱着试试看的想法到信访办反映了情况，工作人员当即就把我的情况输入电脑，一周内就帮我解决了问题。"他激动地说，"能拿到补助金，除了感谢，还是感谢"。

信访工作有了质的提升

以前，有的信访件常在部门间被"踢皮球"，尤其是一些涉及多个部门、比较棘手的问题。"有了电子信访系统以后，公务员们可不敢马虎大意了。"徐文泉说。

新型的电子信访系统突破了原来一些信息管理软件局限于局域网甚至是单机的模式，通过自动跟踪功能将全区的政府部门"串联"起来，在流程节点上留下工作痕迹，有效地分配了人力资源，并遏制了推诿扯皮现象。

通过系统界面，笔者清楚地看到在处理一个信访件的过程中，各部门相关责任人的批示内容、批示时间等信息，真正做到了"谁处理，谁负责"。而且，通过这个系统，可以看到当前整个区域内的信息总汇，如信访件数量、分类、完成情况等。

信息化带来的便利，使信访工作有了质的飞跃。前不久的一场"活鸡摊位搬迁风波"就是例证。在某小区的菜场内，有人将贩卖活鸡的摊位移到靠近居民楼的地方，立刻引起了居民的抗议："这个摊位没有活鸡准售证，现在还移到离我们只有六七米的地方，这对我们的生活和健康都有危害。"他们随即向信访办作了反映。然而，这个问题虽小，还不是靠一个行政部门就能解决的。此时，电子信访系统一体化覆盖的优势就显现出来，信访办联合区府办、市政科、街道等多个部门一起协调解决，通过电子信访系统快速处理，问题很快得到了圆满解决。居民们满意地说："现在的信访比以前更有效率了。"

电子信访系统在徐汇区的成功使用，也在传达一个信号："电子政务"将成为一种趋势。"我相信用电子信息系统来处理各种行政事务，一定能提高行政效率，也符合科技创新的要求。"设计开发了电子信访系统的交大慧谷软件有限公司总经理王德才说。

本文发表于《人民日报》2006年1月28日，由该报记者刘逸萍采写。

中小企业用人：
无为而治还是有为而治？

按语：2006 年，是风投异常活跃、互联网创业浪潮再次席卷中国的一年，众多中小型 IT 企业迅速崛起，他们或者靠四五个人白手起家，或者几十个人的团队共同奋斗。这些中小 IT 企业资金不够庞大，无法像大企业一样拟定人员选拔和培养，他们的人力资源管理还处在探索阶段，对员工采用 "无为而治" 还是 "有为而治"，成为中小 IT 企业关注的重点。为此，我们邀请了 IT 企业老总和 HR 专家作些探讨。

范　星　阿尔卡特人力资源部总监（左一）
王德才　上海交大慧谷软件有限公司总经理（左二）
彭剑锋　中国人民大学教授、著名人力资源专家（左三）
张建国　中华英才网总裁（左四）

选人，从源头上规避风险

中小企业人员流动一般都比较明显，对企业的稳步发展影响很大，那么怎样从选人这个源头上进行风险的规避呢？

王德才：很多中小 IT 企业在选人上非常尴尬，高端人才请不起，无经验的人员不想要，导致最后的结果就是都选了一些中等水平的人。选对人，才可以用对人，对中小企业也一样。在选人之前，公司的定位要很明确，知道你需要什么样的人才，另外，面试是个双向选择的事情，你选他，他也在选你，所以，把公司的情况诚实地摆在应聘者面前也是重要的。如果这个员工一开始就对企业不了解，没感情，即使你把他招进来，他最后也会离开的。

范星：我觉得首先中小企业应该在招人的标准上很清楚，人力资源部要主动承担这个责任，把标准制定下来。不是说每个人都是最好的，但一定要适合这个岗位，另外还要考虑整个团队的配合。另外，在大公司效果不错的人力测评不一定适合小公司，很多小公司需求不明确，根本没办法做出一个清晰的评测标准来，可能由他们自己来选择人才，会效果更好一些。

彭剑锋：美国曾经做过一个调查，得出这样的结论：选人比培养人更重要。各个企业都有不同的选人标准，比如，宝洁就喜欢用一些应届毕业生，通过 3 个月的实习期，观察员工的行为是不是符合适合他们的要求，这样可以降低用工风险。但对中小企业来说，完全采用应届生并不现实，它需要尽快能够上手操作的熟练员工，所以在企业中，有经验的人和应届毕业生应该保持在一定的比例，比如说一个营业部不可完全是应届毕业生，完全用有经验的人，也不行。

用人，有为还是无为？

在大企业，每个人的职责比较分明，层级关系明显，但中小企业，员工职责就比较模糊，企业必须拿捏好收权和放权的尺度。到底无为而治还是有为而治更适合中小 IT 企业呢？

王德才：用人不疑，疑人不用。大企业分工明确，招的人各司其职，但中小 IT 企业就不是，它更需要"万金油"式的人才。对于中小 IT 企业来说，可能更适合无为而治，当然前提是员工有责任感。在我们公司，会下放很多决策权给下面的执行人员，比如项目经理，让他在和客户的接触中，能够快速及时地作出反应。我起的作用就是建议他怎么样做会比较好一点，然后把绝对的权力留给他。这样如果一件事情成功了，员工个人就比较有成就感，更能激励他往前走。

张建国：对企业本身来说，企业不能无为，它是有为的。企业要发工资、要发展、要竞争，有为是它的性质决定的。在内部的管理上，无为而治也存在一些隐患：第一，在具体的执行过程中，员工如果直接参与决策权会带来一些影响，因此决策的偏失可能性很大，他对企业的理解层面不够，也就是决策没有价值最大化；第二，决策是取决于员工的价值观，他判断的价值准则是什么，他是否融入到企业的血液中去？如果不具备，只凭每个人的观点来判断，这就存在很大风险。

彭剑锋：无为而治这种做法是一个理想状态，事实上有很多大公司也做不到，它的前提就是员工进行自发的管理，主动承担责任的意识。第一，员工主动决策的能力要强，他要认同公司的文化，这是前提条件；第二，企业要有一个强大的纠偏性，在很多企业，员工一犯错就没有机会了，没有纠正错误的机会；第三，企业对员工要有支持性；第四个是指控系统，员工可以提出公司或领导者的错误。但是，目前中国企业的管理控制水平还不到位，如果没有紧箍咒，没有自上而下的约束，对企业隐藏的风险是很大的，也许大企业还可以通过完善的制度自我调节，但中小企业可能一受打击就没机会了。

留人，"一分价钱一分货"

大企业一般职责分明，一个员工离职，企业还是能照常运转，但中小企业权力比较集中，如果核心人物离职，往往对企业打击巨大。那么，中小企业应该如何留人呢？

王德才：我觉得无为而治也是一个留人之道。在留人方面，取决于几个方面：第一是钱；第二是个人的成就感。如果在一个公司里有才能的人可以尽情发挥自己的才能，他对这个企业是会留恋的。一个有能力的人，在中小企业里很受重视，一般是不会到大公司中"屈就"的。另外要有合理的薪资。我们每年都会做薪资调查，保证员工的付出和回报是合理的。我觉得中小企业留人，主要还是应该人性化一点，发挥员工的潜力，帮助他在合适的时机转型。

彭剑锋：中小企业留人要注意经典的三条：第一是机会留人；第二是待遇留人；第三是重视感情交流。我个人有个咨询公司，只有100多人，但都是硕士学位以上。曾经有一位跟了我很多年的员工，他花了10天的时间，写了封对我们企业建议的Email，1万多字，事后我没有找他沟通，还说他管的事情太多了，结果伤了他的心，后来他跳槽到竞争对手那里去了。通过此事我才知道，往往自己认为最亲近、最信任的人恰恰是沟通最少的人，自认为最了解他，相反却是最不了解的人。

范星：有句名言，幸福的家庭都是一样的，不幸的家庭各有各的不幸。我们公司有8000多个员工，分布在各个地点，我们会有定期的网上对话，员工在网上提出问题，老板在网上提出一些想法，这样来相互沟通，了解员工的想法，有了问题 就及时解决。另外在薪酬上，要相信一分价钱一分货，如果一个非常能干的人，你只给他普通工人的薪水，那么总有一天他会离开你的。

本文发表于《IT时报》2006年6月12日，由该报记者樊丽莉采写。

水产市场合理布局 考验城市管理水平
——访全国水产冻品联盟（上海）理事会常务副理事长、秘书长王德才

作为特大型国际城市，上海拥有 2400 多万人口；作为消费水平较高的沿海城市，上海人在食肉和食鱼之间，更多地选择了鱼；作为南北中间地带的城市，上海又是一个水产品的重要集散地。根据上海水产行业协会提供的数据，上海水产品年交易量 140 万吨，其中，上海本地年消费水产品 84 万吨，人均年消费水产品 70 斤，在全国处于较高水平。

上海水产市场的现状

作为全国最大的水产品消费城市，上海的水产品流通一直很活跃，历史悠久，是中国设施最完善、交易量最大的水产市场。解放后到改革开放，期间几十年，水产品实行统购统销，水产批发市场销声匿迹。1979 年，上海的水产品购销政策开始逐步放开，1985 年，上海对水产品的生产流通全面开放，水产品流通便迅速发展。上海水产市场，改革开放以来，走过了自发形成到规范发展、小货栈到大市场、国营集体个体并举到股份制为主集体为辅的道路，特别是由众多如"过江之鲫"的小货栈过渡到现在的 10 家左右的较大规模的水产市场，其间经过了很多变化，而每次变化的原因主要就是由上海城市建设改造，而变化的结果是更多小型水产市场的消失。

上海水产品消费量多、集散量多，但上海的水产批发市场也多。水产市场太多，会导致无序低端的恶性竞争以及上海稀缺的土地资源的浪费和投资的浪费。目前，上海在经营的水产市场，一共有 10 家，其中，专业水产市场有 8 家，综合农产品批发市场中水产批发有一定规模的有 2 家。有消息称，上海新建成的 2 家水产市场，年内将投入运行，这样，上海的水产市场总数将达到 12 家。那么，上海究竟需要多少水产市场呢？全国水产冻品联盟（上海）理事会常务副理事长、秘书长王德才，长期在水产市场第一线工作，对水产品流通，特别是水产批发市场，有一定的研究，并发表了 20 多篇专业论文，对于上海水产市场的现状有一定了解，日前在接受采访时向记者介绍了自己的看法和想法。

据他介绍，从地理位置分布看，上海水产市场中心城区密度最高，有 5 家：杨浦区的东方国际水产中心，普陀区的铜川市场、百川市场、利民市场，闸北区的沪太市场；浦东新区 2 家：恒大市场和上农批；宝山区 2 家，江阳市场和江杨市场；松江区 1 家，浦南市场。

从经营特点看，上海水产市场各有特色。东方国际水产中心是综合性水产专业市场，水产品类型齐全，其中，冻品、贝类、冰鲜有优势；铜川市场和百川市场也是综合性水产专业市场，水产品类型齐全，其中，活鲜、干货有优势；利民市场规模较小，以二手冻品为主；上农批则是农产品市场，其冰鲜有一定优势；沪太市场主要经营"四大家鱼"等八九个淡水活鲜品种，所经营的品种有优势；恒大市场和江阳市场以及江杨市场也是综合性水产专业市场，水产品类基本齐全，但其中的恒大市场属于二级水产批发市场；浦南市场以农产品批发为主，所经营水产品也基本属于农贸市场性质。

另外，上海已基本建成、计划在年内投入运行的水产市场有 2 家：浦东新区的新鲨凌，崇明县的横沙渔港。

王德才表示："从我个人的角度来说，我认为上海的水产市场明显偏多。上海需要多少水产市场呢？2006 年，上海市商务委委托上海海洋大学做了个规划，该规划认为上海水产市场合理的数量是 4 个，并在地域分布的合理性方面提出了具体设想。2013 年 8 月，上海市人民政府公布了《上海市食用农产品批发和零售市场发展规划（2013 年—2020

年)》，其中对专业水产市场，明确规定：上海只建设东方国际水产中心和江杨水产市场两个专业水产品批发市场。也就是说，不管是水产流通专家还是上海市政府，都认为上海水产市场的数量，在 2~4 家是合理的，现在的 10 家乃至可能达到的 12 家，显然是不合理的，是过多了。"

水产市场过多产生的问题

2008 年，三鹿奶粉出了个震惊全国的三聚氰胺事件，王德才在《中国批发市场》(9–10 月刊) 发表了《水产市场过度竞争与水产品安全》一文，认为在经济利益驱动下水产市场遍地开花，导致水产市场间恶性竞争。水产市场对水产品安全工作，主观上动力不足，客观上能力不足，以致水产品安全频频亮起红灯。

除此之外，王德才还认为，水产市场数量过多，从宏观的角度说，造成了不可再生的土地资源的浪费，这在寸土寸金的上海，尤其不应该。同时，水产市场数量过多，一些市场无法实现预期收益，造成了社会投资的浪费。以上海 8 家专业水产市场为例，在 2000 年前投入运行的铜川、百川、恒大、沪太市场，由于土地均属农村集体资产未计投资成本或投资成本很小，同时，市场硬件设施较为简陋，总体建设成本较低，故盈利能力较强，而在 2007 年及其之后开始运行的东方国际水产中心、江阳市场、江杨市场利民市场，或投资较大或未能成市或二者兼而有之，均没有给投资方带来预期盈利。

水产市场数量过多，从微观层面说，必然会造成无序竞争，为争取客户和降低管理成本，如严禁使用孔雀石绿、甲醛、双氧水、氯霉素、黄粉、红粉等违禁品和实施水产品溯源方面，往往行动不力。除食品安全问题外，消防安全更是个大问题。王德才在 2014 年第 7 期《新安全·东方消防》发表了《水产市场源头防火》一文，主要就是谈水产市场普遍存在的办公做生意、住宿、仓库合而为一的"三合一"导致的严重消防隐患和一定的治安隐患。这些问题，很大程度上就是由于水产市场过多导致市场间过度竞争造成的，后果很严重。

上海水产市场的合理布局

确实，在市场经济条件下，政府不能乱作为，但也不能不作为，这考验政府城市管理的水平。王德才表示，上海市政府 2013 年 8 月出台的《上海市食用农产品批发和零售市场发展规划 (2013 年—2020 年)》，很必要很及时，关键就是抓落实。如何落实？就是一方面为新建水产市场设立公开透明的门槛，比如明确新建水产市场选址上的要求（与已有水产市场的距离、周边交通条件等）、建设规范和标准（消防、卫生、环保、交通等）、配套设施（仓储、加工、住宿、餐饮等）的要求等，提高新建市场的准入门槛，为规范水产市场的经营管理、减少市场恶性竞争创造条件，另一方面，结合城市建设改造，将不符合标准的已有水产市场坚决取缔，用这种"新人新办法老人老办法"，经过若干年努力，上海水产市场数量多、规模小、环境脏乱差臭的现状必将有大的改观。

上海究竟需要多少水产市场才比较合理？王德才认为是 1~2 个。"上海市人民政府 2013 年出台的《上海市食用农产品批发和零售市场发展规划 (2013 年—2020 年)》，明确规定上海只建设两个专业水产品批发市场，我以为是合理的。"

1979 年，上海的水产品购销政策开始逐步放开，到 1985 年，上海对水产品的生产流通全面开放，期间从 1979 年国营水产企业设立具有水产批发市场雏形的 6 个水产品贸易货栈开始，集体、个体户也相继在黄浦江沿岸自发开设水产品贸易货栈，到 1996 年，这些分布在杨浦、南市、虹口、宝山、浦东、奉贤的贸易货栈，达到 74 家，其中，从十六铺到南浦大桥的狭长地带上，竟开设了 14 家水产市场。也就是说由多而小向少而大的变化，是上海水产市场发展的趋势。

目前，水产品流通渠道流通方式多元化，特别是物流业和电子商务的相互激荡，刺激了生鲜电商的快速发展，加上产销直挂等以减少流通环节、提高流通效率、降低流通成本为目的的水产品流通变革向广度和深度展开，这也是现代水产品流通发展的方向，也就是说电子商务和产销直挂等新兴流通方式流通渠道逐渐蚕食水产市场流通比重，因此，水产市场发展前景在于综合化（仅有少数水产类型甚至数个品种的水产市场将很难生存）、规模化（小规模的几十家上百家档口的水产市场将很难生存）、服务化（水产市场将以增值服务取胜）、多元化（仅靠租金和停车费支撑的水产市场将很难生存），而发达的第三方物流，将最大限度地提高水产市场的辐射范围，因此，上海水产市场由多而小向少而大的变化发展这个趋势还将延续。

本文发表于人民网－上海频道 2015 年 3 月 20 日，由人民日报和人民网记者沈文敏采写。

　　《老王说鱼》，终于和大家见面了。

　　翻阅书稿，我感慨良多，出一本"王德才著"的书，在流行"做梦"的当下，也是我的一个"中国梦"。

　　2005年，我参与编写了《上海共青团信息化工作实用手册》，2006年，我策划并作为主要撰稿人，搞了本《电子党务》，但也只是名列"编委会成员"。转眼马上就要退休，而在从事水产行业工作的十二年中，我在国家级和行业的杂志上发表了许多有关水产市场经营管理和水产品流通方面的论文，也有一些在专业媒体以及社会媒体上发表的比较轻松的关于"鱼"以及无关于鱼的散文杂文，还有些是媒体对我的专访，于是，朦胧中，有了出本书的想法。

　　本书内容包含"各领风骚的鱼"、"鱼市场流通探寻"、"鱼的遐想"、"媒体说老王"四个板块，其中，"鱼市场流通探寻"是本书篇幅最多、着力最大的部分。这部分说的是水产市场及其批发商的经营管理和水产品流通，由于这些文章写作从2008年开始，有较长的时间跨度，而水产市场及其批发商的经营管理和水产品流通在这段时间中变化很大，为了让读者保持对其演变过程的认识，文章以发表时的状态呈现。

　　可能与我肖鼠的属性有关，"鱼市场流通探寻"中，我对销地专业水产市场及其批发商，表现出深深的担忧。由于业内业外大企业布局水产产业链导致流通环节扁平化、生鲜电商和盒马等新零售型业态的崛起、大型商超经营水产品比重提高、小型水产品连锁社区店兴起、水产品的深加工及其食品化比重提高、政府对水产市场在"三合一"和食品追溯以及环保等方面要求提高、交通和冷链物流配送快速发展、水产市场自身的问题（市场数量过多，几十年变化不大：硬件设施差、交易方式落后、管理水平低、经营手段少、服务内容弱、从业人员层次偏低）等因素，销地专业水产市场前景堪忧；同时，由于宏观经济下行压力加大导致餐饮业不景气、信息化导致价格透明压缩盈利空间、流通环节减少压缩生存空间、经营成本快速上涨、融资难融资贵、自身素质不高等因素，小型水产品批发商难以为继。

"鱼市场流通探寻"，虽然针对的水产市场及其批发商的经营管理和水产品流通，但由于其与广义的农产品批发市场及其批发商的经营管理和农产品流通具有共同的特征，而且，从发展的角度看，为满足一站式采购的社会化需求，销地的专业水产市场与综合农批市场有合流的趋势，因此，这部分的内容，两者同样适用。

《老王说鱼》能够顺利出版，首先要感谢全国城市农贸中心联合会的马增俊会长。马会长对我比较了解，知道我有"画句号"和"圆梦"的念想，于是，鼓励我将这些文章整理出来，编辑成书，希望在面临变革的关头，有更多的人研究农产品批发市场这个行业，以利于这个行业更好地发展。为此，他亲自为《老王说鱼》写序并提出修改意见，并大力为《老王说鱼》一书的宣传推广"吆喝"。

《老王说鱼》的出版，得到了中国作协副主席叶辛老师、上海海洋大学原校长以及上海食品学会理事长潘迎捷教授、新华社上海分社副总编辑陆斌高级记者、上海海洋大学经济管理学院院长平瑛教授、著名文艺评论家刘巽达先生、中国水产流通与加工协会副秘书长邹国华先生等诸位老师的大力支持。在此，我深表感谢。

《老王说鱼》的出版，还要十分感谢我的同学、全国公安作家协会会员、上海市作家协会会员、可谓著作等身的刘翔老兄。作为一个知名图书出版策划人，他为我担任了该书的特约编辑。正是在他的督促下，才使我这个"懒人"能有属于我的《老王说鱼》，他是这本书的"助产士"。

中国书法家协会理事、上海书法家协会顾问徐正濂老师亲自为本书题写了书名，为本书增色不少，我深表谢意。

另外，在《老王说鱼》写作的过程中，一些颇有人文情怀并对水产业发展殷殷期盼的水产厂商，给予了很大的支持，他们是：上海赏菊国际贸易公司总经理陈惠强、浙江嵊泗华利水产公司全球销售总监兼上海分公司总经理唐继武、上海兴港食品公司总经理刘世兴、福鼎市腾宏水产公司总经理林宏稻、上海沈旺商贸公司总经理沈以明、上海浩俞食品公司总经理刘均东、上海能群水产科技公司总经理路标、荣成三悦食品公司南方销售总监于洪聚、上海福林鲥鱼水产行总经理徐福林、上海海之韵食品公司总经理陈志飞、上海哈仕福贸易商行总经理杨晓仙等，在此，我一并致以深深的感谢。

最后，我还要感谢我的爱人周凌君。工科毕业的她，一直说她学生时期就不喜欢"酸不拉几"的文科生，然而，就是稀里糊涂地嫁了个文科生，但是，对我这个文科生的日常写作和这次出书，她很支持，这可能就是我们常说的"嫁鸡随鸡嫁狗随狗"吧。

2020 年 5 月我将退休，《老王说鱼》这本书的出版，不仅圆了我的出书"梦"，同时也为我"跌打滚爬"十几年的水产从业经历画上一个比较圆满的"句号"。这是我职业生涯中最后一段也是最长一段人生历练，将成为以后岁月中永远刻骨铭心、无法忘怀的生命记忆。所以，我会像马会长要求我的那样，依然关心水产行业，有机会的话，我将依然为水产行业的发展，发光出力。

2019 年 6 月 28 日于上海东方国际水产中心